高等教育“十三五”规划教材
新编安全科学与工程专业系列教材

安全系统工程

主　编　许兰娟
副主编　李　超　曹　青　胡莹莹
参　编　郭文杰　申建军　付明明
马有营　贾新磊　李跃金
张丛丛　李宛鸿

中国矿业大学出版社
·徐州·

内容提要

本书共分 7 章，以安全评价工作过程为主线，依次介绍安全系统工程的发展历史及研究内容、安全评价基础知识、危险辨识、定性/定量安全分析方法、风险评价方法及安全预测与决策相关内容。

本书可作为高等院校安全工程及相关专业的教学用书，也可供企业安全管理人员、安全评价机构从业人员学习参考，还可作为注册安全评价师执业资格考试的参考用书。

图书在版编目(CIP)数据

安全系统工程 / 许兰娟主编. — 徐州：中国矿业大学出版社，2019.11(2022.2 重印)

ISBN 978 - 7 - 5646 - 2464 - 4

Ⅰ. ①安… Ⅱ. ①许… Ⅲ. ①安全系统工程—高等学校—教材 Ⅳ. ①X913.4

中国版本图书馆 CIP 数据核字(2019)第 243791 号

书　　名　安全系统工程
主　　编　许兰娟
责任编辑　陈红梅
出版发行　中国矿业大学出版社有限责任公司
（江苏省徐州市解放南路　邮编 221008）
营销热线　(0516)83884103　83885105
出版服务　(0516)83995789　83884920
网　　址　http://www.cumtp.com　**E-mail**:cumtpvip@cumtp.com
印　　刷　徐州中矿大印发科技有限公司
开　　本　787 mm×1092 mm　1/16　**印张** 12.5　**字数** 312 千字
版次印次　2019 年 11 月第 1 版　2022 年 2 月第 2 次印刷
定　　价　36.00 元

前　言

“安全系统工程”是安全工程(本科)专业主干课程。在教育部发布的《安全科学与工程类教学质量国家标准》和《中国工程教育专业认证标准—专业补充标准—安全工程专业》中,都要求将“安全系统工程”设置为必修的专业课程。据统计,在安全科学与工程专业研究生入学考试中,超过70%的高等院校将“安全系统工程”设置为初试专业课;同时,安全系统工程的知识在注册安全工程师和安全评价师执业资格考试中也占有重要比例。

另外,安全系统工程的相关知识被广泛应用于石油、化工、建筑、矿山等生产企业的安全管理、安全分析与评价工作中。其中,安全评价是安全系统工程知识应用最主要的领域。本书在内容安排上,以安全评价工作过程为主线,按危险辨识、安全分析、风险评价、安全预测与决策的顺序依次展开。同时,考虑到“安全系统工程”是一门与工业生产实际紧密结合的课程,本书以例题、分析实例、习题等方式呈现了大量的案例,案例内容涉及生产、生活等各个领域,可以加深学生对相关安全分析和评价方法的理解,并有利于培养学生利用理论知识分析和解决实际问题的能力。

本书共分7章,由滨州学院许兰娟担任主编,李超、曹青、胡莹莹担任副主编;滨州学院的郭文杰、申建军、付明明、马有营、贾新磊、李跃金、张丛丛和昆明冶金高等专科学校的李宛鸿参与了本书的部分编写工作。

本书在编写过程中,参考和借鉴了众多专家、学者的相关教材、著作和学术论文,在此致以衷心的感谢!

受编者水平所限,书中难免有疏漏或不足之处,恳请广大读者批评指正。

编　者

2019年6月

目　录

第1章 绪　论

1.1 安全系统工程的产生与发展

1.1.1 安全系统工程的产生背景

工业革命前，生产力和自然科学都处于自然和发散发展的状态，人类对自身的安全问题还未能自觉地认识和主动采取安全技术措施来解决。这一时期，生产主要是以个体或作坊进行的手工业劳动，劳动人民在实践中逐步总结出一些安全防护的方法和技术。由于生产规模不大，安全问题不是很突出，因而防止事故的技术和方法也比较简单。

工业革命后，在社会化大生产的发展过程中，随着产品种类和生产规模的不断扩大以及技术的不断更新，新设备、新工艺、新材料被人们不断采用。这些发展一方面提高了生产效率，另一方面也不断地增加了新的危险和危害。

1974年6月1日，英国林肯郡弗利克斯堡的一家化工厂发生爆炸事故，造成28人死亡、数百人受伤。爆炸导致周围大片的农田被破坏，约2 000间房屋受损，经济损失达数百万美元。因大量的有毒气体环己烷泄漏，当地村民被紧急疏散，使弗利克斯堡成为一座无人的“鬼城”。

1984年12月3日凌晨，印度中央邦首府博帕尔市的美国联合碳化物公司属下的联合碳化物(印度)有限公司设于贫民区附近一所农药厂发生氰化物泄漏，造成2.5万人直接死亡，55万人间接致死。

事故的强大负面效应对人类产生了巨大的冲击作用，人们不得不在现有安全工程技术的基础上，寻找能够预测、预防、预控事故的科学技术，安全系统工程就在这样的背景下应运而生。

1.1.2 安全系统工程的发展历史

安全系统工程产生于20世纪60年代初期美、英等工业发达国家，它的发展与军事工程、尖端技术的迫切需要紧密相连。1957年，苏联发射了第一颗人造地球卫星，在全世界引起很大反响。美国为了和苏联争夺空间优势，匆忙地进行导弹技术开发，实行所谓研究、设计、施工齐头并进的方法。由于对系统的可靠性和安全性研究不足，在一年半的时间里，在导弹的地下储藏库和发射基地连续发生了4次重大事故，每次都造成数百万美元的损失，最后不得不全部报废，从头做起。这一惨痛的教训使人们逐渐认识到系统安全的重要性。

1961年，美国贝尔电话研究所在系统安全的基础上创造了事故树分析方法，促成了美国民兵式导弹的研制。美国空军也尝试以系统工程的基本原理和管理方法来研究导弹系统的安全性与可靠性，并于1962年提出了“关于空军弹道导弹开发的系统安全工程说明书”，对民兵式导弹计划有关的承包商提出了系统安全的要求，这一文件成为系统安全理论出现的重要标志。1963年，这一文件被修改形成空军规范MIL-S-38130，即《针对系统、有关子系统和设备安全工程的通用要求》。1969年，这一规范被进一步修改，形成美国军用标准《系统及相关子系统和设备的系统安全方案》(MIL-STD-882)，这一标准首次奠定了安全系统工程的概念以及设计、分析等基本原则。此项标准于1977年修订为《系统安全程序技术要求》(MIL-STD-882A)，1984年又修订为MIL-STD-882B。该标准对系统整个寿命周期中的安全要求、安全工作项目都做了具体规定。MIL-STD-882B标准从一开始实施就在世界安全和防火领域产生了巨大影响，并迅速被日本和欧洲有关国家引进。

1965年，美国波音公司和华盛顿大学在西雅图召开安全系统工程专门学术讨论会议，以波音公司为中心对航空工业开展安全性、可靠性和设计的研究，在导弹和超声速飞机的安全性评价方面取得了很好的效果。但是，美国航空航天局对这种方法不够重视，导致1967年发生了3名阿波罗宇航员被烧死的事故。英国以原子能公司为中心，从20世纪60年代中期开始收集有关核电站故障的数据，对系统的安全性和可靠性问题采用了概率评价方法，后来进一步推动了定量评价的工作，并设立了系统可靠性服务所和可靠性数据库。

1972年，美国三里岛核电站发生了泄漏事故，引起了公众的恐慌和指责。美国原子能委员会组织了以麻省理工学院拉斯姆逊教授为首的14名专家，用了两年多的时间，耗资300多万美元，对核电站的危险性进行了研究和评价。1974年，美国原子能委员会发表了拉斯姆逊报告，称作"拉氏报告"，即WASH-1400。该报告收集了核电站各部位历年发生的故障及其概率，采用了事件树和事故树的分析方法，做出了核电站的安全性评价。另外，该报告的发表进一步促进了安全系统工程的发展。

当前，安全系统论已普遍引起世界各国的重视，国际安全系统工程学会每两年举办一次年会。安全系统工程方法在航天、原子能、化工、地矿、土建、电子、军事和冶金等领域得到了广泛应用，为预防事故和减少事故损失做出了重大贡献。

1.1.3 安全系统工程在我国的发展

我国安全系统工程的研究、开发是从20世纪70年代末开始的。天津东方化工厂应用安全系统工程成功地解决了高度危险企业的安全生产问题，为我国各个领域学习、应用安全系统工程起了带头作用。1982年，北京市劳动保护科学研究所召开了安全系统工程座谈会，会上交流了国内开展研究和应用的情况，并探讨了在我国开展安全系统工程研究的方向，研究如何组织分工合作、如何进行学术交流等，这次会议为我国开展安全系统工程的研究与应用打下了良好的基础。1985年，中国劳动保护科学技术学会成立了管理科学专业委员会以及下属的"系统安全学组"，该学组以安全系统工程为中心，进行开发研究和推广应用的活动，为安全系统工程学科的发展和推进安全管理做出了贡献。随后，机械、冶金、航空、交通运输、水电、汽车、核电等行业和部门借鉴并引用国外的系统安全分析方法对现有系统进行分析评价，取得了较好的效果。

20世纪80年代初期，安全系统工程引入我国，机械、冶金、化工、航空、航天等行业的有关生产经营单位开始应用，如安全检查表(SCL)、事故树分析(FTA)、故障类型及影响分析(FMEA)、事件树分析(ETA)、预先危险分析(PHA)、危险与可操作性研究(HAZOP)、作业条件危险性评价(LEC)等开展安全分析与评价工作。石油、化工等易燃、易爆危险性较大的生产经营单位，依旧应用美国道化学公司"火灾、爆炸危险指数评价方法"进行安全评价。

1986 年，劳动人事部分别向有关科研单位下达了机械工厂危险程度分级、化工厂危险程度分级、冶金工厂危险程度分级等科研项目。

1991 年，国家“八五”科技攻关课题中将安全评价方法研究列为重点攻关项目。由原北京市劳动保护科学研究所等单位完成的“易燃、易爆、有毒重大危险源识别、评价技术研究”，获得了易燃、易爆、有毒重大危险源识别、评价方法的研究成果，填补了我国跨行业重大危险源评价方法的空白，在事故严重度评价中建立了伤害模型库，采用了定量的计算方法，使我国工业安全评价方法的研究初步从定性评价进入定量评价阶段。

与此同时，我国积极推进安全工程本科和研究生教育。目前，全国共有 160 余所高等院校设置了安全工程本科专业，40 余所高等院校设置了安全科学与工程硕士点，20 余所高校设置了安全科学与工程博士点。这些都为普及和推广安全系统工程知识、推进现代安全管理创造了有利条件，同时也为创新符合我国各行业实际的安全系统工程理论和方法打下了良好的基础。

1.2 安全系统工程的基本概念

1.2.1 系统

系统（system）一词来源于古代希腊文。在古希腊语中，“系统”是有条理、有秩序地放在一起的意思。系统论创始人贝塔朗菲将系统定义为：处于一定的相互关系中，并与环境发生关系的各组成部分的总体。《韦氏大词典》称系统为：有组织或被组织化的整体；结合着的整体所形成的各种概念和原理的综合；由有规则的相互作用、相互依存的形式组成的诸要素的集合。国际标准化组织技术委员会称系统为：能完成一组特定功能的，由人、机器以及各种方法构成的有机集合体。

我国科学家钱学森将系统定义为：把极其复杂的研究对象称为系统，即由相互作用和相互依赖的若干组成部分结合成的具有特定功能的有机整体，而且这个系统本身又是它所从属的更大系统的组成部分。

虽然对于系统的概念有多种理解，但其基本意义大致相同，即系统是由相互作用、相互依赖的若干组成部分结合而成的具有特定功能的有机整体。比如，篮球队是由若干个队员组成，每一个队员相互配合、相互影响、一起努力，最终达到打好比赛的目的。因此，篮球队的所有队员构成了一个系统。同样，在生产企业中，人、机器、环境构成了一个整体，三者之间互相作用、互相影响，共同完成生产产品的功能，这也是一个系统。

客观世界是由许多大大小小、互相联系而又有区别的系统所组成的，任何一个团体、工厂、企业都可以称为一个系统。比如，在技术领域，宇宙飞船、航母、车床、汽车、风扇、自行车等都可以称作系统。而在社会生活方面，城市、学校、家庭、班级等，同样都可以视为系统。系统继续向下划分，又可分为若干组成部分，我们称其为子系统。比如，人体是一个大系统，可以将其划分为呼吸系统、消化系统、循环系统等多个子系统。而子系统又可以进一步划分为各个要素，如呼吸系统可以划分为呼吸道、肺等。

而无论是哪种系统，都具有一些共同特征，即整体性、目的性、有序性、相关性、环境适应性和动态性。

(1) 整体性。系统是由两个或两个以上相互区别的要素（元件或子系统）组成的整体，而且各个要素都服从实现整体最优目标的需要。构成系统的各要素虽然具有不同的性能，但它们通过综合、统一（非简单拼凑）形成的整体就具备了新的特定功能，即系统作为一个整体才能发挥其应有功能。所以，系统的观点是一种整体的观点，也是一种综合的思想方法。

(2) 目的性。任何系统都是为完成某种任务或实现某种目的而发挥其特定功能的。要达到系统的既定目的，就必须赋予系统规定的功能，这就需要在系统的整个生命周期，即系统的规划、设计、试验、制造和使用等阶段，对系统采取最优规划、最优设计、最优控制、最优管理等优化措施。

(3) 有序性。系统有序性主要表现在系统空间结构的层次性和系统发展的时间顺序性。系统可分成若干子系统和更小的子系统，而该系统又是其所属系统的子系统。这种系统的分割形式表现为系统空间结构的层次性。另外，系统的生命过程也是有序的，它总是要经历孕育、诞生、发展、成熟、衰老、消亡的过程，这一过程表现为系统发展的有序性。因此，系统的分析、评价、管理都应考虑系统的有序性。

(4) 相关性。构成系统的各要素之间、要素与子系统之间、系统与环境之间都存在着相互联系、相互依赖、相互作用的特殊关系，通过这些关系使系统有机地联系在一起，发挥其特定功能。系统的各要素不仅为完成某种任务而起作用，而且任一要素的变化也都会影响其他任务的完成。有些要素彼此关联，有些要素相互排斥，有些要素则互不相干。例如，生产班组管理系统的人员增加或减少，就会导致设备装置、工时安排的改变。

(5) 环境适应性。系统是由许多特定部分组成的有机集合体，而这个集合体以外的部分就是系统的环境。系统从环境中获取必要的物质、能量和信息，经过系统的加工、处理和转化，产生新的物质、能量和信息，然后再提供给环境。另外，环境也会对系统产生干扰或限制，即约束条件。环境特性的变化往往能够引起系统特性的变化，系统要实现预定的目标或功能，必须能够适应外部环境的变化。在研究系统时，人们必须重视环境对系统的影响。

(6) 动态性。世界上没有一成不变的系统。整个人类社会和自然环境的运行中，系统中的各个元素、子系统，都是随着时间的改变而不断改变的。

1.2.2 系统工程

系统工程(system engineering)是以系统为研究对象，为达到系统的目标（功能），运用科学的方法对系统的规划、设计、制造、使用等各个阶段进行有效组织管理的工程技术（学科）。

从这个定义可以看出：

(1) 系统工程属工程技术范畴，主要是组织管理各类工程的方法论，即组织管理工程。

(2) 系统工程是解决系统整体及其全过程优化问题的工程技术。

(3) 系统工程对所有系统都具有普遍适用性。

系统工程着眼于整体的状态和过程，而不拘泥于局部的、个别的部分。系统的最优化并不要求系统的所有单元或子系统都具有最佳特性。这是因为系统工程的分析方法与一般工程的方法不同，采用由上而下、由总而细的系统分析方法。系统工程不着眼于个别单元的性能是否优良，而是要求巧妙地利用单元间或子系统之间的相互配合和联系，来优化整个系统的性能，使其从整体上成为技术先进、经济合算、运行可靠、时间节省的实际可行的系统。

1.2.3 安全系统工程

安全系统工程(system safety engineering)又称为系统安全工程，是指应用系统工程的基本原理和方法，辨识、分析、评价、排除和控制系统中的各种危险，对工艺过程、设备、生产周期和资金等因素进行分析评价和综合处理，使系统可能发生的事故得到控制，并使系统安全性达到预期目标的工程技术(学科)。

对安全系统工程的定义可以从以下几个方面来理解：

(1) 安全系统工程是系统工程在安全工程学中的应用，安全系统工程的理论基础是安全科学和系统科学。

(2) 安全系统工程追求的是整个系统或系统运行全过程的安全。

(3) 安全系统工程的核心是系统危险因素的识别、分析，系统风险评价和系统安全决策与事故控制。

(4) 安全系统工程要达到的预期安全目标将是系统风险控制在人们能够容忍的限度以内，也就是在现有经济技术条件下，最经济、最有效地控制事故，使系统风险在安全指标以下。

简单地说，安全系统工程就是用系统工程的知识、方法和手段解决生产中的安全问题。它的最终目的是消除危险，防止灾害，避免损失，保证人身财产安全。

1.3 安全系统工程的研究内容

1.3.1 安全系统工程的研究对象

目前，安全科学主要以生产领域的安全问题为研究对象。相应地，安全系统工程的研究对象为生产系统，其目的为确保生产系统的安全。任何一个生产系统都包括三个部分，即从事生产活动的操作人员和管理人员，生产必需的机器设备、厂房等物质条件，生产活动所处的环境。这三个部分构成一个“人-机-环境”系统，每一部分就是该系统的一个子系统，称为人子系统、机器子系统和环境子系统，如图 1-1 所示。

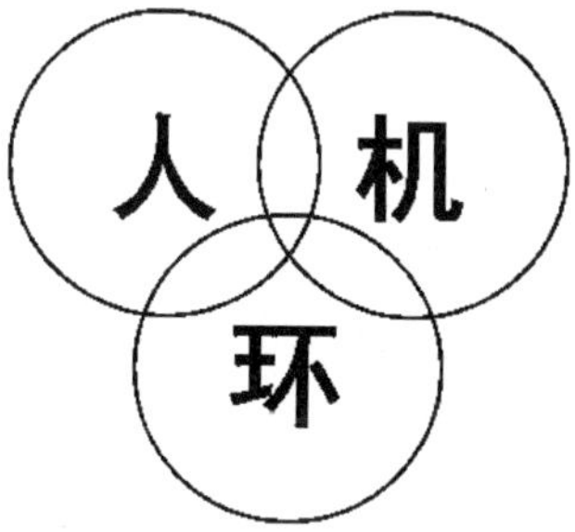

图 1-1 生产系统的构成

(1) 人子系统。在生产系统中，“人”不仅指生产操作人员，还包括安全管理人员、安全技术人员，以及厂长、经理等所有可能出现在生产系统中并与机器、环境相互影响的人员。该子系统的安全与否涉及人的生理和心理因素，以及规章制度、规程标准、管理手段等是否适合人的特性，是否易于为人们所接受等问题。

(2) 机器子系统。生产系统中的“机”不仅指机器(设备)，还包括工具、原材料、工艺流程等所有与人相关的物质因素。对于该子系统，人们不仅要从工件的形状、大小、材料、强度、工艺、设备的可靠性等方面考虑其安全性，而且要考虑仪表、操作部件对人提出的要求，以及从人体测量学、生理学、心理与生理过程有关参数对仪表和操作部件的设计提出要求。

(3) 环境子系统。“环”是指“人”和“机”所处的工作环境。对于该子系统，主要应考虑环境的理化因素和社会因素。理化因素主要有噪声、振动、粉尘、有毒气体、射线、光、温度、湿度、压力、热、化学有害物质等；社会因素有管理制度、工时定额、班组结构、人际关系等。

人、机、环境三个子系统的危险有害因素并不是只作用于自身系统，它们是互相影响、互相制约的。例如,环境的温度、湿度会影响机器的寿命、性能以及人的舒适性和工作效率;机器产生的噪声、振动、温度、尘毒会影响人和环境;而人的生理、心理状况又会通过操作影响机器设备,从而导致事故的发生。分析、评价、控制"人-机-环境"系统的安全性,只有从三个子系统内部及三个子系统之间的这些关系出发,才能真正解决系统的安全问题。而安全系统工程的研究对象就是这种"人-机-环境"系统。

1.3.2 安全系统工程的研究内容

安全系统工程的最终目的是提高系统的安全性,预防事故和职业病的发生,一般采用图 1-2所示的工作程序。其研究内容主要包括危险辨识、安全分析、风险评价和事故控制四部分。

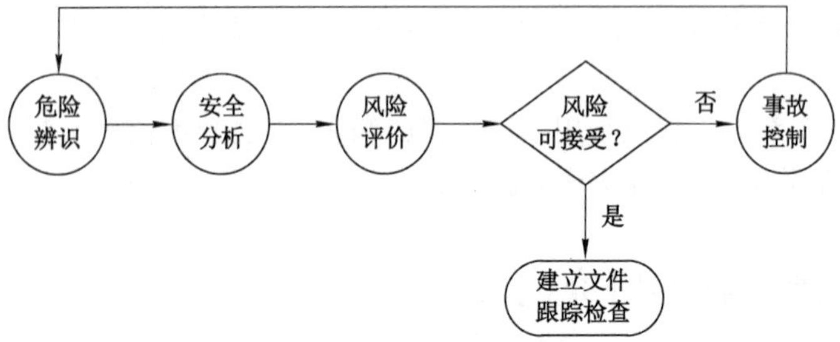

图 1-2 安全系统工程工作程序

1) 危险辨识

危险辨识(hazard identification)又称为危险源辨识,是指在系统生命周期的各阶段采用适当的方法,识别系统中可能导致人员伤亡或职业病、设备损坏、社会财富损失或工作环境破坏的潜在条件。

要提高系统的安全性,使其不发生或少发生事故,其前提条件就是预先发现系统可能存在的危险因素。因此,危险辨识是安全系统工程的基础,也是至关重要的一个环节。在生产过程中许多事故的发生往往是危险辨识不到位或忽略了某些危险而导致的。

2) 安全分析

安全分析是指在危险辨识的基础上,分析危险因素的特点,并根据实际需要对其进行定性、定量描述。只有这样,才有可能抓住系统存在的主要危险,采取有效安全防护措施,改善系统安全状况。

3) 风险评价

风险评价(risk assessment)又称为风险评估,是指在危险辨识的基础上,分析危险或事故发生的可能性及后果的严重程度,确定其风险等级,并将其与预定的系统安全指标相比较,判断其是否超出指标,从而为事故控制与安全决策提供依据。

4) 事故控制

任何一项系统安全分析技术或系统安全评价技术,如果没有一种强有力的管理手段和方法,也不可能发挥其应有的作用。因此,在对系统进行安全分析和风险评价之后,还需要对系统的主要危险、有害因素采取控制措施,以确保风险降至可接受水平。

事故控制是指根据风险评价的结果,针对存在的问题,对系统进行调整,对危险点或薄弱环节加以改进。事故控制措施主要包括防止事故发生的措施和控制事故损失扩大的措施两大类。

(1) 防止事故发生的措施

防止事故发生的措施即在事故发生之前采取适当的安全措施,排除危险因素,避免事故发生。常用的防止事故发生的措施有以下几种:

① 消除危险源。消除系统中的危险源可以从根本上防止事故发生。但是,系统安全的一个重要观点是,人们不可能彻底消除所有的危险源,因为能量不能被消灭,人们只能有选择地消除几种特定的危险源。一般来说,当某种危险源的危险性较高时,应首先考虑能否采取措施消除它。

可以通过选择恰当的生产工艺、技术、设备,合理的设计、结构形式或合适的原材料来彻底消除某种危险源。例如:

a. 用压气或液压系统代替电力系统,防止发生电气事故;

b. 用液压系统代替压气系统,避免压力容器、管路破裂造成冲击波;

c. 用不燃性材料代替可燃性材料,防止发生火灾;

d. 道路立体交叉,防止撞车;

e. 去除物品的毛刺、尖角或粗糙、破裂的表面,防止刺、割、擦伤皮肤。

应该注意的是,有时采取措施消除了某种危险源,却又有可能带来新的危险源。例如,用压气系统代替电力系统可以防止电气事故,但是压气系统却可能发生物理爆炸事故。

② 限制能量或危险物质。受实际技术、经济条件的限制,有些危险源不能被彻底根除,这时应设法限制它们拥有的能量或危险物质的量,降低其危险性。可以采取的措施有以下几种:

a. 减少能量或危险物质的量。例如,必须使用电力时,采用低电压防止触电;限制可燃性气体浓度,使其不达到爆炸极限;利用液位控制装置,防止液位过高或过低;控制化学反应速度,防止产生过多的热或过高的压力。

b. 防止能量蓄积。能量蓄积会使危险源拥有的能量增加,从而增大发生事故和造成损失的危险性。采取措施防止能量蓄积可以避免能量意外地突然释放。例如,利用金属喷层或导电涂层防止静电蓄积;控制工艺参数,如温度、压力、流量等。

c. 安全地释放能量。在可能发生能量蓄积或能量意外释放的场合,人为地开辟能量泄放渠道,安全地释放能量。例如,压力容器上安装安全阀、爆破片等,防止容器内部能量蓄积;在有爆炸危险的建筑物上设置泄压窗,防止爆炸摧毁建筑物;电气系统设置接地保护;设施、建筑物安装避雷装置保护。

③ 隔离。隔离是一种常用的控制能量或危险物质的安全技术措施,既可用于防止事故发生,又可用于避免或减少事故损失。

预防事故发生的隔离措施有分离和屏蔽两种。前者是指时间上或空间上的分离,防止一旦相遇则可能产生或释放能量或危险物质;后者是指利用物理的屏蔽措施局限、约束能量或危险物质。一般来说,屏蔽较分离更可靠,因而得到广泛应用。

隔离措施的主要作用如下:

a. 把不能共存的物质分开,防止产生新的能量或危险物质。例如,把燃烧三要素中的任何一种要素与其余的要素分开,防止发生火灾;把相互接触或混合后可能发生燃烧、爆炸的物质分开储存。

b. 局限、约束能量或危险物质在某一范围，防止其意外释放。例如，在带电体外部加上绝缘物；用坚固的密闭容器盛放危险物质；在放射线设备上安装防护屏，抑制射线辐射。

c. 防止人员接触危险源。通常把这些措施称为安全防护装置。例如，利用防护罩、防护栅等把设备的转动部件、高温热源或危险区域屏蔽起来；道路两侧设置隔离带，防止人员进入机动车道。

为了确保隔离措施发挥作用，有时采用联锁方式。但是，联锁本身并非隔离措施，它主要用于下面两种情况：

a. 安全防护装置与设备之间的联锁。如果不利用安全装置，则设备不能运转而处于最低能量状态，防止事故发生。例如，矿井井口的安全栅、摇台与卷扬机启动电路联锁，可以防止误启动卷扬机。

b. 防止由于操作错误或设备故障而发生事故。例如，防止操作顺序错误而设置联锁；利用限位开关防止设备运转超出现定的范围；当人体或人体的一部分进入危险区域时，联锁装置使设备停止运转。

联锁装置的类型非常多，在电气设备上最容易实现联锁，因而电气联锁最为常见。

④ 减少设备故障和人员失误。设备故障和人员失误是导致事故发生的直接原因，减少设备故障和人员失误可以有效预防事故发生。其中，减少设备故障的措施包括提高设备的可靠性、关键设备进行冗余设计、加强设备维护和保养等；而减少人员失误的措施包括加强员工安全教育、改善工作环境、用机器代替人、合理进行人机系统设计等。

(2) 避免或减少事故损失的措施

避免或减少事故损失的安全技术的基本出发点是防止意外释放的能量触及人或物，或者减轻其对人或物的作用。事故后如果不能迅速控制局面，则事故规模有可能进一步扩大，甚至引起二次事故而释放出更多的能量或危险物质。在事故发生前就应考虑到采取避免或减少事故损失的技术措施。

避免或减少事故损失的常用措施有隔离、个体防护、设置薄弱环节、避难与援救等。

① 隔离。作为避免或减少事故损失的隔离，其作用在于把被保护的人或物与意外释放的能量或危险物质隔开。避免或减少事故损失的隔离措施有远离、封闭和缓冲三种。

a. 远离。把可能发生事故而释放出大量能量或危险物质的工艺、设备或工厂等布置在远离人群或被保护物的地方。例如，把爆破材料的加工制造、储存设施安排在远离居民区和建筑物的地方；一些危险性高的化工企业远离市区等。

b. 封闭。利用封闭措施可以控制事故造成的危险局面，限制事故的影响。例如，矿井里设置的避难硐室就是通过把该区域封闭起来，从而起到保护人员的目的。

c. 缓冲。缓冲可以吸收能量，减轻能量的破坏作用。例如，安全帽可以吸收冲击能量，防止人员头部受伤。

② 个体防护。实际上，个体防护也是一种隔离措施，它把人体与意外释放的能量或危险物质隔离开。个体防护用品主要用于下述三种场合：

a. 有危险的作业。在危险源不能消除、一旦发生事故就会危及人身安全的情况下必须使用个体防护用品。但是，应避免用个体防护用品代替消除或控制危险源的其他措施。

b. 为调查和消除危险而进入危险区域。

c. 事故发生时的应急情况。

③ 设置薄弱环节。利用事先设计好的薄弱环节使事故能量按人们的意图释放，防止能量作用于被保护的人或物。一般地，设计的薄弱部分即使被破坏了，却以较小的损失避免了大的损失。因此，这种安全技术又称为接受微小损失。常见薄弱环节的例子如下：

a. 汽车发动机冷却水系统的防冻塞。当气缸水套中水结冰时体积膨胀，把防冻塞顶开而保护气缸。

b. 锅炉上的易熔塞。当锅炉里的水降低到一定水平时，易熔塞温度升高并熔化，通过泄放锅炉内的蒸汽而防止锅炉爆炸。

c. 在有爆炸危险的厂房上设置泄压窗。当厂房内发生意外爆炸时，通过泄压窗泄压而保护主要建筑物不被破坏。

d. 电路中的熔断器、驱动设备上的安全连接棒等。

④ 避难与援救。事故发生后应努力采取措施控制事态的发展，但是当判明事态已经发展到不可控制的地步时，则应迅速避难，撤离危险区。

按事故发生与伤害发生之间的时间关系，伤亡事故可分为以下两种情况：

a. 事故发生的瞬间人员即受到了伤害，甚至受伤害者尚不知发生了什么就遭受了伤害。例如，在爆炸事故发生瞬间处于事故现场的人员受到伤害的情况。在这种情况下人员没有时间采取措施避免伤害。

b. 事故发生后意外释放的能量或危险物质经过一段相对长的时间间隔才触及人体，人员有时间躲避能量或危险物质的作用。例如，发生火灾、有毒有害物质泄漏事故的场合，远离事故现场的人们可以恰当地采取避难、撤退等行动，避免遭受伤害。

对于后一种情况，避难与援救具有非常重要的意义。为了满足事故发生时的应急需要，在厂区布置、建筑物设计和交通设施的设计中，要充分考虑一旦发生事故时的人员避难和援救问题。具体要考虑如下问题：

a. 采取隔离措施保护人员，如设置避难空间等。

b. 使人员能迅速撤离危险区域，如规定撤退路线、设置安全出口和应急输送等。

c. 如果危险区域里的人员无法逃脱的话，能够被援救人员搭救。

在一旦发生事故时，为了使人员能够迅速地脱离危险区域，事前应做好应急计划，并且平时应进行避难、援救演习。

针对同一危险、有害因素，可采取的事故控制方案可能有多种。因此，需要使用合适的安全预测方法对未来的安全工作趋势和安全生产状况进行预测，并在此基础上对可选的事故控制方案做出决策，以选取最佳方案予以实施。

复习思考题

1. 什么是系统？举例说明身边存在的系统。
2. 什么是安全系统工程？其研究内容主要包括哪几个方面？
3. 与传统安全工作方法相比，安全系统工程的工作方法有哪些优点？
4. 事故的控制措施主要包含哪几个方面？试以教学楼火灾为例进行说明。

第 2 章 安全评价

2.1 安全评价概述

早在19世纪50年代初期，欧美一些资本主义国家就先后开展了风险评价和风险管理这一工作。在亚洲国家中，日本是最早引入并开展风险评价工作的国家之一，但是日本人有时避讳“风险”这个词，所以有的日本安全学者建议在安全工作中把风险评价改称为安全评价。风险评价问题的提出最早来自保险行业，后来才逐渐推广到安全管理工作中。对于安全评价的内容和含义大致有两种理解：从事保险业务的人员和研究保险工作的学者，认为风险管理的中心是保险，而把预防灾害事故作为补充内容，风险管理是为了减小风险而减少支付保险金；安全工作者则是把安全评价当作一种行之有效的、先进的安全管理方法。因为安全评价既分析评定系统中存在的静态危险，又评估分析系统中可能存在的动态事故隐患，开展安全评价能够预防和减少事故，所以安全评价是安全系统工程的重要组成部分。

2.1.1 风险的定义

当前，不管是从事工农业生产，还是承包某项工程，人们都会遇到并必须认真考虑的一个问题就是做这样的工作将要冒多大的风险，可能会受到多大的损失。而通常用风险来表达某一特定危险事件（事故或意外事件）发生的可能性与其产生的后果的组合，即

$$R=P\cdot S$$

式中 R——风险率，R=事故损失/单位时间；

P——事故发生概率（频率），P=事故次数/单位时间；

S——事故后果严重度，S=事故损失/事故次数。

由此可见，风险率是表示单位时间内事故造成损失的大小。单位时间可以是年、月、日等，则事故发生频率可以用 x（单位为次/年、次/月、次/日）表示。而事故严重度一般用事故损失 y 来表达，如从人员伤亡角度，y 为一次事故中的伤亡人数，人/次；从经济损失角度，y 为一次事故中的经济损失，万元/次；从工作日损失角度，y 为一次事故导致的工作日损失，日/次。

以煤矿生产过程为例，瓦斯爆炸和触电均为煤矿常见的事故类型。其中，瓦斯爆炸的后果更为严重，每次事故所导致的伤亡人数可能达到几十人甚至上百人；而触电事故一般每次仅有一人伤亡，因此很多人直观上认为瓦斯爆炸事故危险性更高。事实上，触电事故的发生率要远远高于瓦斯爆炸事故的发生率，如果将风险作为衡量两类事故危险性的综合指标，则二者风险值可能相差不大。

计算出风险率就可以与预期的安全指标相比较，从而得知风险是否降低到了人们可以接受的程度。

2.1.2 安全评价的定义

我国在引入风险评价时，延续了日本的叫法，将其称为安全评价。在我国安全标准《安全评价通则》(AQ 8001—2007)中，将安全评价(safety assessment)定义为：安全评价是以实现安全为目的，应用安全系统工程原理和方法，辨识与分析工程、系统、生产经营活动中的危险、有害因素，预测发生事故或造成职业危害的可能性及其严重程度，提出科学、合理、可行的安全对策措施建议，做出评价结论的活动。安全评价可针对一个特定的对象，也可针对一定的区域范围。

根据这一定义可以看出，安全评价工作涵盖了安全系统工程的全部内容。或者说，安全评价即为安全系统工程的原理和方法在生产过程中的应用。

2.1.3 安全评价的分类

目前，国内通常按实施阶段将安全评价分为安全预评价、安全验收评价和安全现状评价三类。

1）安全预评价

安全预评价是指在建设项目可行性研究阶段、工业园区规划阶段或生产经营活动组织实施之前，根据相关的基础资料，辨识与分析建设项目、工业园区、生产经营活动潜在的危险、有害因素，确定其与安全生产法律法规、规章、标准、规范的符合性，预测发生事故的可能性及其严重程度，提出科学、合理、可行的安全对策措施建议，做出安全评价结论的活动。

安全预评价的程序、内容以及报告格式可参见《安全预评价导则》(AQ 8002—2007)。

安全预评价的作用主要体现在：

(1) 安全预评价中发现的危险、有害因素及提出的安全对策措施为初步设计时安全设计的依据。

(2) 安全预评价结论为政府部门建设项目设立审批的依据。

(3) 安全预评价是安全验收评价的依据。

2）安全验收评价

安全验收评价是指在建设项目竣工后正式生产运行前或工业园区建设完成后，通过检查建设项目安全设施与主体工程同时设计、同时施工、同时投入生产和使用的情况或工业园区内的安全设施、设备、装置投入生产和使用的情况，检查安全生产管理措施到位情况，检查安全生产规章制度健全情况，检查事故应急救援预案建立情况，审查确定建设项目、工业园区建设满足安全生产法律法规、规章、标准、规范要求的符合性，从整体上确定建设项目、工业园区的运行状况和安全管理情况，做出安全验收评价结论的活动。

安全验收评价的程序、内容以及报告格式可参见《安全验收评价导则》(AQ 8003—2007)。

安全验收评价的作用主要体现在：

(1) 安全验收评价的结论是政府部门验收审批的依据；

(2) 安全验收评价中发现的危险、有害因素及提出的安全对策措施是企业安全管理的依据。

3）安全现状评价

安全现状评价是指针对生产经营活动中、工业园区内的事故风险、安全管理等情况，辨识与分析其存在的危险、有害因素，审查确定其与安全生产法律、法规、规章、标准、规范要求的符合性，预测发生事故或造成职业危害的可能性及其严重程度，提出科学、合理、可行的安全对策措施及建议，做出安全现状评价结论的活动。

安全现状评价既适用于对一个生产经营单位或一个工业园区的评价，也适用于某一特定的生产方式、生产工艺、生产装置或作业场所的评价。

目前，国家未针对安全现状评价制定专门的标准。安全现状评价的内容、程序及评价报告格式可按《安全评价通则》(AQ 8001—2007)执行。

安全现状评价的作用主要体现在：

(1) 安全现状评价中发现的安全隐患及提出的安全对策措施是企业安全管理的依据。

(2) 安全现状评价结论是政府部门监管(如颁发安全生产许可证)的依据。

此外，还可以根据评价结果的量化程度将安全评价划分为定性、定量安全评价两种。其中，定性安全评价方法包括：安全检查表、预先危险分析、故障类型及影响分析、危险与可操作性研究、作业危害分析等；定量安全评价方法包括：事件树分析，事故树分析，作业条件危险性评价，道化学火灾、爆炸指数评价法，蒙德火灾、爆炸、毒性指数评价法等。

2.1.4 安全评价的目的及意义

1）安全评价的目的

根据其定义，安全评价要达到的目的主要包括以下 4 个方面：

(1) 促进实现本质安全化生产。通过安全评价，可系统地从工程、系统设计、建设、运行等过程对事故和事故隐患进行科学分析，针对事故和事故隐患发生的各种可能原因事件和条件，提出消除危险的最佳技术措施方案，特别是从设计上采取相应措施，实现生产过程的本质安全化，做到即使发生误操作或设备故障，系统存在的危险因素也不会因此导致重大事故发生。

(2) 实现全过程安全控制。在设计之前进行安全评价，可避免选用不安全的工艺流程和危险的原材料以及不合格的设备、设施，或者必须采用时，提出降低或消除危险的有效方法。设计之后进行的评价，可查出设计中的缺陷和不足，及早采取改进和预防措施。系统建成以后运行阶段进行的系统安全评价，可了解系统的现实危险性，为进一步采取降低危险性的措施提供依据。

(3) 建立系统安全的最优方案，为决策者提供依据。通过安全评价，分析系统存在的危险源及其分布部位、数目、预测事故的概率、事故严重度，提出应采取的安全对策措施等，决策者可以根据评价结果选择系统安全最优方案和管理决策。

(4) 为实现安全技术、安全管理的标准化和科学化创造条件。通过对设备、设施或系统在生产过程中的安全性是否符合有关技术标准、规范、相关规定的评价，对照技术标准、规范找出存在的问题和不足，以实现技术和安全管理的标准化、科学化。

2）安全评价的意义

安全评价的意义在于可有效地预防事故发生，减少财产损失和人员伤亡。安全评价与日常安全管理和安全监督监察工作不同，安全评价是从技术方面分析、认证和评估由此产生的损失和伤害的可能性、影响范围、严重程度及应采取的对策措施等。

(1) 安全评价是安全生产管理的必要组成部分。“安全第一、预防为主、综合治理”是我国安全生产的基本方针，作为预测、预防事故重要手段的安全评价在贯彻安全生产方针中有着十分重要的作用，通过安全评价可确认生产经营单位是否具备了安全生产条件。

(2) 安全评价有助于政府安全监督管理部门对生产经营单位的安全生产实行宏观控制。安全评价工作，特别是安全预评价，将有效地提高工程安全设计的质量和投产后的安全可靠程度；投产前的安全验收评价，是根据国家有关技术标准、规范对设备、设施和系统进行符合性评价，提高安全达标水平；系统运转阶段的安全技术、安全管理、安全教育等方面的安全现状评价，可客观地对生产经营单位安全水平做出结论，使生产经营单位不仅了解可能存在的危险性，而且明确如何改进安全状况，也为安全监督管理部门了解生产经营单位安全生产现状、实施宏观控制提供基础。

(3) 安全评价有助于安全投资的合理选择。安全评价不仅能确认系统的危险性，而且还能进一步考虑危险性发展为事故的可能性及事故造成损失的严重程度，进而计算事故造成的危害，即风险率，并以此说明系统危险可能造成负效应的大小，以便合理地选择控制、消除事故发生的措施，确定安全措施投资的多少，从而使安全投入和可能减少的负效益达到合理平衡。

(4) 安全评价有助于提高生产经营单位的安全管理水平。安全评价可以使生产经营单位安全管理变事后处理为事先预测、预防，从而全面提高企业的安全管理水平。

(5) 安全评价有助于提高生产经营单位的经济效益。通过开展安全评价，一方面可以提高系统设计方案的安全性，减少项目建成后由于系统更改而造成的花费；另一方面可及时发现企业存在的安全隐患，降低事故所带来的巨大经济损失，从而使生产经营单位真正实现安全生产和经济效益的同步增长。

2.2 安全评价的法律基础

1996 年 10 月劳动部颁发了第 3 号令，规定六类建设项目必须进行劳动安全卫生预评价，与之配套的规章、标准还有原劳动部第 10 号令、第 11 号令和部颁标准《建设项目(工程)劳动安全卫生预评价导则》(LD/T 106—1998)。

2002 年 6 月 29 日中华人民共和国第 70 号主席令颁布了《中华人民共和国安全生产法》(以下简称《安全生产法》)，规定：矿山建设项目和用于生产、储存危险物品的建设项目，应当分别按照国家有关规定进行安全条件论证和安全评价。

2014 年 8 月，第十二届全国人民代表大会常务委员会对《安全生产法》进行了修订，将这一条款修改为：矿山、金属冶炼建设项目和用于生产、储存、装卸危险物品的建设项目，应当按照国家有关规定进行安全评价。

与原法律条款相比，修改后的《安全生产法》将需进行安全评价的建设项目范围进一步扩大，说明我国对安全评价工作的重视程度不断提高。

而我国《安全生产许可证条例》(中华人民共和国国务院第 653 号令，2014 年 7 月修订)第六条规定：

企业取得安全生产许可证，应当具备下列安全生产条件：

（一）建立、健全安全生产责任制，制定完备的安全生产规章制度和操作规程；

（二）安全投入符合安全生产要求；

（三）设置安全生产管理机构，配备专职安全生产管理人员；

（四）主要负责人和安全生产管理人员经考核合格；

（五）特种作业人员经有关业务主管部门考核合格，取得特种作业操作资格证书；

（六）从业人员经安全生产教育和培训合格；

（七）依法参加工伤保险，为从业人员缴纳保险费；

（八）厂房、作业场所和安全设施、设备、工艺符合有关安全生产法律、法规、标准和规程的要求；

（九）有职业危害防治措施，并为从业人员配备符合国家标准或者行业标准的劳动防护用品；

（十）依法进行安全评价；

（十一）有重大危险源检测、评估、监控措施和应急预案；

（十二）有生产安全事故应急救援预案、应急救援组织或者应急救援人员，配备必要的应急救援器材、设备；

（十三）法律、法规规定的其他条件。

这些法律、法规的颁布，必将进一步推动安全评价工作向更广、更深的方向发展。

2.3　安全评价的程序

根据安全评价的定义，安全评价的内容主要包括危险辨识和风险评价两部分。在实际工作过程中，围绕以上两个核心内容，通常按图 2-1 所示的程序开展安全评价工作。

(1) 准备阶段。明确被评价对象和范围，收集国内外相关法律、法规、技术标准及工程、系统的技术资料。

(2) 危险、有害因素识别与分析。识别和分析危险、有害因素，确定危险、有害因素存在的部位及存在的方式、事故发生的途径及其变化的规律。

(3) 定性、定量评价。划分评价单元，选择合理的评价方法，对评价对象发生事故的可能性及其严重程度进行定性、定量评价。

(4) 提出安全对策措施。根据定性、定量评价结果，提出消除或减弱危险、有害因素的技术和管理措施。

(5) 形成安全评价结论及建议。从风险管理角度给出评价对象在评价时与国家有关安全生产的法律法规、标准、规章、规范的符合性结论，给出事故发生的可能性和严重程度的预测性结论，以及采取安全对策措施后的安全状态等。

(6) 编制安全评价报告。记录危险有害因素辨识、定性/定量评价、安全对策措施等内容，并根据相应的安全评价报告格式撰写安全评价报告。

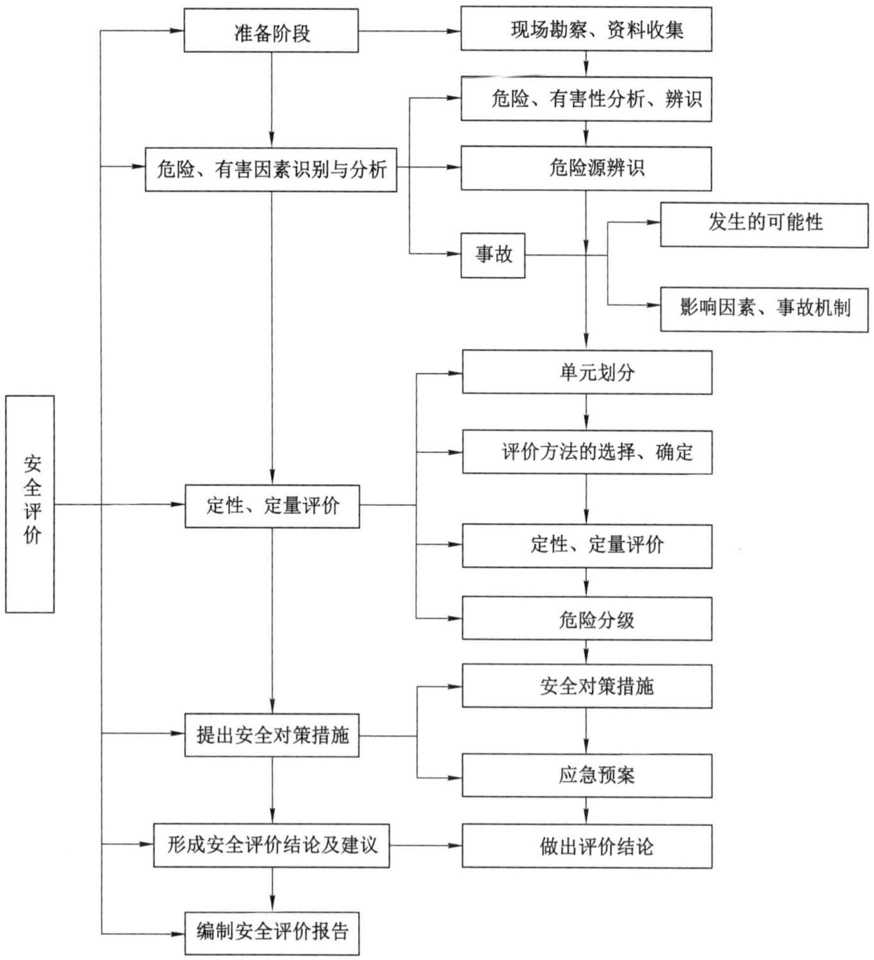

图 2-1 安全评价程序

2.4 安全评价报告

安全评价报告是安全评价过程的具体体现和概括性总结，也是评价对象实现安全运行的技术性指导文件，对完善自身安全管理、应用安全技术等方面具有重要作用。安全评价报告作为第三方出具的技术性咨询文件，可为政府安全生产监管、监察部门、行业主管部门等相关单位对评价对象的安全行为进行法律、法规、标准、行政规章、规范的符合性判别所用。

2.4.1 安全评价报告基本格式

安全评价报告应全面反映安全评价过程的全部工作，文字应简洁、准确，提出的资料应清楚可靠，论点明确，利于阅读和审查。报告的具体格式如下：

(1) 封面

封面内容应包括：委托单位名称；评价项目名称；标题(标题应统一写为“安全××评价

报告”，其中“××”应根据评价项目的类别填写“预、验收或现状”)；安全评价机构名称；安全评价机构资质证书编号；安全评价报告完成时间。

(2) 安全评价资质证书影印件

(3) 著录项

著录项一般分两页布置。第一页署明安全评价机构的法定代表人、技术负责人、评价项目负责人等主要责任者姓名，下方为报告编制完成的日期及安全评价机构公章用章区；第二页为评价人员、各类技术专家以及其他有关责任者名单，评价人员和技术专家均应亲笔签名。

(4) 前言

(5) 目录

(6) 正文

(7) 附件

(8) 附录

2.4.2 安全评价报告的主要内容

1) 概述

概述部分主要包括：

(1) 安全评价依据：法律、法规、标准、可研报告、图纸及技术文件等。

(2) 建设单位简介。

(3) 建设项目概况：选址、布局、工艺流程、主要设备、原料、产品等。

2) 主要危险、有害因素分析

说明主要危险、有害因素的种类、产生原因、存在部位及其可能产生的后果。

3) 评价单元划分和评价方法选择

根据建设项目主要危险、有害因素的种类和特征，确定评价单元，选用评价方法。

4) 定性、定量评价

运用所选取的评价方法，对相应的危险、有害因素进行定性、定量的评价计算和论述。

5) 安全对策措施

根据定性、定量评价结果，给出具体、合理、可行、针对性强的安全对策措施。

6) 评价结论及建议

评价结论主要包含两部分：一是说明识别出的危险和有害因素，并进行归类和危险程度排序；二是明确评价对象是否符合国家安全生产法规、标准要求。

复习思考题

1. 如何理解风险的定义？
2. 什么是安全评价？安全评价一般分为哪几类？
3. 安全预评价、安全验收评价、安全现状评价有什么区别？
4. 安全评价的程序主要包含哪几步？
5. 如何理解安全评价与安全系统工程的关系？

第 3 章 危险辨识

现代安全工程理论认为,发生生产安全事故的根本原因在于生产经营活动中存在危险源,它是一切生产安全事故的根源。要控制生产安全事故,就必须控制危险源,并针对危险源采取有针对性的、有效的防范措施,预防和减少事故的发生以及控制事故产生的后果。

3.1 基本概念

3.1.1 事故

事故是人(个人或集体)在实现某种意图而进行的活动过程中,突然发生的、违反人的意志的、迫使活动暂时或永久停止的事件。

1) 事故的基本特征

(1) 事故来源于人类的生产、生活活动过程。人类的任何生产、生活活动过程中都有可能发生事故。因此,人们若想让活动顺利进行,就必须努力掌握事故发生规律,进而采取有效措施来防止事故发生。

(2) 事故表现为与人的意志相反的意外事件。不论是人员伤亡、财产损失或者仅仅是导致生产的停止,都是人类不愿意发生的。同时,事故具有偶然性,是随机发生的,不可能知道事故什么时候发生、怎么发生,但可以通过一定的手段去掌握事故发生规律,阻止那些可能导致事故发生的原因事件,实现防患于未然。

(3) 事故的结果为生产、生活活动的停止。一般来说,事故是指导致人员伤亡或财产损失的事件。事实上,有些事故不会导致人员伤亡或财产损失,而只是影响生产、生活活动的顺利进行。人们往往把事故和事故的后果看作一个事件,只注意造成人员伤亡、物质损失等严重后果的事故,而忽视没有造成人员伤亡、物质损失等后果轻微的未遂事故,这是不正确的。

2) 事故可能造成的结果

(1) 人受到伤害,物也遭到损失。例如,汽车相撞、飞机坠落或锅炉爆炸等,都会同时导致人员伤亡和财产损失。

(2) 人受到伤害,而物没有遭到损失。例如,高空作业过程中人由高空坠落而受到伤害,而物却没有遭到损失。

(3) 人没有受到伤害,物遭到损失。例如,电气火灾引起厂房、设备等受损,而人员安全撤离,这就属于人没有受到伤害,而物遭到损失的事故。

(4) 人没有受到伤害,物也没有遭到损失,只有时间和间接的经济损失。例如,工厂突然停电而使生产暂时停止，但没有任何直接的物的损失和人员伤亡，这就属于人没有受到伤害、物也没有遭到损失的事故。

3.1.2 危险、危险源与隐患

1）危险

所谓危险(hazard)，是指导致人员伤亡或职业病，或导致系统、设备、社会财富损失、损坏或环境破坏的任何真实或潜在的条件。

2）危险源

根据《职业健康安全管理体系—要求及使用指南》(ISO 45001—2018)可知，危险源(hazard source)是指可能导致伤害和健康损害的根源或状态。

具体来说，危险源是指系统中具有潜在能量和物质释放危险的、可造成人员伤害、在一定的触发因素作用下可转化为事故的部位、区域、场所、空间、岗位、设备及其位置。同时，危险源的实质是具有潜在危险的源点或部位，是爆发事故的根源。

图 3-1 以触电事故为例，说明了危险与危险源的关系。生产过程中存在带电设备、线路等，这是发生触电事故的根源，所以高压或带电设备、线路是触电事故的危险源。而带电设备、线路正常情况下是处于与外界绝缘状态的，只有当绝缘破坏时才会出现触电的危险。触电危险是导致触电事故的条件，若此时工人触摸到带电的设备或线路，就会发生触电事故。

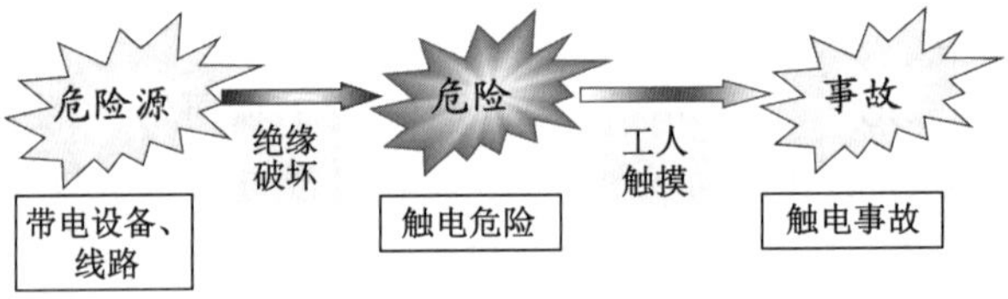

图 3-1　危险与危险源的关系

3）隐患

所谓隐患(hidden danger)，是指生产系统中可能导致事故发生的人的不安全行为、物的不安全状态、管理上的缺陷和环境的不安全条件。如图 3-1 中的绝缘破坏和工人触摸都属于隐患，隐患是事故发生的直接原因。

危险源与隐患的区别与联系：

(1) 危险源是具有潜在危险的源点或部位，是已知的，也是固定的，可以采取一定措施进行针对性防护和避免。

(2) 隐患是有危险的、不安全的、有缺陷的“状态”，是未知的，也是不固定的，无法有针对性地解决，只能解决普遍性的问题，从而加以预防。

(3) 有危险源不一定有隐患，若存在隐患，则必须整改，否则可能导致事故。

(4) 有隐患则一定有危险源。

在危险辨识过程中，首先要辨识危险源，其次要围绕危险源辨识可能的隐患，从而达到预防事故发生的目的。

3.2 危险分类

危险辨识的最终结果是要识别出产品、系统、项目各阶段存在的危险，要使危险辨识能够系统、全面，其关键是能对危险的类型加以界定。然而，我们目前面临的系统日益复杂，它们所属的行业也大相径庭，很难有一种危险分类法能绝对完整、全面地涵盖所有的危险。我国在1993年7月1日开始施行国家标准《生产过程危险和有害因素分类与代码》(GB/T 13861—92)，该标准2009年更新为GB/T 13861—2009，这一标准是目前国内常用的危险分类方法之一。危险的最终结果是导致事故的发生，如果能识别出可能发生的事故，则可以通过事故类型来对危险类型加以划分。因此，在危险辨识过程中，还可以将《企业职工伤亡事故分类》(GB 6441—86)作为危险类型划分的基础依据。此外，还可以根据能量意外释放论对危险源进行分类。

3.2.1 按《企业职工伤亡事故分类》进行分类

《企业职工伤亡事故分类》(GB 6441—86)于1986年5月31日发布，用于企业职工伤亡事故统计工作。该标准将事故分为20类，具体如下：

(1) 物体打击：指失控物体的惯性力造成的人身伤害事故。如落物、滚石、锤击、碎裂、崩块、砸伤等造成的伤害，不包括爆炸而引起的物体打击。

(2) 车辆伤害：指本企业机动车辆引起的机械伤害事故。如机动车辆在行驶中的挤、压、撞车或倾覆等事故，在行驶中上下车、搭乘矿车或放飞车所引起的事故，以及车辆运输挂钩、跑车事故。

(3) 机械伤害：指机械设备与工具引起的绞、辗、碰、割、戳、切等伤害。如工件或刀具飞出伤人，切屑伤人，手或身体被卷入，手或其他部位被刀具碰伤，被转动的机构缠压住等(属于车辆、起重设备的情况除外)。

(4) 起重伤害：指从事起重作业时引起的机械伤害事故。这类伤害包括各种起重作业引起的机械伤害；不包括触电、检修时制动失灵引起的伤害，以及上、下驾驶室时引起的坠落式跌倒。

(5) 触电：指电流流经人体，造成生理伤害的事故。它适用于触电、雷击伤害，如人体接触带电的设备金属外壳或裸露的临时线、漏电的手持电动手工工具；起重设备误触高压线或感应带电；雷击伤害；触电坠落等事故。

(6) 淹溺：指因大量水经口、鼻进入肺内，造成呼吸道阻塞，发生急性缺氧而窒息死亡的事故。它适用于船舶、排筏、设施在航行、停泊、作业时发生的落水事故。

(7) 灼烫：指强酸、强碱溅到身体引起的灼伤，或因火焰引起的烧伤，高温物体引起的烫伤，放射线引起的皮肤损伤等事故。它适用于烧伤、烫伤、化学灼伤、放射性皮肤损伤等伤害，不包括电烧伤以及火灾事故引起的烧伤。

(8) 火灾：指造成人身伤亡的企业火灾事故。它不适用于非企业原因造成的火灾，如居民火灾蔓延到企业。此类事故属于消防部门统计的事故。

(9) 高处坠落：指由于危险重力势能差引起的伤害事故。它适用于脚手架、平台、陡壁施工等高于地面的坠落，也适用于由地面踏空失足坠入洞、坑、沟、升降口、漏斗等情况；但排除以其他类别为诱发条件的坠落，如高处作业时，因触电失足坠落应定为触电事故，不能按高处坠落划分。

(10) 坍塌:指建筑物、构筑物、堆置物等倒塌以及土石塌方引起的事故。它适用于因设计或施工不合理而造成的倒塌,以及土方、岩石发生的塌陷事故,如建筑物倒塌,脚手架倒塌,挖掘沟、坑、洞时土石的塌方等情况;不适用于矿山冒顶片帮事故,或因爆炸、爆破引起的坍塌事故。

(11) 冒顶片帮:矿井工作面、巷道侧壁由于支护不当、压力过大造成的坍塌,称为片帮;顶板垮落为冒顶。二者常同时发生,简称为冒顶片帮。它适用于矿山、地下开采、掘进及其他坑道作业时发生的坍塌事故。

(12) 透水:指矿山、地下开采或其他坑道作业时,意外水源带来的伤亡事故。它适用于井巷与含水岩层、地下含水带、溶洞或与被淹巷道、地面水域相通时,涌水成灾的事故;不适用于地面水害事故。

(13) 放炮(爆破):指施工时,爆破作业造成的伤亡事故。它适用于各种爆破作业,如采石、采矿、采煤、开山、修路、拆除建筑物等工程进行的爆破作业引起的伤亡事故。

(14) 瓦斯爆炸:指可燃性气体瓦斯、煤尘与空气混合形成了达到燃烧极限的混合物,接触火源时引起的化学性爆炸事故。它适用于煤矿,同时也适用于空气不流通,瓦斯、煤尘积聚的场合。

(15) 火药爆炸:指火药与炸药在生产、运输、储藏的过程中发生的爆炸事故。它适用于火药与炸药生产在配料、运输、储藏、加工过程中,由于振动、明火、摩擦、静电作用,或因炸药的热分解作用,储藏时间过长或因储存炸药过多发生的化学性爆炸事故,以及熔炼金属时废料处理不净,残存火药或炸药引起的爆炸事故。

(16) 锅炉爆炸:指锅炉发生的物理性爆炸事故。它适用于使用工作压力大于 0.7 atm (0.07 MPa)、以水为介质的蒸汽锅炉(以下简称锅炉);不适用于铁路机车、船舶上的锅炉以及列车电站和船舶电站的锅炉。

(17) 容器爆炸:指压力容器破裂引起的气体爆炸,即物理性爆炸,包括容器内盛装的可燃性液化气在容器破裂后立即蒸发,与周围的空气混合形成爆炸性气体混合物,遇到火源时产生的化学爆炸,也称为容器的二次爆炸。

(18) 其他爆炸。凡不属于上述爆炸的事故均列为其他爆炸事故,如:

① 可燃性气体(如煤气、乙炔等)与空气混合形成的爆炸。

② 可燃蒸气与空气混合形成的爆炸性气体混合物(如汽油)挥发气引起的爆炸。

③ 可燃性粉尘以及可燃性纤维与空气混合形成的爆炸性气体混合物引起的爆炸。

④ 间接形成的可燃气体与空气相混合,或者可燃蒸气与空气相混合(如可燃固体、自燃物品,当其受热、水、氧化剂的作用迅速反应,分解出可燃气体或蒸气与空气混合形成爆炸性气体),遇火源引起的爆炸。

炉膛爆炸,钢水包、亚麻粉尘的爆炸,都属于其他爆炸。

(19) 中毒和窒息:指人接触有毒物质,如误食有毒食物或呼吸有毒气体引起的人体急性中毒事故,或在废弃的坑道、暗井、涵洞、地下管道等不通风的地方工作,因为氧气缺乏,而导致的突然晕倒,甚至死亡的窒息事故。两种现象合为一体称为中毒和窒息事故。它不适用于病理变化导致的中毒和窒息事故,也不适用于慢性中毒的职业病导致的死亡。

(20) 其他伤害。凡不属于上述伤害的事故均称为其他伤害,如扭伤、跌伤、冻伤、野兽咬伤、钉子扎伤等。

将分析对象的实际情况与以上20类事故一一对照，就可以辨识出分析对象中存在的危险(可能发生的事故)。这种方法简单易行，已逐渐成为国内最为常用的一类危险辨识方法。需要说明的是，采用GB 6441—86进行危险辨识仅能识别出可能导致事故的危险因素，该标准中未涉及职业病及相关有害因素的辨识。

3.2.2 按《生产过程危险和有害因素分类与代码》进行分类

《生产过程危险和有害因素分类与代码》(GB/T 13861—2009)规定了生产过程中各种主要危险和有害因素的分类和代码。该标准适用于各行业在规划、设计和组织生产时，对危险和有害因素的预测、预防，对伤亡事故原因的辨识和分析，也适用于职业安全卫生信息的处理与交换。该标准将危险和有害因素大类设置为4类，分别是“人的因素”“物的因素”“环境因素”和“管理因素”。危险和有害因素代码用6位数字表示，共分4层，第一、二层分别用一位数字表示大类、中类；第三、四层分别用2位数字表示小类、细类。代码结构如图3-2所示。

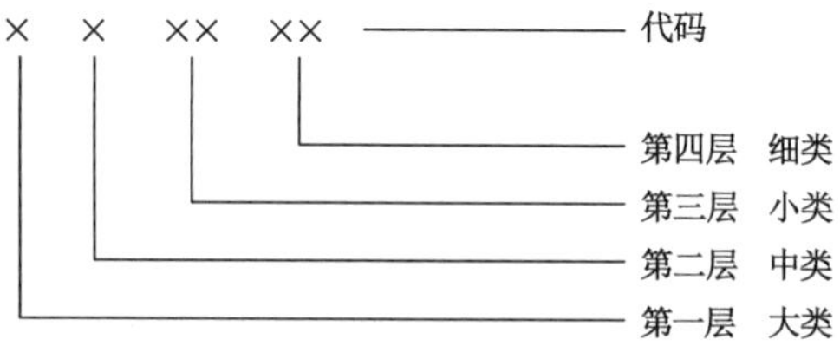

图3-2 代码结构

其中，第一位数字表示大类，分别用1、2、3、4表示人的因素、物的因素、环境因素和管理因素，具体分类及代码见表3-1。

与《企业职工伤亡事故分类》(GB 6441—86)相比，《生产过程危险和有害因素分类与代码》(GB/T 13861—2009)是按照导致伤亡事故和职业危害的直接原因对危险进行分类，按此标准所辨识出的危险更具体，但工作量相对较大。

表3-1 生产过程危险和有害因素分类与代码表

大类		中类		小类		细类	
代码	名称	代码	名称	代码	名称	代码	名称
1	人的因素	11	心理、生理性危险和有害因素	110	负荷超限	110101	体力负荷超限
						110102	听力负荷超限
						110103	视力负荷超限
						110199	其他负荷超限
				1102	健康状况异常		
				1103	从事禁忌作业		
				1104	心理异常	110401	情绪异常
						110402	冒险心理

表 3-1(续)

大类		中类		小类		细类	
代码	名称	代码	名称	代码	名称	代码	名称
1	人的因素	11	心理、生理性危险和有害因素	1104	心理异常	110403	过度紧张
						110499	其他心理异常
				1105	辨识功能缺陷	110501	感知延迟
						110512	辨识错误
						110599	其他辨识功能缺陷
				1199	其他心理、生理性危险和有害因素		
		12	行为性危险和有害因素	1201	指挥错误	120101	指挥失误
						120102	违章指挥
						120199	其他指挥错误
				1202	操作错误	120201	误操作
						120202	违章作业
						120299	其他操作错误
				1203	监护失误		
				1299	其他行为性危险和有害因素		
2	物的因素	21	物理性危险和有害因素	2101	设备、设施、工具、附件缺陷	210101	强度不够
						210102	刚度不够
						210103	稳定性差
						210104	密封不良
						210105	耐腐蚀性差
						210106	应力集中
						210107	外形缺陷
						210108	外露运动件
						210109	操纵器缺陷
						210110	制动器缺陷
						210111	控制器缺陷
						210199	设备、设施、工具、附件其他缺陷
				2102	防护缺陷	210201	无防护
						210202	防护装置、设施缺陷
						210203	防护不当
						210204	支撑不当

表 3-1(续)

大类		中类		小类		细类	
代码	名称	代码	名称	代码	名称	代码	名称
2	物的因素	21	物理性危险和有害因素	2102	防护缺陷	210205	防护距离不够
						210299	其他防护缺陷
				2103	电伤害	210301	带电部位裸露
						210302	漏电
						210303	静电和杂散电流
						210304	电火花
						210399	其他电伤害
				2014	噪声	210401	机械性噪声
						210402	电磁性噪声
						210403	流体动力性噪声
						210499	其他噪声
				2105	振动危害	210501	机械性振动
						210502	电磁性振动
						210503	流体动力性振动
						210599	其他振动危害
				2106	电离辐射		
				2107	非电离辐射	210701	紫外辐射
						210702	激光辐射
						210703	微波辐射
						210704	超高频辐射
						210705	高频电磁场
						210706	工频电场
				2018	运动物伤害	210801	抛射物
						210802	飞溅物
						210803	坠落物
						210804	反弹物
						210805	土、岩滑动
						210806	料堆(垛)滑动
						210807	气流卷动
						210899	其他运动物伤害
				2109	明火		
				2110	高温物质	211001	高温气体
						211002	高温液体
						211003	高温固体
						211099	其他高温物质

表 3-1(续)

大类		中类		小类		细类	
代码	名称	代码	名称	代码	名称	代码	名称
2	物的因素	21	物理性危险和有害因素	2111	低温物质	211101	低温气体
						211102	低温液体
						211103	低温固体
						211199	其他低温物质
				2112	信号缺陷	211201	无信号设施
						211202	信号选用不当
						211203	信号位置不当
						211204	信号不清
						211205	信号显示不准
						211299	其他信号缺陷
				2113	标志缺陷	211301	无标志
						211302	标志不清晰
						211303	标志不规范
						211304	标志选用不当
						211305	标志位置缺陷
						211399	其他标志缺陷
				2114	有害光照		
				2199	其他物理性危险和有害因素		
		22	化学性危险和有害因素	2201	爆炸品		
				2202	压缩气体和液化气体		
				2203	易燃液体		
				2204	易燃固体、自燃物品和遇湿易燃物品		
				2205	氧化剂和有机过氧化物		
				2206	有毒品		
				2207	腐蚀品		
				2208	粉尘与气溶胶		
				2299	其他化学性危险和有害因素		
		23	生物性危险和有害因素	2301	致病微生物	230101	细菌
						230102	病毒

表 3-1(续)

大类		中类		小类		细类	
代码	名称	代码	名称	代码	名称	代码	名称
2	物的因素	23	生物性危险和有害因素	2301	致病微生物	230103	真菌
						230199	其他致病微生物
				2302	传染病媒介物		
				2303	致害动物		
				2304	致害植物		
				2399	其他生物性危险和有害因素		
3	环境因素	31	室内作业场所环境不良	3101	室内地面滑		
				3102	室内作业场所狭窄		
				3103	室内作业场所杂乱		
				3104	室内地面不平		
				3105	室内梯架缺陷		
				3106	地面、墙和天花板上的开口缺陷		
				3107	房屋基础下沉		
				3108	室内安全通道缺陷		
				3109	房屋安全出口缺陷		
				3110	采光照明不良		
				3111	作业场所空气不良		
				3112	室内温度、湿度、气压不适		
				3113	室内给、排水不良		
				3114	室内涌水		
				3199	其他室内作业场所环境不良		
		32	室外作业场地环境不良	3201	恶劣气候与环境		
				3202	作业场地和交通设施湿滑		
				3203	作业场地狭窄		
				3204	作业场地杂乱		
				3205	作业场地不平		
				3206	航道狭窄、有暗礁或险滩		

表 3-1(续)

大类		中类		小类		细类	
代码	名称	代码	名称	代码	名称	代码	名称
3	环境因素	32	室外作业场地环境不良	3207	脚手架、阶梯和活动梯架缺陷		
				3208	地面开口缺陷		
				3209	建筑物和其他结构缺陷		
				3210	门和围栏缺陷		
				3211	作业场地基础下沉		
				3212	作业场地安全通道缺陷		
				3213	作业场地安全出口缺陷		
				3214	作业场地光照不良		
				3215	作业场地空气不良		
				3216	作业场地温度、湿度、气压不适		
				3217	作业场地涌水		
				3299	其他室外作业场地环境不良		
		33	地下(含水下)作业环境不良	3301	隧道/矿井顶面缺陷		
				3302	隧道/矿井正面或侧壁缺陷		
				3303	隧道/矿井地面缺陷		
				3304	地下作业面空气不良		
				3305	地下火		
				3306	冲击地压		
				3307	地下水		
				3308	水下作业供氧不当		
				3399	其他地下作业环境不良		
		39	其他作业环境不良	3901	强迫体位		
				3902	综合性作业环境不良		
				3999	以上未包括的其他作业环境不良		

表 3-1(续)

大类		中类		小类		细类	
代码	名称	代码	名称	代码	名称	代码	名称
4	管理因素	41	职业安全卫生组织机构不健全				
		42	职业安全卫生责任制未落实				
		43	职业安全卫生管理规章制度不完善	4301	建设项目“三同时”制度未落实		
				4302	操作规程不规范		
				4303	事故应急预案及响应缺陷		
				4304	培训制度不完善		
				4399	其他职业安全卫生管理规章制度不健全		
		44	职业安全卫生投入不足				
		45	职业健康管理不完善				
		49	其他管理因素缺陷				

3.2.3 按危险源在事故发生、发展中的作用进行分类

近代工业的发展起源于蒸汽机的出现。将燃料的化学能转变为热能,并以水为介质转变为蒸汽,将蒸汽的热能再变为机械能输送到生产现场,这就是蒸汽机动力系统的能量转换过程。电气时代是将水的势能或蒸汽的动能转换为电能,在生产现场再将电能转变为机械能进行产品的制造加工或资源开采。核电站是用核能即原子能转变为电能。总之,能量是具有做功功能的物理量。输送到生产现场的能量,依生产的目的和手段不同,可以相互转变为各种形式:势能、动能、热能、化学能、电能、原子能、辐射能、声能、生物能等。

1961 年吉布森(Gibson)提出:事故是一种不正常的或不希望的能量释放,各种形式的能量是构成伤害的直接原因。在一定条件下某种形式的能量能否产生伤害造成人员伤亡事故取决于能量大小、接触能量时间长短和频率,以及集中程度。这一理论被称为能量意外释放论。

在吉布森的研究基础上,1966 年美国运输安全局局长哈登完善了能量意外释放理论,提出“人受伤害的原因只能是某种能量的转移”的观点并提出了能量逆流于人体造成伤害的分类方法,将伤害分为两类:第一类伤害是由于施加了超过局部或全身性损伤阈值的能量引起的;第二类伤害是由于影响了局部或全身性能量交换引起的,主要指中毒窒息和冻伤。

综上所述,能量意外释放论的基本观点是:不希望或异常的能量转移是伤亡事故的致

因，即人受伤害的原因只能是某种能量向人体的转移。根据能量意外释放论，可以利用各种屏蔽来防止意外的能量转移，或防止人体与过量的能量或危险物质接触，从而防止事故的发生，如图 3-3 所示。

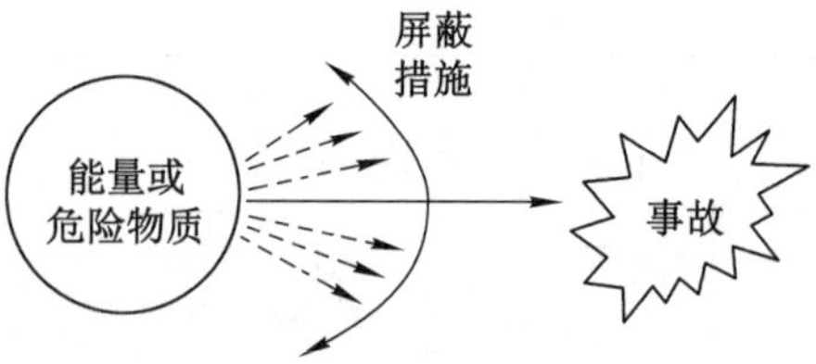

图 3-3 能量意外释放论

在生产过程中，正常情况下所有的能量或危险物质都处于屏蔽措施（安全控制措施）的作用下，此时事故不会发生。若由于某种原因使得屏蔽措施被破坏，则事故就会发生。如液化石油气属于危险物质，若其中蕴含的化学能意外释放，则可能导致火灾或爆炸事故发生。但正常情况下，液化石油气都储存在储罐中，储罐就是防止能量意外释放的屏蔽措施，只有罐体出现裂纹或者由于其他原因导致泄漏，才会真正发生事故。

根据这一理论，我们可以将危险源分为两类。

1）第一类危险源

作用于人体的过量的能量或干扰人体与外界能量交换的危险物质是造成人员伤害的直接原因。于是，把系统中存在的、可能发生意外释放的能量或危险物质称作第一类危险源。

其中，能量包括机械能、热能、电能、辐射能、化学能等；危险物质是指能损害人体的生理机能和正常代谢功能、破坏设备和物品的物质，包括毒性物质、腐蚀性物质、易燃易爆物质、放射性物质、粉尘等。

一般地，能量被解释为物体做功的本领。做功的本领是无形的，只有在做功时才显现出来。因此，实际工作中往往把产生能量的能力源或拥有能量的能量载体看作第一类危险源来处理。例如，带电的导体、奔驰的车辆等。

常见的第一类危险源包括：

（1）产生、供给能量的装置、设备。

（2）使人体或物体具有较高势能的装置、设备、场所。

（3）能量载体。

（4）一旦失控可能产生能量积蓄或突然释放的装置、设备、场所，如各种压力容器等。

（5）一旦失控可能产生巨大能量的装置、设备、场所，如强烈放热反应的化工装置等。

（6）危险物质，如各种有毒、有害、可燃烧爆炸的物质等。

（7）生产、加工、储存危险物质的装置、设备、场所。

（8）人体一旦与之接触将导致人体能量意外释放的物体。

将《企业职工伤亡事故分类》（GB 6441—86）中的事故类型与导致其发生的能量及能量载体相对应，见表 3-2。

表 3-2 能量与事故类型的对应关系

事故类型	能量/危险物质	能量载体
物体打击	动能、势能	落下、抛出、破裂、飞散的物体
车辆伤害	动能	运动的车辆
机械伤害	动能	机械运动部分

表 3-2(续)

事故类型	能量/危险物质	能量载体
起重伤害	势能	被吊起的重物
触电	电能	带电体、高跨步电压区域
灼烫	热能	高温、腐蚀性物体、物质
火灾	化学能、热能	火焰、烟气
高处坠落	势能	高于 2 m 的作业位置
坍塌	势能	边坡土(岩)体、建筑物
冒顶片帮	动能	顶板、两帮围岩
放炮、火药爆炸	化学能、动能	炸药
瓦斯爆炸	化学能、动能	可燃性气体、可燃性粉尘
锅炉爆炸	势能	锅炉
压力容器爆炸	势能	压力容器及其内容物
淹溺	危险物质	水及其他液体
中毒和窒息	危险物质	毒性物质、窒息性气体

2）第二类危险源

在生产和生活中，为了利用能量，让能量按照人们的意图在系统中流动、转换和做功，必须采取措施约束、限制能量，即控制危险源。实际上，绝对可靠的控制措施并不存在。在许多因素的复杂作用下，约束、限制能量的控制措施可能失效，能量屏蔽可能被破坏而发生事故。人们通常将导致约束、限制能量措施失效或破坏的各种不安全因素称为第二类危险源。

第二类危险源往往是一些围绕第一类危险源随机发生的现象，它们出现的情况决定事故发生的可能性。第二类危险源出现得越频繁，发生事故的可能性越大。

生产过程中常见的第二类危险源包括：

(1) 人的不安全行为。人的不安全行为又称为“人失误”，是指人的行为的结果偏离了预定的标准。人的不安全行为可能直接破坏对第一类危险源的控制，造成能量或危险物质的意外释放。例如，合错了开关使检修中的线路带电；误开阀门使有害气体泄放等。人失误也可能造成物的故障，物的故障进而导致事故。例如，超载起吊重物造成钢丝绳断裂，发生重物坠落事故。

(2) 物的不安全状态。物的不安全状态又称为“物的故障”，是指由于性能低下不能实现预定功能的现象，物的故障可能直接使约束、限制能量或危险物质的措施失效而发生事故。例如，电线绝缘损坏发生漏电；管路破裂使其中的有毒有害介质泄漏等。有时，一种物的故障可能导致另一种物的故障，最终造成能量或危险物质的意外释放。例如，压力容器的泄压装置故障，使容器内部介质压力上升，最终导致容器破裂。物的故障有时会诱发人失误；人失误也可能造成物的故障，实际生产中二者可以互为因果，甚至互相促进。

(3) 环境因素。环境因素主要指系统运行的环境，包括温度、湿度、照明、粉尘、通风换气、噪声和振动等物理环境，以及企业和社会的软环境。不良的物理环境会引起物的故障或人失误。例如，潮湿的环境会加速金属腐蚀而降低结构或容器的强度；工作场所强烈的噪声会影响人的情绪，分散人的注意力而发生人失误。企业的管理制度、人际关系或社会环境影响人的心理，可能引起人失误。

(4) 管理缺陷。很多时候，人的不安行为和物的不安全状态之所以出现，都是由于管理上存在缺陷所导致的。如，人失误可能是由于未制定安全操作规程或未对员工进行培训所导致的，而设备故障可能是由于缺乏维修保养或未及时进行检查导致的。相对于人的不安全行为和物的不安全状态而言，管理缺陷是导致事故的更深层次的原因。

如图 3-4 所示，第一类危险源是事故发生的前提，相当于第一节中危险源的概念；第二类危险源是第一类危险源导致事故的必要条件，相当于第一节中隐患的概念。第一类危险源是伤亡事故发生的能量主体，决定了事故后果的严重程度；第二类危险源是事故的直接原因，决定了事故发生的可能性大小。在危险辨识过程中，首先应找出第一类危险源，然后围绕第一类危险源分析可能导致其约束限制条件被破坏的各种因素，即第二类危险源。

图 3-4　两类危险源的关系

3.3　危险辨识过程

3.3.1　危险辨识方法

不同的产品或系统、不同的阶段，其生产特点、工艺流程各不相同，产生的危险的类型也各不相同，因而危险辨识过程中应采用适当的方法。危险辨识的方法通常包括两大类，一类是直接经验法(对照法)，另一类是系统安全分析法。在危险辨识过程中，通常将两种方法结合使用。

1) 直接经验法

直接经验法，也称对照法，是通过与有关的标准、规范、规程或类似系统安全经验相对照来辨识危险源。如：对照国家标准和法律法规查找岗位(环境)是否存在职业健康危害因素超标现象；对照国家标准查找设备(设施)的安全缺陷；对照设备维护规程和工艺操作规程查找不安全行为；对照历史发生的事故原因查找设备安全和行为规范的缺陷；对照国家标准和法律法规查找管理制度的漏洞；对照安全检查表，查找安全隐患等等。在安全评价工作过程中，通常与《生产过程危险和有害因素分类与代码》(GB/T 13861—2009)或《企业职工伤亡事故分类》(GB 6441—86)相对照，查找企业中存在的危险因素或可能出现的事故类型。

直接经验法是危险辨识中常用的方法，其优点是简单易行，但受辨识人员知识、经验和占有资料的限制，辨识结果容易遗漏，且不能应用在没有可供参考先例的新开发系统中。为确保辨识结果的准确、全面，通常采取专家会议的方式来开展辨识，从而达到集思广益的目的，以弥补个人判断的主观性，防止遗漏。

2) 系统安全分析法

系统安全分析是指应用系统安全的方法，分析导致系统故障或事故的各种因素及其相互关系，从而识别系统中的危险源。常用的系统安全分析方法包括：安全检查表、预先危险分析、故障类型及影响分析、危险与可操作性研究、事件树分析、事故树分析、故障假设分析等。需要说明的是，尽管以上方法被称为安全分析方法，但其分析过程同时涵盖了危险辨识、安全分析、风险评价与风险控制的过程，各个阶段之间并不是完全分开的。

与直接经验法相比，采用系统安全分析法进行危险辨识，其结果更客观、更全面，可用于辨识没有事故经验的新开发系统或复杂大系统的危险。

3.3.2 危险辨识程序

在系统安全分析与安全评价等工作过程中，通常按照图 3-5 所示的程序开展危险辨识工作。

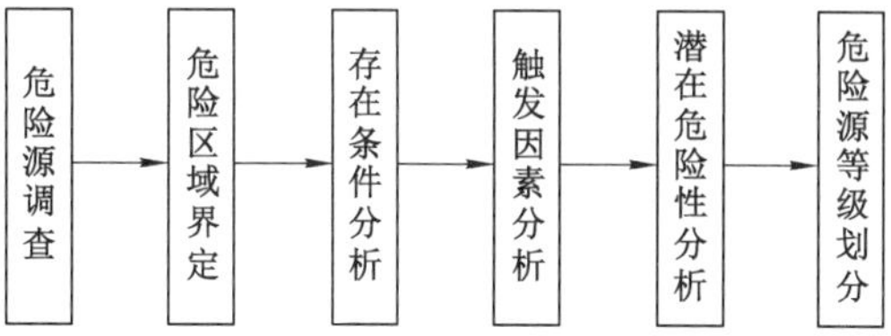

图 3-5 危险辨识程序

1）危险源调查

在进行危险源调查之前，首先确定所要分析的系统，如对整个企业或某个车间的某个生产工艺过程分析；然后对所分析系统进行调查。调查的主要内容如下：

（1）生产工艺设备及材料情况：工艺布置，设备名称、容积、温度、压力，设备性能，设备本质安全化水平，工艺设备的固有缺陷，所使用的材料种类、性质、危害，使用的能量类型及强度等。

（2）作业环境情况：安全通道情况，生产系统的结构、布局，作业空间布置等。

（3）操作情况：操作过程中的危险，工人接触危险的频度等。

（4）事故情况：过去事故及危害状况，事故应急处理方法，故障处理措施。

（5）安全防护：危险场所有无安全防护措施，有无安全标志，燃气、物料使用有无安全措施等。

2）危险区域界定

即划定危险源点的范围。首先应对系统进行划分，可按设备、生产装置及设施划分子系统，也可按作业单元划分子系统；然后分析每个子系统中所存在的危险源点，一般将产生能量或具有能量、危险物质的作业空间、产生或聚集危险物质的设备、容器作为危险源点；最后以危险源点为核心加上防护范围即为危险区域，这个危险区域就是危险源的区域。

在确定危险源区域时，可按以下方法界定：

（1）按危险源是固定还是移动界定。如运输车辆、车间内的搬运设备为移动式，其危险区域应随设备的移动空间而定。而锅炉、压力容器、储油罐等则是固定源，其区域范围也固定。

（2）按危险源是点源还是线源界定。一般线源引起的危害范围较点源的大。

（3）按危险作业场所来划定危险源的区域。如有发生爆炸、火灾危险的场所，有被车辆伤害危险的场所，有触电危险的场所，有高处坠落危险的场所，有腐蚀、放射、辐射、中毒和窒息危险的场所等。

(4) 按危险设备所处位置作为危险源的区域。如锅炉房、油库、氧气站、变配电站等。

(5) 按能量形式界定危险源。如化学危险源、电气危险源、机械危险源、辐射危险源和其他危险源等。

3) 存在条件及触发因素分析

一定数量的危险物质或一定强度的能量,由于存在条件不同,所显现的危险性也不同,被触发转换为事故的可能性大小也不同。因此存在条件及触发因素的分析是危险源辨识的重要环节。存在条件分析包括:储存条件(如堆放方式、其他物品情况、通风等),物理状态参数(如温度、压力等),设备状况(如设备完好程度、设备缺陷、维修保养情况等),防护条件(如防护措施、故障处理措施、安全标志等),操作条件(如操作技术水平、操作失误率等),管理条件等。

触发因素可分为人为因素和自然因素。人为因素包括个人因素(如操作失误、不正确操作、粗心大意、漫不经心、心理因素等)和管理因素(如不正确管理、不正确的训练、指挥失误、判断决策失误、设计差错、错误安排等)。自然因素是指引起危险源转化的各种自然条件及其变化,如气候条件参数(气温、气压、湿度、大气风速)变化、雷电、雨雪、地震等。

4) 潜在危险性分析

危险源转化为事故,其表现是能量和危险物质的释放,因此危险源的潜在危险性可用能量的强度和危险物质的量来衡量。能量包括电能、机械能、化学能、核能等,危险源的能量强度越大,表明其潜在危险性越大。危险物质主要包括燃烧爆炸危险物质和有毒有害危险物质两大类。前者泛指能够引起火灾或爆炸的物质,如可燃气体、可燃液体、易燃固体、可燃粉尘、易爆化合物、自燃性物质、混合危险性物质等。后者是指直接加害于人体,造成人员中毒、致病、致畸、致癌等的化学物质。可根据使用的危险物质量来描述危险源的危险性。

5) 危险源等级划分

危险源分级一般按危险源在触发因素作用下转化为事故的可能性大小与发生事故的后果的严重程度划分。危险源分级实质上是对危险源的评价。可按单项指标来划分等级。如高处作业根据高度差指标将坠落事故危险源划分为四级(一级:2～5 m;二级:5～15 m;三级:15～30 m;特级:30 m 以上)。按压力指标将压力容器划分为低压容器、中压容器、高压容器和超高压容器四级。

从控制管理角度,通常根据危险源的潜在危险性大小、控制难易程度、事故可能造成损失情况进行综合分级。不同行业与不同企业采取的划分方法也各异,企业内部也可根据本企业的实际情况进行划分。划分的原则是突出重点,便于控制管理。

3.3.3 重大危险源辨识

随着化学工业的发展,大量易燃、易爆、有毒、有害、有腐蚀性等危险化学品不断问世,它们作为工业生产的原料或产品出现在生产、加工处理、储存、运输、经营过程中。化学品的固有危险性给人类的生存带来了极大的威胁。1976 年,意大利北部城市塞维索发生化工厂环已烷泄漏事故,造成 28 人伤亡,22 万人紧急疏散;1984 年,墨西哥城发生液化石油气(LPG)泄漏爆炸事故,导致 650 人丧生,6 000 余人受伤;1993 年,深圳发生化学危险品仓库爆炸火灾事故,造成 15 人死亡,200 多人受伤,经济损失 2 亿多元;1997 年,北京东方化工厂爆炸事故,造成 9 人死亡,直接经济损失 1 亿多元。这些涉及危险化学品的事故,尽管其起因和影响不尽相同,但它们都有一些共同特征:都是失控的偶然事件,会造成工厂内外大量人员伤亡,或是造成大量的财产损失或环境损害,或是两者兼而有之。发生事故的根源是设施或系统中储存或使用易燃、易爆或有毒物质。事实表明，造成重大工业事故的可能性和严重程度，既与危险品的固有性质有关，又与设施中实际存在的危险品数量有关。

20世纪70年代以来，预防重大工业事故已成为各国社会、经济和技术发展的重点研究对象之一，引起了国际社会的广泛重视，随之产生了“重大危害(major hazards)”“重大危害设施(major hazard installations，国内通常称为重大危险源)”等概念。

英国是最早系统地研究重大危险源控制技术的国家。1974年6月弗利克斯堡爆炸事故发生后，英国卫生与安全委员会设立了重大危险咨询委员会(Advisory Committee on Major Hazards，ACMH)，负责研究重大危险源的辨识、评价技术和控制措施。随后，英国卫生与安全监察局(HSE)专门设立了重大危险管理处。ACMH分别于1976年、1979年和1984年向英国卫生与安全监察局提交了3份重大危险源控制技术研究报告。由于ACMH极富成效的开创性工作，英国政府于1982年颁布了《关于报告处理危害物质设施的报告规程》，1984年颁布了《重大工业事故控制规程》。

1982年6月欧盟(时称欧共体)颁布了《工业活动中重大事故危险法令》，简称《塞韦索法令》。为了实施《塞韦索法令》，英国、荷兰、德国、法国、意大利、比利时等欧盟成员国都颁布了有关重大危险源控制规程，要求对工厂的重大危险源进行辨识、评价，提出相应的事故预防和应急计划措施，并向主管当局提交详细描述重大危险源状况的安全报告。

1985年6月，国际劳工大会通过了关于危险物质应用和工业过程中事故预防措施的决定。1985年10月，国际劳工组织(ILO)组织召开了重大工业危险源控制方法的三方讨论会。1988年，ILO出版了《重大危险源控制手册》。1991年，ILO出版了《预防重大工业事故实施细则》。1992年，国际劳工大会第79届会议对预防重大工业灾害的问题进行了讨论。1993年，国际劳工大会通过了《预防重大工业事故公约》(第174号公约)和《预防重大工业事故建议书第181号建议书》，该公约和建议书为建立国家重大危险源控制系统奠定了基础。

《预防重大工业事故公约》将“重大事故”定义为：在重大危害设施内的一项活动过程中出现的意外的、突发性的事故，如严重泄漏、火灾或爆炸，其中涉及一种或多种危险物质，并导致对工人、公众或环境造成即刻的或延期的严重危险。该公约将“重大危害设施”定义为：长期地或临时地加工、生产、处理、搬运、使用或储存数量超过临界量的一种或多种危险物质的设施(不包括核设施、军事设施以及设施现场之外的非管道的运输)。

为促进亚太地区国家建立重大危险源控制系统，ILO于1991年1月在曼谷召开了重大危险源控制区域性讨论会。在ILO支持下，印度、印尼、泰国、马来西亚和巴基斯坦等国建立了国家重大危险源控制系统。

我国于2000年颁布了《重大危险源辨识》(GB 18218—2000)国家标准。该标准历经2009年和2018年两次修订，现行版本为《危险化学品重大危险源辨识》(GB 18218—2018)。同时，我国《安全生产法》《危险化学品安全管理条例》中也纳入了重大危险源管理的相关内容。GB 18218—2018将“危险化学品重大危险源”定义为：长期地或临时地生产、加工、使用或储存危险化学品，且危险化学品的数量等于或超过临界量的单元。

重大危险源是导致重大工业事故的根源。因此，防止重大工业事故发生的第一步就是辨识或确认重大危险源。危险化学品重大危险源的辨识依据是危险化学品的危险特性及其数量。

根据GB 18218—2018的有关规定，将涉及危险化学品的生产、储存装置、设施或场所称为单元,分为生产单元和储存单元。标准中规定了可构成重大危险源的危险化学品的类型及其临界量,若单元中的危险化学品数量等于或超过临界量,则该单元定为重大危险源。若单元内存在的危险化学品为多品种时,则按下式计算:

$$S = q_1/Q_1 + q_2/Q_2 + \cdots + q_n/Q_n \geqslant 1 \tag{3-1}$$

式中 S——辨识指标;

$q_1,q_2,\cdots,q_n$——每种危险化学品实际存在量,t;

$Q_1,Q_2,\cdots,Q_n$——与每种危险化学品相对应的临界量,t。

重大危险源实质上是管理的概念,体现了在事故预防中分清主次、抓住主要矛盾的思想。为了方便对重大危险源进行管理,我国《危险化学品重大危险源监督管理暂行规定》以及《危险化学品重大危险源辨识》中还明确了危险化学品重大危险源分级方法,即:

$$R = \alpha\left(\beta_1 \frac{q_1}{Q_1} + \beta_2 \frac{q_2}{Q_2} + \cdots + \beta_n \frac{q_n}{Q_n}\right) \tag{3-2}$$

式中 R——重大危险源分级指标;

α——该危险化学品重大危险源厂区外暴露人员的校正系数;

$\beta_1,\beta_2,\cdots,\beta_n$——与每种危险化学品相对应的校正系数;

$q_1,q_2,\cdots,q_n$——每种危险化学品实际存在量,t;

$Q_1,Q_2,\cdots,Q_n$——每种危险化学品相对应的临界量,t。

厂外暴露人员校正系数需根据危险化学品重大危险源的厂区边界向外扩展 500 m 范围内常住人口数量,按表 3-3 确定。

表 3-3 暴露人员校正系数取值表

厂外可能暴露人员数量	α	厂外可能暴露人员数量	α
100 人以上	2.0	1～29 人	1.0
50～99 人	1.5	0 人	0.5
30～49 人	1.2		

根据计算出来的 R 值,按表 3-4 确定危险化学品重大危险源的级别。

表 3-4 重大危险源级别和 *R* 值的对应关系

危险化学品重大危险源级别	R	危险化学品重大危险源级别	R
一级	$R \geqslant 100$	三级	$50 > R \geqslant 10$
二级	$100 > R \geqslant 50$	四级	$R < 10$

复习思考题

1. 如何理解危险、危险源、隐患与事故的关系?

2. 按《企业职工伤亡事故分类》(GB 6441—86)对教室和实验室进行危险辨识,分析可能发生的事故类型、原因,并提出预防控制措施。

3. 按《生产过程危险和有害因素分类与代码》(GB/T 13861—2009)对一个加油加气站(主要危险物料为汽油和液化气)进行危险辨识。

4. 按危险源在事故发生、发展中的作用,可以将危险源分为哪两类?试举例说明。

5. 某化工企业罐区中存有液氨5 t,异氰酸甲酯0.3 t,环氧乙烷3 t。已知该企业厂区边界向外扩展500 m范围内常住人口数量为35人,各危险化学品的临界量和校正系数如下表所列。

物质	临界量/t	校正系数β
氨	10	2
异氰酸甲酯	0.75	20
环氧乙烷	10	2

试按照《危险化学品重大危险源辨识》(GB 18218—2018)计算该单元是否构成重大危险源?若构成重大危险源,试对其进行分级。

第 4 章 定性安全分析方法

系统安全分析是实现系统安全的重要手段，它的目的在于通过对系统进行深入、细致地分析，充分了解、查明系统存在的危险性，估计事故发生的概率和可能产生伤害及损失的严重程度，为确定出哪种危险能够通过修改系统设计或改变控制系统运行程序来进行预防提供依据。因此，系统安全分析是风险评价和安全决策的基础，其分析结果的正确与否关系整个工作的成败。

系统安全分析方法有数十种之多，这些分析方法之间既有区别，又有联系。一般地，按照分析结果的量化程度，将其划分为定性安全分析方法和定量安全分析方法两大类。定性安全分析是对引起系统事故的影响因素进行的非量化分析，并只进行事故可能性和后果严重程度的感性判断，而不能精确地求得其量值。常用的定性安全分析方法包括：安全检查表法、预先危险性分析、故障类型及影响分析、危险与可操作性研究、作业危害分析等。定量安全分析则是在定性分析的基础上，运用数学方法分析系统事故及影响因素之间的数量关系，对事故的危险做出数量化的描述和判断。常见的定量分析方法包括：事件树分析，事故树分析，作业条件危险性评价法，道化学火灾、爆炸指数评价法等。

本章主要从分析原理、分析程序、应用范围和适用性等方面介绍几种常用的定性分析方法。

4.1 安全检查表法

4.1.1 安全检查

安全检查是对企业贯彻安全生产法律法规的情况、安全生产状况、劳动条件、事故隐患等所进行的检查。安全检查是安全生产管理工作的一项重要内容，是多年来从生产实践中创造出来的一种好形式。另外，安全检查是安全生产工作中运用群众路线的方法发现不安全状态和不安全行为的有效途径，是消除事故隐患、落实整改措施、防止伤亡事故、改善劳动条件的重要手段。

1）安全检查的目的

安全检查就是要通过检查的手段发现和消除事故隐患，也就是把可能发生的各种事故消灭在萌芽状态，做到防患于未然。安全检查的目的具体体现在以下几方面：

（1）及时发现和纠正不安全行为。人的操作有很大的自由性，常常受心理因素和生理因素影响，尤其是繁重、单调重复的作业，最易违反规定，按照省力、简便、快速的办法去操作。即使是危险作业，在安全生产一段时间后，麻痹大意、疏忽侥幸的思想也会增长，形成自由操作。安全检查就是要通过检查、监督、调查、了解、查证，及早发现不安全行为，并通过提醒、说服、劝告、批评、警告，直至处分、调离等，消除不安全行为，提高工艺操作的可靠性。

(2) 及时发现不安全状态，改善劳动条件，提高本质安全程度。设备由于腐蚀、老化、磨损、龟裂等原因，易发生故障；作业环境温度、湿度、整洁等也因时而异；建筑物、设施的损坏、渗漏、倾斜等，物料变化，能量流动等也会产生各种各样的问题。安全检查就是要及时发现并排除隐患，或采取临时辅助措施。对于危险和毒害严重的劳动条件，提出改造计划，督促实现。

(3) 及时发现和弥补管理缺陷。计划管理、生产管理、技术管理和安全管理等的缺陷都能影响安全生产。安全检查就是通过检查了解企业整体安全状况，找出安全管理制度、管理方法的缺陷，及时纠正弥补，提高企业安全管理水平。

2）安全检查的内容

安全检查的内容主要包括查思想、查管理、查隐患、查事故处理 4 个方面。

(1) 查思想

查思想主要是对照国家有关安全生产方针、政策及有关文件，检查企业领导和职工群众对安全工作的认识。例如，干部是否真正做到了关心职工的安全健康；现场领导人员有无违章指挥；职工群众是否人人关心安全生产，在生产中是否有不安全行为和不安全操作；国家的安全生产方针和有关政策、法令是否真正得到贯彻执行。

(2) 查管理

安全生产检查也是对企业安全管理上的大检查。主要检查企业领导是否把安全生产工作摆上议事日程；企业主要负责人及生产负责人是否负责安全生产工作；在计划、布置、检查、总结、评比生产的同时，是否都有安全的内容，即"五同时"的要求是否得到落实；企业各职能部门在各自业务范围内是否对安全生产负责；安全专职机构是否健全；工人群众是否参与安全生产的管理活动；改善劳动条件的安全技术措施计划是否按年度编制和执行；安全技术措施经费是否按规定提取和使用；新建、改建、扩建工程项目是否与安全卫生设施同时设计、同时施工、同时投产和使用，即"三同时"的要求是否得到落实。此外，还要检查企业的安全教育制度、新工人入厂的"三级教育"制度、特种作业人员和调换工种工人的培训教育制度、各工种的安全操作规程等。

(3) 查隐患

查隐患(查现场)是安全检查最主要的内容。要求深入生产现场检查生产设备、劳动条件、安全卫生设施是否符合安全要求以及劳动者在生产中是否存在着不安全行为。例如，是否有安全出口，安全出口是否通畅；机器防护装置情况，如安全接地、避雷设备、防爆性能；车间或坑内通风照明情况；防止粉尘危害的综合措施情况；预防有毒有害气体或蒸气的危害的防护措施情况；锅炉、压力容器和气瓶的安全运转情况；变电所、火药库、易燃易爆物质及剧毒物质的贮存、运输和使用情况；个人防护用品的使用及标准是否符合有关安全卫生的规定等。

(4) 查事故处理

检查企业对伤亡事故是否及时报告、认真调查；是否按"四不放过"的要求严肃处理(事故原因未查清不放过；事故责任人未受到处理不放过；事故责任人和周围群众没有受到教育不放过；事故未制定切实可行的整改措施不放过)。对于未按此要求进行处理的事故，要重新严肃处理，从中找出原因，采取有效措施，防止类似事故再发生。

在开展安全检查工作中，各企业可根据各自的情况和季节特点，做到每次检查的内容有所侧重，突出重点，真正收到较好的效果。

3）安全检查的方式

安全检查常采取日常、定期、专业、不定期四种类型，各种检查可单独进行，也可以结合进行。

（1）日常检查

日常检查又称为经常性检查，是企业安全管理人员和干部职工对安全生产的不定时检查，也是企业内部为保证安全而进行的最基本、最重要的安全管理手段。经常性安全检查主要包括企业安全管理人员进行的日常检查、生产领导人员进行的巡视检查、操作人员对本岗位设备和设施以及工具的检查。检查人员是本企业的管理人员或生产操作工人，对生产过程和设备情况熟悉，了解情况全面、深入细致，能及时发现问题、解决问题。经常性安全检查，一般企业每年进行2～4次，车间、科室每月进行1次，班组每周进行1次，每班次每日均应进行，以确保及时发现不安全问题，并督促有关部门解决。

（2）定期检查

定期检查是企业或主管部门组织的、按规定日程和规定周期进行的全面安全检查。定期检查一般包括：周检查、月检查、季度检查、年度大检查和节日前检查。周检查由各部门负责人深入班组，对设备保养、器材放置、设备运行和交换班记录的记载等进行检查，并了解是否存在有不安全因素、隐患。月检查是由安全管理委员会负责组织，主要目的是对安全工作进行全面检查以便能发现问题，研究解决安全管理上存在的问题，把整改具体措施落实到部门、具体人。召开班（组）长会议，总结讲评安全管理工作，进行安全教育。季度检查是以本季度的气候、环境情况特点，有重点性地检查生产。春季检查以防雷、防静电、防解冻跑漏、防建筑物倒塌为重点；夏季检查以防暑降温、防台风、防汛为重点；秋季检查以防火、防冻、保温为重点；冬季检查以防火防爆、防毒为重点。季度检查还可以同节日检查相结合进行，如与元旦、春节等重大节日的安全保卫工作结合起来，在节日前进行。除检查目的和要求如同月检查外，要着重落实节假日的防火、值班、巡逻的组织安排工作。年度大检查是一年一度的自上而下的安全评比大检查。

节日检查是节日前对安全、保卫、消防、生产准备、备用设备等进行检查，以保证节日期间的安全。

（3）专业检查

专业检查是根据企业特点，组织有关专业技术人员和管理人员，有计划、有重点地对某项专业范围的设备、操作、管理等进行检查，如电焊安全检查、起重设备安全检查、锅炉压力容器安全检查、易燃易爆场所安全检查等。专业检查是不定期的，是根据上级部门的要求或安全工作的安排和生产中暴露出来的问题，本着预测预防的目的而确定的检查。因此，专业检查有较大的针对性和专业要求，可检查难度较大的内容，发现问题后又可集中研究整改对策。专业检查是以安全人员为主，吸收与调查内容有关的技术和管理人员参加。

（4）不定期检查

不定期检查是指不在规定时间内，检查前不通知受检单位或部门而进行的检查。不定期检查一般由上级部门组织进行，带有突击性，可以发现受检查单位或部门安全生产的持续性程度，以弥补定期检查的不足。不定期检查主要作为主管部门对下属单位或部门进行抽查。

综上所述，安全检查的形式多种多样，检查内容涉及安全生产的方方面面，是一项极为复杂的工作。

4.1.2　安全检查表的作用、类型和格式

安全检查表(safety check list，SCL)是根据有关安全规范、标准、制度以及其他系统安全分析方法分析的结果，找出工程、工艺、设备、操作环境、管理等方面的不安全因素，并将这些不安全因素按照重要程度编制成的表格。安全检查表实质上就是一份实施安全检查的项目明细表，简单实用，已成为安全工作中最常见的一种安全分析方法。

1）安全检查表的作用

① 有助于实现安全检查的标准化、规范化。

② 安全检查表是监督各项安全规章制度的实施和纠正违章指挥、违章作业的有效方式。

③ 安全检查表及其检查记录可作为安全检查人员或现场作业人员履行职责的凭据。

2）安全检查表的类型

根据检查目的和检查对象的不同，安全检查表可以有不同的类型，一般包括：

① 设计用安全检查表。该检查表供设计人员进行安全设计时使用，也以此作为审查设计的依据。其具体内容应依系统安全分析的对象而定。例如，用于新建工程设计的安全检查表，其主要内容应包括项目选址和总图设计，工艺流程的安全性，机械设备的安全性，物料储存与运输的安全性，安全设施与装置，消防设施与器材，防尘防毒措施和安全组织与管理等。这类安全检查表也可以作为本质安全审查的依据。

② 厂级安全检查表。该检查表立足于全厂的安全管理，供全厂性安全检查用，也可供有关部门进行巡查时使用。其主要内容包括：各重点危险部位，主要安全装置与设施的灵敏性、可靠性，危险物品的储存、使用及操作管理等。

③ 车间安全检查表。该检查表立足于车间的安全管理，供车间进行定期安全检查或预防性检查时使用。其主要内容包括：工艺安全，原料及产品的合理存放，通风照明，噪声振动，安全装置，消防设施，安全标志及操作安全等。

④ 班组及岗位安全检查表。该检查表立足于具体的地点或工序，供工段、班组或岗位进行自查、互查或进行安全教育使用。其内容应针对不同工段、班组(岗位)的实际工作确定。安全检查表的内容应具体，文字应简洁、明了和易理解。

⑤ 专业安全检查表。该检查表由专业机构或职能部门编制和使用，主要用于专业安全检查，如对电气设备、起重设备、压力容器、特殊装置与设施等的专业性检查，包括“桥式吊车安全检查表”“防治瓦斯突出安全检查表”等。专业安全检查表的内容应突出专业特点，如对特种设备检验的安全检查表，应包括设备结构的安全特性、设备安装的安全要求、安全运行的参数限额、安全附件报警装置的齐全可靠、安全操作的主要要求及特种作业人员的安全技术考核等。

3）安全检查表的格式

目前，对于安全检查表的格式没有统一的规定，可以根据不同的检查目的和检查要求，设计不同形式的安全检查表。但应确保检查条目清晰、检查内容全面，要求详细、具体，可操

作性强。一般地,安全检查表中应包含以下几方面内容:

(1) 检查内容:列举出需查明的所有可能导致事故或职业病的不安全状态、不安全行为及管理缺陷等。若检查内容较多,可对其进行分类,将相似内容归为一个检查项目,使得检查表可读性和可操作性更强。

(2) 检查结果:对检查内容进行检查所得到的结果,若安全检查表采用的是提问方式,用“是”或“否”作为检查结果。

(3) 其他相关信息:每个检查表均应注明检查时间、检查人、检查地点、整改时限、整改负责人等信息。

安全检查表常用的格式有提问式(表 4-1)、对照式(表 4-2)和打分式(表 4-3)等。

表 4-1　××安全检查表(提问式)

序号	检查项目	检查内容		检查结果 是“√”　否“×”	备注
1					
2					
⋮					
检查人		检查时间		整改负责人	

表 4-2　××安全检查表(对照式)

序号	检查内容	依据 (法律法规或标准)	检查结果	整改期限	整改 负责人
1					
2					
⋮	⋮				
检查人		检查时间			

表 4-3　××安全检查表(打分式)

序号	检查项目	检查结果 应得分	打分说明
1			
2			
⋮	⋮		
合计			

4.1.3　安全检查表的编制

1) 安全检查表的编制依据

为了使安全检查表在内容上能结合实际、突出重点、简明易行、符合安全要求,应依据以下 4 个方面进行编制:

(1) 有关标准、规程、规范及规定。为了保证安全生产，国家及有关部门发布了各类安全标准及有关的文件，这些是编制安全检查表的一个主要依据。为了便于工作，有时将检查条款的出处加以注明，列在表 4-2 所列的“依据”一栏中，以便能尽快统一不同意见。

(2) 国内外同行业事故案例及本企业安全经验。搜集国内外同行业及同类产品的事故案例，从中发掘出不安全因素，作为安全检查的内容。国内外相关企业及本单位在安全管理和生产中的有关经验，也是安全检查表的一项重要内容。

(3) 系统安全分析的结果。由其他安全分析方法(如事故树分析、事件树分析、FMEA、HAZOP 等)确定的危险部位及防范措施，作为制订安全检查表的依据，可以明显地提高安全检查表的科学性和有效性。

(4) 有关研究成果。在现代信息社会和知识经济时代，知识的更新很快，编制安全检查表必须采用最新的知识和研究成果，包括新的方法、技术、法规和标准等。

2) 安全检查表的编制方法

(1) 经验法。由熟悉被检查对象的人员和具有实践经验的人员组成分析小组，依据人、物、环境的具体情况，根据以往积累的实践经验以及有关统计数据，按照规程、规章制度等文件的要求，编制成安全检查表。

(2) 系统安全分析法。根据系统安全分析的结果，将安全分析得到的危险、有害因素编制成安全检查表。例如，根据事故树分析结果，可以将事故树中所有的基本事件都作为安全检查表的检查内容。

3) 安全检查表的编制与实施过程

要确保安全检查取得较好的效果，首先要求安全检查表应具有较高的质量，不能缺项、漏项；其次，在具体应用过程中，还应根据检查过程中发现的问题对安全检查表进行修改和完善。为达到以上要求，一般按以下步骤开展安全检查表的编制与实施工作：

(1) 确定系统。确定所要检查的对象，检查的对象可大可小，它可以是某一工序、某个工作地点、某一具体设备等。

(2) 找出危险点。根据人员的实践经验、国内外事故案例或系统安全分析结果确定系统的危险点，作为安全检查的内容。

(3) 确定项目与内容，编制成表。根据找出的危险点，对照有关制度、标准法规、安全要求等确定检查项目，并列制成表格。

(4) 实施检查。根据检查表内容，在工作现场逐一核对，记录检查结果。

(5) 整改。对于安全检查不合格的项目，说明已经存在事故隐患，应该立即整改。

(6) 反馈与完善。在检查表应用过程中，若发现检查表存在不合理、不完善或有所遗漏，应及时进行补充完善。

4) 编制安全检查表时应注意的问题

安全检查表的条目是否全面，检查内容是否科学、合理，是影响安全检查效果的关键。为使安全检查表在内容上能结合实际、突出重点、简明易行、符合安全要求，在编制过程中一般应注意以下几点：

(1) 人员组成合理。安全检查表应由技术人员、管理人员、操作人员和安全技术人员等共同编写，采取集中讨论、现场勘查等多种方式进行危险、有害因素分析，避免因个人主观性影响安全检查表质量。

(2) 内容全面,条理清晰。安全检查表可以按生产系统、车间、工段和岗位编写,也可以按专题编写。编写时,应综合考虑人、机、环境、管理各方面的不安全因素。

(3) 格式规范。为提高安全检查质量,可以通过增设栏目使安全检查表进一步具体化。比如,对于有些检查项目,应规定检查方法,并说明合格标准。

(4) 持续改进。在实施过程中应不断修改完善,使其更加符合实际,进而达到标准化、规范化。

(5) 划分重要度。为引起检查人员对重大危险项目的重视,可以对各个检查项目的轻重程度做出标记,即区分各检查项目的重要性。例如,可以根据事故树分析中各基本事件的结构重要度、概率重要度和临界重要度,将安全检查表的条目按重要程度进行排序。

(6) 明确适用范围。各类安全检查表都有其适用对象,各有侧重,不宜通用。

4.1.4 安全检查表实例

1) 手提式灭火器安全检查表

灭火器是扑救初期火灾的重要灭火工具,在存在可燃气体、液体、固体等物质的场所,要求必须配备灭火器。表 4-4 是手提式灭火器安全检查表。

表 4-4 手提式灭火器安全检查表

检查员:____________ 检查日期:____________

序号	安全检查项目	检查结果		备注
		是	否	
1	有足够数量的手持灭火器吗?			
2	灭火器的放置地点能使任何人都容易立刻看到吗?			
3	通向灭火器的通道畅通无阻吗?			
4	每个灭火器上都有有效的检查标志吗?			
5	每个灭火器对要灭的火灾适用吗?			
6	操作人员都熟悉灭火器的操作吗?			
7	是否已用其他灭火器取代了四氯化碳灭火器?			
8	在有火灾危险性的场所都配备了灭火器吗?			
9	灭火剂易冻的灭火器采取了防冻措施吗?			
10	有灭火器的检查和保养制度吗?			
11	每个人都知道自己工作区域内的灭火器放在什么位置吗?			
12	灭火器外壳是否锈蚀?			
13	压力表指针是否在"绿色"区域?			
14	安全插栓是否完好?			
15	喷口橡皮管是否完好?			
16	灭火器放置是否稳固?			
17	灭火器是否放置在挂钩、托架上或灭火器箱内?			

2）学校消防安全检查表

学校属于人员密集场所，一旦发生火灾，则可能导致群死群伤事故。因此，可针对学校消防问题编制专门的安全检查表，并对照开展安全检查，及时发现消防安全隐患，并予以整改，从而预防火灾事故发生。如表 4-5 所列，由于检查内容较多，首先将消防相关的问题划分成了消防安全知识的普及教育、学生餐厅及伙房、安全照明和电气设施等 7 个大项目，在每个项目下再列举对应的检查内容，整个安全检查表内容更为清晰，条理性更强。

表 4-5　学校消防安全检查表

检查单位：____________　　　　检查日期：____________

序号	项目	检查内容	存在问题	整改措施
1	消防安全知识的普及教育	1. 通过多种形式对学生进行消防安全知识的普及教育； 2. 在新生军训期间安排“自救及逃生”必修课目； 3. 组织开展学生逃生自救安全教育活动并进行消防器材实际操作演练，达到全员受训目标，增强火灾时的避险能力与自救能力		
2	学生餐厅及厨房安全	1. 使用燃气灶具必须安装燃气泄漏报警装置； 2. 烹饪操作间的排油滤罩及烹饪部位应设置厨房专用灭火装置； 3. 在燃气或燃油管道上设置紧急事故自动切断装置； 4. 操作人员经过消防培训后才能上岗		
3	照明和电气设施	1. 按规定配备消防应急照明灯具和疏散指示标志； 2. 严禁乱拉、乱接电线； 3. 严禁中小学生活动场所、宿舍使用电炉、电熨斗和电热毯等设备； 4. 电气装置经专业检测机构定期检测		
4	重要教学场所	1. 按相关规定摆放灭火器； 2. 按要求管理存放易燃品和危险物品； 3. 按要求安装电器，电线无老化和破损现象； 4. 化学实验室的防火防毒设计应严格遵守相关规范； 5. 对化学危险品的购买、储存、使用及销毁要严格按照相关规定执行		
5	学生宿舍安全	1. 制订有学生宿舍消防安全管理规定，规范学生用火、用电等行为； 2. 学生宿舍应指定专人管理； 3. 学生住宿期间不得封闭疏散通道		
6	疏散通道及安全出口	1. 保证疏散通道通畅、上下楼分道线明显； 2. 确保教室、图书室、礼堂、学生宿舍等场所任意地点必须具备两个以上符合规定的疏散出口； 3. 每学期至少进行一次应急疏散演练； 4. 人员密集地方（图书馆、礼堂、学生公寓）具有明显的出口标志； 5. 窗户不应加装全封闭防盗窗，如果必要可装半窗防护栏； 6. 严禁在疏散通道门口加装铁栅栏		

表 4-5(续)

检查单位:____________　　　　检查日期:____________

序号	项目	检查内容	存在问题	整改措施
7	责任制落实	1. 学校有消防安全制度; 2. 组织机构建全、责任分工明确; 3. 制订有灭火应急疏散预案,自查自修记录完整; 4. 对全体教职员工定期进行消防安全培训		

整改要求及建议:____________　　　　检查人:____________

3) 矿山安全检查表

矿山安全检查表(表 4-6)采取了分项目列举检查内容的方式,按照生产过程的不同阶段、不同位置划分了检查项目。此外,还将安全管理相关内容单独作为一个大项,主要涉及安全管理规章制度、安全培训、应急演练、劳动防护用品管理等方面的内容。

表 4-6　矿山安全检查表

检查人员:____________　　　　检查日期:____________

序号	检查项目	检查内容	检查记录	整改意见
1	作业现场	1. 采场必须设置人行通道,并设可靠的安全标志; 2. 夜间作业时,所有作业点和危险点应有良好的照明; 3. 开采范围内的钻孔设明显标志; 4. 台阶边帮无伞檐或浮石; 5. 设备的走台、梯子、地板以及人员行走的地方整洁,通行安全; 6. 穿孔、爆破、铲装、破碎等产尘点有防尘措施; 7. 防洪排水符合设计及安全规程要求; 8. 防洪墙是否符合规定		
2	阶段构成	1. 台阶设置、高度、宽度、阶段坡面角和最终坡面角符合设计要求; 2. 工作平台、清扫平台、运输平台的最小宽度符合安全要求; 3. 爆堆高度不大于机械挖掘高度的 1.5 倍; 4. 设备、道路、供电和通信线路设置在稳定安全范围内		
3	穿孔作业	1. 孔网参数符合爆破设计或说明书要求; 2. 钻机与台阶边缘的距离,根据钻机型号和岩体情况不少于 1～3 m; 3. 钻机移动时,机下应有人引导和监护; 4. 移动电缆和停送电源时,应使用绝缘电缆钩和拉杆、戴绝缘手套、穿绝缘鞋; 5. 钻机作业的下部台阶不应同时铲装作业		

表 4-6(续)

检查人员：____________　　　　检查日期：____________

序号	检查项目	检查内容	检查记录	整改意见
4	爆破作业	1. 应编制爆破设计说明书，爆破参数符合说明书规定； 2. 设置避炮棚或警戒； 3. 爆破后按规定等待时间(5 min)进入爆破地点检查； 4. 处理盲炮不准打残眼； 5. 填写爆破记录； 6. 未用完的爆破器材及时退库		
5	铲装作业	1. 挖掘机(装载机)作业时，悬臂和铲斗下面及工作面附近，不应有人滞留； 2. 装载机械的上方不应有悬浮岩块或崩塌征兆； 3. 装车时，禁止铲斗从车辆驾驶室上方通过； 4. 同一平台有 2 台以上设备作业，应保持足够的安全距离，上、下台阶同时作业，应沿台阶走向错开一定距离； 5. 行走时或通过电缆、道路、管线时，应有保护措施； 6. 挖掘机工作时，其平衡装置外形的垂直投影到阶段坡底线的水平距离应小于 1 m		
6	运输系统	1. 运输道路的宽度应保证会车需要； 2. 急弯、陡坡、危险地段的道路，应设护栏或挡车墙及警示标志； 3. 卸矿平台宽度满足调车需要并设挡车设施； 4. 严禁超载、超速行驶； 5. 装车时不准将头伸出窗外，不准司机离开驾驶室		
7	排土场	1. 应圈出危险范围、设置围栏和警示标志； 2. 排土工艺、顺序、阶段高度、坡面角、平台宽度和平整度应符合设计要求； 3. 作业平台应有 3%～5%的反坡，卸载边缘按设计要求设置挡墙； 4. 夜间作业有良好照明； 5. 汽车排土应有专人指挥； 6. 同一地点不准同时卸载和推排作业； 7. 人工排土时，不准站在车架上卸载，也不准在危险处处理粘车		
8	机械设备	1. 设备清洁、无锈蚀、无油垢、无滴漏现象； 2. 各种仪表，附件指示准确，完好无损； 3. 安全防护装置齐全可靠； 4. 防护用具、灭火器材齐全； 5. 每台设备设专用受电开关，停送电使用工作牌		

表 4-6(续)

检查人员：____________　　　　　　检查时间：____________

序号	检查项目	检查内容	检查记录	整改意见
9	电气安全	1. 变电所、配电室有防雷、防火、防潮、防触电的设施，变电所构筑物应使用不燃性材料，门向外开，窗帘有网栅，四周有围墙或栅栏； 2. 配备合格的绝缘手套、绝缘鞋、绝缘垫、高压验电笔、绝缘拉杆和接地线、灭火器材、操作牌等； 3. 采矿场架空线路至地面、水面和跨越道路时，高压应符合规定，并有避雷保护； 4. 移动式电气设备必须使用绝缘电缆，移动电缆不准用手直接抓电缆，长度在 150 m 范围内的电缆接头不应超过 10 个； 5. 高低压交叉的线路有足够的安全距离； 6. 所有电气线路敷设标准规范，无乱搭乱接现象，不准与金属管线或导电材料接触； 7. 夜间工作地点和作业点照明良好； 8. 照明电压 380/240 V 以内，工作行灯和移动式照明电压 36 V 以内，手持电动工具 127 V 以内； 9. 可能被人触及的裸露带电部位应有护栏和警示标志； 10. 维护电气设备和线路必须按安全规程规定作业，无违章作业		
10	安全管理	1. 采矿许可证、营业执照、安全生产许可证在有效期内； 2. 主要负责人、分管负责人、安全员资格证齐全； 3. 特种作业人员资格证经复审，在有效期内； 4. 有爆破员资格证，并在有效期内； 5. 安全机构定期召开会议，并有记录； 6. 建立主要负责人、分管负责人、安全员、职能部门、岗位工人安全生产责任制； 7. 建立安全管理制度； 8. 各工种均有操作规程和作业规程； 9. 全员参加工伤保险，按时缴费； 10. 为员工发放符合规定的劳动防护用品； 11. 矿山设备定期进行检测检验，矿用设备有安全标志； 12. 建立事故救援组织，有事故应急救援预案，配备急救器材和物资，定期演练并有记录； 13. 有安全检查记录或检查表； 14. 有设备检修维护计划和记录； 15. 有职业危害检测记录和员工体检记录		

4）加油站安全检查表

加油站安全检查表(表 4-7)在“依据”一栏中列出了检查内容对应的国家标准，使安全检查表更具权威性。

表 4-7　加油站安全检查表

检查单位：____________　　　　检查时间：____________

项目	检查内容	依据	检查情况
一、安全管理			
1. 机构人员	按国家、省法律法规规定设置安全生产管理机构或者配备专兼职安全生产管理人员	AQ 3010—2007：10.1	
	单位主要负责人和安全生产管理人员经县级以上地方人民政府安全生产监督管理部门考核合格，取得上岗资格	AQ 3010—2007：10.1	
	其他从业人员经本单位专业培训或委托专业培训，并经考核合格，取得上岗资格	AQ 3010—2007：10.1	
2. 管理制度	是否按规定建立和落实安全生产责任制：① 建立安全生产责任制(《安全生产法》修订后，主要负责人、安全管理科室及管理人员责任制是否重新修订)；② 按照安全生产责任制进行考核奖惩，逐一列明考核内容；③ 特别检查主要负责人等 7 项职责落实情况	AQ 3010—2007：10.1	
	加油站是否按规定建立和落实安全规章制度，加油站应建立下列安全管理制度：① 安全生产责任制；② 安全例会制度；③ 安全教育、培训制度；④ 值班制度；⑤ 安全检查、事故隐患整改制度；⑥ 防雷、防静电、电气设备管理制度；⑦ 电器线路的检查和管理制度；⑧ 用火、用电安全管理制度；⑨ 设备器材维护、管理制度；⑩ 消防管理制度；⑪ 事故应急救援预案演练制度；⑫ 安全工作考评和奖惩制度；⑬ 特殊作业管理制度(包括防火、动火、检修)；⑭ 特种作业人员安全管理制度；⑮ 岗位安全操纵规程；⑯ 劳动保护用品发放制度；⑰ 其他必要的作业安全制度	AQ 3010—2007：10.1	
	有健全的岗位安全操作规程	AQ 3010—2007：10.1	
3. 事故应急救援预案及演练	按照《生产经营单位安全生产事故应急救援预案编制导则》(AQ/T 9002—2006)中的事故应急救援预案，并是否按规定进行应急预案备案	AQ 3010—2007：10.1	
	有应急救援组织或者应急救援人员，是否按规定配备维护保养应急救援物资	AQ 3010—2007：10.1	
	是否按规定进行应急救援演练：检查演练计划、方案(脚本)、记录、总结评估、预案修订意见等文档和影像资料	AQ 3010—2007：10.1	
4. 安全培训	特种作业人员经有关监督管理部门考核合格，取得上岗资格；是否按规定进行全员培训，是否按规定建立培训档案，查安全教育培训、考核等记录(企业应建立教育培训档案并如实记录，教育培训档案真实，一人一档)	AQ 3010—2007：10.1	
5. 自查自纠	是否按规定组织安全生产检查，查出的安全隐患整改情况		
	评价报告提出的隐患是否已整改完毕		
	是否按规定报告生产安全事故		

表 4-7(续)

检查单位：____________　　　　　　　　　　　　　　　　　　　　检查时间：____________

项目	检查内容	依据	检查情况
二、安全标志			
1	加油站作业场所应按 GB 16179 和 GB 15630 规定设置安全标志	AQ 3010—2007：10.3.1	
2	以下情况应设“禁止标志”：① 加油站出入口及周边、作业防火区内，选用“禁止烟火”、“禁止使用手机”标志；② 作业场所动火时，选用“禁放易燃品”“禁止烟火”“禁止使用手机”标志；③ 可能产生静电会导致火灾爆炸危险场所，选用“禁止穿化纤服”“禁止穿带钉鞋”标志；④ 可能产生火灾爆炸危险作业场所，选用“禁止穿带钉鞋”标志；⑤ 润滑油储存区域，选用“禁止吸烟”标志	AQ 3010—2007：10.3.2	
3	以下情况应设“警告标志”：① 加油作业场所，选用“注意安全”“当心爆炸”“当心火灾”“当心车辆”标志；② 润滑油储存区域，选用“当心火灾”标志；③ 可能产生触电危险的配电间和电气设备，选用“当心触电”标志	AQ 3010—2007：10.3.3	
4	以下情况应设“指令标志”：① 加油站出入口放置“入口”“出口”标志；② 卸油作业时加油站出入口放置“暂停营业”；③ 有限空间作业场所，选用“必须戴防毒面具”“禁止烟火”“注意安全”标志	AQ 3010—2007：10.3.4	
三、站内管理			
1	站区内不应设置洗车、经营性的住宿、餐饮和娱乐设施。站区内严禁修车	AQ 3010—2007：9.0.1	
2	站区内严禁吸烟，不得使用移动通信工具。易燃、易爆区域内，严禁使用手机，严禁摄像、拍照	AQ 3010—2007：9.0.2	
3	站区内搬运金属容器时，严禁在地上抛掷或拖拉，在容器可能碰撞部位应覆盖不发生火花的材料	AQ 3010—2007：9.0.3	
4	加油站的污油布存放桶应为金属制，并定期清理	AQ 3010—2007：9.0.4	
5	加油站地面油渍必须立即清理，以防滑倒或引起火灾	AQ 3010—2007：9.0.5	
6	不可使用汽油做清洁工作	AQ 3010—2007：9.0.6	
7	站区内使用梯子进行作业时，必须有人守护，防止被车辆撞击	AQ 3010—2007：9.0.7	
8	作业人员应熟习掌握灭火器操作，熟悉消防器材位置，以备紧急时能立刻处理	AQ 3010—2007：9.0.9	
9	当发生洪涝灾害时，加油站应立即关闭电源开关，停止营业，同时密封油罐量油孔，防止油品外溢，做好安全防范工作。洪涝过后及时组织排水，测试油罐底水高，检查设备，排除隐患，确认无误后，继续营业	AQ 3010—2007：9.0.10	

表 4-7(续)

检查单位：__________　　　　检查时间：__________

项目	检查内容	依据	检查情况
10	按规定要求对防雷、防静电设备和接地装置进行检测	AQ 3010—2007:8.5	
11	在加油站区域内进行电(气)焊等明火作业应办理动火审批手续。动火作业前，应经本单位负责人和安全部门审批。检查动火人员持证情况。是否按规定进行动火监护	AQ 3010—2007:8.4.1	
12	进加油站区域内各类作业人员上岗时应穿防静电工作服，防静电工作鞋、袜；严禁穿带铁钉的鞋。严禁在爆炸危险场所穿脱衣服、帽子或类似物	AQ 3010—2007:8.1.2	
四、选址、总面布置			
1. 选址	在城市建成区内不宜建一级加油站、一级加气站和一级加油加气合建站、CNG 加气母站	GB 50156—2012:4.0.2	
2. 总平面布置	1) 加油站、加油加气合建站的汽油设备、柴油设备、与站外建(构)筑物的安全间距，不应小于 GB 50156 中表 4.0.4 和表 4.0.5 的规定	GB 50156—2012:4.0.4,4.0.5	
	2) CNG 加气站和加油加气合建站的压缩天然气工艺设备与站外建(构)筑物的安全间距，不应小于 GB 50156 中表 4.0.8 的规定	GB 50156—2012:4.0.8	
	3) 加油站、加油加气合建站的压缩天然气工艺设备与站外建(构)筑物的安全距离，不应小于 GB 50156 中表 4.0.8 的规定	GB 50156—2012:4.0.8	
	4) 加油站的变配电间或室外变压器应布置在爆炸危险区域之外，且与爆炸危险区域边界线的距离不应小于 3 m。变配电间的起算点应为门、窗等洞口	GB 50156—2012:5.0.8	
	5) 加油站的工艺设备与站外建(构)筑物之间，宜设置高度不低于 2.2 m 的非燃烧实体围墙。当加油站的工艺设备与站外建构筑物之间的距离大于 GB 50156 中表 4.0.4～表 4.0.9 的规定，即安全距离的 1.5 倍、且大于 25 m 时，可设置非实体围墙。面向车辆入口和出口道路的一侧可设非实体围墙或不设围墙	GB 50156—2012:5.0.12	
	6) 加油站内设施之间的防火距离，不应小于 GB 50156 中表 5.0.13-1 和表 5.0.13-2 的规定	GB 50156—2012:5.0.13	
	7) 车辆入口与出口应分开设置	GB 50156—2012:5.0.1	

表 4-7(续)

检查单位：____________　　　　检查日期：____________

项目	检查内容	依据	检查情况
2. 总平面布置	8) 站内停车位和道路应符合下列规定： (1) 站内车道或停车位宽度应按车辆类型确定。CNG 加气母站内道路或单车道停车位宽度，不应小于 4.5 m，双车道或双车停车位宽度不应小于 9 m，其他类型加油站的车道或停车位，单车道或单车停车位宽度不应小于 4 m，双车道或双车停车位宽度不应小于 6 m。 (2) 站内的道路转弯半径应按行驶车型确定，且不宜小于 9 m。 (3) 站内停车位应为平坡，道路的坡度不应大于 8%，且宜坡向站外。 (4) 加油加气作业区内的停车位和道路路面不应采用沥青路面	GB 50156—2012:5.0.2	
	9) 汽车加油、加气场地宜设置罩棚，罩棚的设计应符合下列规定： (1) 罩棚应采用不燃烧材料建造。 (2) 进站口无限高措施时，罩棚的净空高度不应小于 4.5 m；进站口有限高措施时，罩棚的净空高度不应小于限高高度。 (3) 罩棚遮盖加油机、加气机的平面投影距离不宜小于 2 m。 (4) 罩棚设计应计算活荷载、雪荷载、风荷载，其设计标准值应符合现行国家标准《建筑结构荷载规范》(GB 50009—2012) 的有关规定。 (5) 罩棚的抗震设计应按现行国家标准《建筑抗震设计规范》(GB 50011—2010) 的有关规定执行。 (6) 设置于 CNG 设备和 LNG 设备上方的罩棚，应采用避免天然气积聚的结构形式	GB 50156—2012:12.2.2	
	10) 加油岛、加气岛的设计应符合下列规定： (1) 加油岛、加气岛应高出停车位的地坪 0.15～0.2 m。 (2) 加油岛、加气岛两端的宽度不应小于 1.2 m。 (3) 加油岛、加气岛上的罩棚支柱边缘距岛端部，不应小于 0.6 m	GB 50156—2012:12.2.3	
	11) 储气瓶(组)的管道接口端不宜朝向办公区、加气岛和邻近的站外建筑物。不可避免时，储气瓶(组)的管道接口端与办公区、加油岛和邻近的站外建筑物之间应设厚度不小于 200 mm 的钢筋混凝土实体隔墙，并应符合下列规定： (1) 固定储气瓶(组)的管道接口端与办公区、加油岛和邻近的站外建筑物之间设置的隔墙，其高度应高于储气瓶(组)顶部 1 m 及以上，隔墙长度应为储气瓶(组)宽度两端各加 2 m 及以上。 (2) 车载储气瓶组的管道接口端与办公区、加油岛和邻近的站外建筑物之间设置的隔墙，其高度应高于储气瓶组拖车的高度 1 m 及以上，长度不应小于车宽两端各加 1 m 及以上。 (3) 储气瓶(组)的管道接口端与站外建筑物之间设置的隔墙，可作为站区围墙的一部分	GB 50156—2012:8.1.22	

表 4-7(续)

检查单位：__________　　　　检查日期：__________

项目	检查内容	依据	检查情况
五、设备设施及工艺技术			
1. 储油罐	1) 加油站的汽油罐和柴油罐应埋地设置，严禁设在室内或地下室内	GB 50156—2012:6.1.1	
	2) 汽车加油站的储油罐，应采用卧式油罐	GB 50156—2012:6.1.2	
	3) 油罐设在非车行道下面时，罐顶的覆土厚度应不小于 0.5 m，钢制油罐的周围应回填中性沙或细土，其厚度应不小于 0.3 m	GB 50156—2012:6.1.10	
	4) 加油站应按国家有关环境保护标准或政府有关环境保护法规、法令的要求，采取防止油品渗漏的措施	GB 50156—2012:6.5.1	
	5) 油罐的进油管，应向下伸至罐内距罐底 50～100 mm 处	GB 50156—2012:6.3.7-3	
	6) 油罐的量油孔应设带锁的量油帽。量油孔下部的接合管宜向下伸至罐内距罐底 200 mm 处，并应有检尺时使接合管内液位与罐内液位相一致的技术措施	GB 50156—2012:6.3.7-5	
	7) 设有油气回收系统的加油站，其站内油罐应设带有高液位报警功能的液位监测系统	GB 50156—2012:6.1.14	
2. 加油工艺系统	1) 油罐车卸油必须采用密闭卸油方式	GB 50156—2012:6.3.1	
	2) 加油软管上宜设安全拉断阀	GB 50156—2012:6.2.3	
	3) 加油站采用卸油油气回收系统时，其设计应符合下列规定： (1) 汽油罐车向站内油罐卸油应采用平衡式密闭油气回收系统。 (2) 各汽油罐共用一根卸油油气回收主管，回收主管的公称直径不宜小于 80 mm。 (3) 卸油油气回收管道的接口宜采用自闭式快速接头。采用非自闭式快速接头时，应在靠近快速接头的连接管道上装设阀门	GB 50156—2012:6.3.4	
	4) 加油机不得设在室内	GB 50156—2012:6.2.1	
	5) 采用自吸式加油机时，每台加油机应按加油品种单独设置进油管和罐内底阀	GB 50156—2012:6.3.5	
	6) 工艺管道不应穿过或跨越站房等与其无直接关系的建、构筑物；与管沟、电缆沟、排水沟相交叉时，应采取相应的防护措施	GB 50156—2012:6.3.17	
	7) 汽油罐与柴油罐的通气管应分开设置。通气管管口应高出地面的高度不应小于 4 m。沿建筑物的墙(柱)向上敷设的通气管管口，其管口应高出建筑物的顶面 1.5 m 及以上。通气管管口应设置阻火器。通气管的公称直径不应小于 50 mm	GB 50156—2012:6.3.8、6.3.9	

表 4-7(续)

检查单位：____________　　　　　　　　　　　　　　　　检查时间：____________

项目	检查内容	依据	检查情况
六、建(筑)物消防及电气			
1. 消防设施及排水	1) 每2台加气机应设置不少于2具4 kg手提式干粉灭火器；加气机不足2台按2台配置	GB 50156—2012：10.1.1-1	
	2) 每2台加油机应设置不少于2具4 kg手提式干粉灭火器或1具4 kg手提式干粉灭火器和1具6 L泡沫灭火器。加油机不足2台按2台配置	GB 50156—2012：10.1.1-2	
	3) 地下储罐应配置1台不小于35 kg推车式干粉灭火器，当两种介质储罐之间的距离超过15 m时，应分别设置	GB 50156—2012：10.1.1-4	
	4) 一、二级加油站应配置灭火毯5块，沙子2 m^3；三级加油站应配置灭火毯2块，沙子2 m^3	GB 50156—2012：10.1.1-6	
	5) 加油站的排水应符合GB 50156中第10.3.2款的规定	GB 50156—2012：10.3.2	
2. 电气装置	1) 加油站的罩棚、营业室、压缩机间等处均应设事故照明	GB 50156—2012：11.1.3	
	2) 电气线路宜采用电缆并直埋敷设。电缆穿越行车道部分，应穿钢管保护	GB 50156—2012：11.1.5	
	3) 当采用电缆沟敷设电缆时，加油加气作业区内电缆沟内必须充沙填实。电缆不得与油品、CNG管道以及热力管道敷设在同一沟内	GB 50156—2012：11.1.6	
	4) 爆炸危险区域内的电气设备选型、安装、电力线路敷设等，应符合现行国家标准《爆炸危险环境电力装置设计规范》(GB 50058—2014)的规定	GB 50156—2012：11.1.7	
	5) 加油站内爆炸危险区域以外的照明灯具，可选用非防爆型，罩棚下处于非爆炸危险区域的灯具，应选用防护等级不低于IP44级的照明灯具	GB 50156—2012：11.1.8	
	6) 钢制油罐、压缩天然气储气瓶组必须进行防雷接地，接地点不应少于2处	GB 50156—2012：11.2.1	
	7) 加油站的防雷接地、防静电接地、电气设备的工作接地、保护接地及信息系统的接地等，宜共用接地装置。其接地电阻应按其中接地电阻值要求小的接地电阻值确定	GB 50156—2012：11.2.2-1	
	8) 埋地钢制油罐应与露出地面的工艺管道相互做电气连接并接地	GB 50156—2012：11.2.4	
	9) 当加油站内的站房和罩棚等建筑物需要防直击雷时，应采用避雷带(网)保护	GB 50156—2012：11.2.6	

表 4-7(续)

检查单位:__________　　　　检查日期:__________

项目	检查内容	依据	检查情况
2. 电气装置	10) 加油站的汽油罐车和液化石油气罐车卸车场地,应设罐车卸车时用的防雷电接地装置,并宜设置能检测跨接线及监视接地装置状态的静电接地仪	GB 50156—2012:11.2.11	
	11) 在爆炸危险区域内工艺管道上的法兰、胶管两端等连接处,应用金属线跨接	GB 50156—2012:11.2.12	
3. 建筑、采暖通风、绿化	1) 加油站内的站房及其他附属建筑物的耐火等级不应低于二级。当罩棚顶棚的承重构件为钢结构时,其耐火极限可为0.25 h,顶棚其他部分不得采用燃烧体建造	GB 50156—2012:12.2.1	
	2) 加油站内不应建地下和半地下室	GB 50156—2012:12.2.15	
	3) 加油站作业区内不得种植油性植物	GB 50156—2012:12.3.1	

5) 企业综合安全检查表

表 4-8 为某企业综合安全检查表,适用于对企业各部门开展安全检查工作。该检查表采取打分形式,对每一个检查项目制定明确的标准及要求,并给出了相应的评分标准。最终,各项得分相加得到被检查部门的总分。通过打分法进行安全检查,其结果更明确、更直观,可以作为企业安全管理和采取奖惩措施的依据。

表 4-8　某企业综合安全检查表

被检查部门:__________　　检查时间:__________　　总得分:__________

序号	项目	标准与要求	评价方法	标准分	实得分
1	安全意识	1.1 必须穿防静电劳保服装	一人次不合格扣 1 分,处罚 10 元	10	
		1.2 从事特殊操作人员,必须按规定穿戴安全防护用具	一人次不合格扣 1 分并处罚 10 元		
		1.3 凡在公司规定的禁烟范围和场所不准吸烟,不得携带烟具上岗	发现吸烟、烟头、烟具,一个烟头扣 4 分,并处罚 50 元		
		1.4 坚持持证上岗制度,各种操作证必须随身携带	一人次不合格扣 0.2 分并处罚 10 元		
2	安全责任制	2.1 各职能部门、车间与公司签订目标责任书	未签订目标责任书,扣 10 分	10	
		2.2 每个职工牢记本岗位安全责任制、抽查在岗人员掌握情况	部门、车间人员不清楚自己岗位职责的,一人次扣 5 分		
		2.3 各部门、车间按目标责任书要求认真履行职责	各部门、车间未按目标责任书要求认真履行职责的,一项扣 2～5 分		

表 4-8(续)

被检查部门:____________　　　　检查日期:____________　　　　总得分:____________

<table>
<tr><th>序号</th><th>项目</th><th>标准与要求</th><th>评价方法</th><th>标准分</th><th>实得分</th></tr>
<tr><td rowspan="4">3</td><td rowspan="4">基础工作及资料</td><td>3.1 基础资料完备齐全。各种台账、档案齐全、整洁、真实、填写及时</td><td>缺一本台账或档案扣 2 分,不整洁扣 1 分,内容不齐全或失真扣 1 分</td><td rowspan="4">10</td><td rowspan="4"></td></tr>
<tr><td>3.2 各种票证存档齐全</td><td>不齐全扣 1～2 分</td></tr>
<tr><td>3.3 有一套完整的安全操作规程</td><td rowspan="2">一人次不清楚本岗位安全操作规程扣 10 分</td></tr>
<tr><td>3.4 每位职工必须牢记本岗位操作规程</td></tr>
<tr><td rowspan="8">4</td><td rowspan="8">安全教育</td><td>4.1 安全教育率、考试合格率达 100%</td><td>一人未受教育扣 5 分</td><td rowspan="8">10</td><td rowspan="8"></td></tr>
<tr><td>4.2 入厂职工必须经过三级安全教育,并经考试合格后方可上岗工作</td><td>有一人次未进行“三级”教育扣 10 分</td></tr>
<tr><td>4.3 离岗 6 个月以上者,需进行复岗教育后,方可复岗工作</td><td>有一人次未复岗教育扣 2 分</td></tr>
<tr><td>4.4 特种作业人员必须持有效期内的特种作业操作证上岗操作</td><td>未持有效期内的特种作业操作证上岗操作,每人次扣 10 分</td></tr>
<tr><td>4.5 班组安全学习每月二次,并做好记录</td><td>每缺一人次扣 2 分。</td></tr>
<tr><td>4.6 积极参加公司举办的各种安全活动</td><td>无故不参加一人次扣 2 分</td></tr>
<tr><td>4.7 设备检修施工人员,必须经安全教育后,方可进入检修现场作业,并记录在案</td><td>未教育或不规范扣主管部门 2 分</td></tr>
<tr><td>4.8 定期开展防事故演习和岗位练兵,并记录在案。每年不少于 2 次消防预案演习</td><td>未活动或不规范扣 2 分</td></tr>
<tr><td rowspan="3">5</td><td rowspan="3">安全检查</td><td>5.1 按年度检查计划开展安全检查</td><td>未按年度检查计划开展安全检查,一次扣 5 分</td><td rowspan="3">10</td><td rowspan="3"></td></tr>
<tr><td>5.2 积极配合上级部门、组织进行安全检查</td><td>未积极配合上级部门、组织进行安全检查,一次扣 5 分</td></tr>
<tr><td>5.3 对检查出的问题进行积极整改</td><td>未对检查出的问题进行积极整改,一次扣 5 分</td></tr>
<tr><td rowspan="2">6</td><td rowspan="2">事故隐患整改</td><td>6.1 按要求定期开展风险分析、隐患排查</td><td>未按要求开展风险分析、隐患排查,缺一次扣 10 分</td><td rowspan="2">10</td><td rowspan="2"></td></tr>
<tr><td>6.2 对查出的安全隐患要制订计划、定期整改</td><td>① 职能部门对比较严重的安全隐患下发隐患整改通知单,每项需要整改的安全隐患扣 10 分;
② 对于车间全月检查一般安全隐患 5 项以内不扣分(以隐患整改通知为准),5 项以上每增加一项扣 10 分;
③ 对于车间自查出的安全隐患,由安全部进行确认,如确实对安全生产具有实际指导意义或是安全部没有发现的隐患,每项奖励 10 分;
④ 没有按照确定的整改期限完成整改,或整改效果不好,加扣 10 分</td></tr>
</table>

表 4-8(续)

被检查部门:__________　　检查日期:__________　　总得分:__________

序号	项目	标准与要求	评价方法	标准分	实得分
7	作业安全	7.1 按制度要求办理危险作业审批手续,手续不全严禁危险作业	未按制度要求办理危险作业审批手续,一次扣 10 分	10	
		7.2 危险作业时应进行风险分析,并采取可靠的安全措施	作业时未进行风险分析,未采取可靠的安全措施,一次扣 10 分		
8	事故情况	8.1 部门、车间较大、重大、特大事故发生率为 0	部门发生上报的安全事故安全考核分数全免,扣 10 分	10	
		8.2 部门、车间控制一般(轻伤)事故发生率	发生一般事故的由安全部负责调查的安全事件(由总经理办公会确定),第一次扣 5 分,第二次扣 10 分,以此类推不设下限		
		8.3 工伤事故发生后,及时上报,不得隐瞒	隐瞒事故的部门、车间扣 10 分,并处罚 50～100 元		
9	消防设施	9.1 消防设施和消防器材专人负责定期维护保养,外观整洁、完好	出现灭火器过期、灭火器卫生差、没有及时填写检查卡片或消火栓工具或水带缺失现象,每次每项扣 2 分	5	
10	车间现场	10.1 文明生产,地面、平台平整,无油渍、水渍	一项不符合要求扣 5 分	10	
		10.2 平台、护栏完好			
		10.3 采样口等处的污油应及时清理			
		10.4 生产装置现场无悬挂物			
		10.5 应急灯完好、齐全			
		10.6 外露转动机具应加安全防护装置			
		10.7 各种安全标志牌明显、整洁、完好无缺			
		10.8 安全联锁装置完备,状态良好			
		10.9 开挖地面有警示标志和防护措施,并及时回填			
		10.10 临时线应按有关规定架设			
		10.11 使用移动式电气设备,应加装漏电保护器			
		10.12 变、配电站(室)安全防护措施齐全			

表 4-8(续)

被检查部门:____________　　检查日期:____________　　总得分:____________

序号	项目	标准与要求	评价方法	标准分	实得分
11	承包商和外来人员管理	11.1 按承包商管理要求办理各种手续:签订安全合同、进行全员安全教育、进行特殊工种登记、特殊作业要制订安全措施	不符合规定扣 2 分或处罚 50 元	5	
		11.2 施工机具完好,有相应合格证,并在安全部登记备案			
		11.3 施工人员必须穿戴符合安全规定的劳保服装和劳保护具			
		11.4 严格执行厂内动火作业、机动车行驶等各项规章制度			
		11.5 制订施工安全防护措施和安全管理网络,并在安全部备案	未制订安全措施扣 2 分,并处罚 50 元		
		11.6 施工管理员必须在施工现场,负责全面安全工作	不在现场或未尽责扣 2 分		
		11.7 外来人员需进入生产区域的,必须办理相关手续,由公司相关人员带领进入生产区域	未通知安全部或未办理相关手续即带外来人员进入生产区域的,按照外来人员数量,每人次扣相关部门 2 分		

4.1.5 安全检查表的优缺点及适用范围

1) 安全检查表的优点

(1) 安全检查表内容简单直观,容易掌握,即使不具备专业安全知识的管理人员也可以对照检查表开展安全检查。

(2) 检查表可事先编制,集思广益。

(3) 利用安全检查表进行安全检查可防止疏忽和遗漏。

(4) 可以根据现有的规章制度、法律、法规和标准规范等进行编制,使检查工作标准化、规范化。

(5) 针对不同的检查对象和检查目的,可编制不同的检查表,应用灵活广泛。

2) 安全检查表的缺点

(1) 安全检查表只能定性分析系统中存在的不安全因素。

(2) 编制安全检查表的工作量及难度较大,检查表的质量受编制者的知识水平和经验的限制。

3) 安全检查表的适用范围

安全检查表法是一种最通用的定性安全分析方法,可适用于各类系统的设计、验收、运行以及事故调查等阶段,适用范围涉及生产、工艺、管理等各方面。

4.2 预先危险分析

4.2.1 方法概述

预先危险分析(preliminary hazard analysis,PHA),又称为预先危险性分析、初步危险分析。这是在每项工程活动之前,如设计、施工、生产之前或技术改造后,即制定操作规程和使用新工艺等情况之后,对系统存在的危险性类型、来源、出现条件、导致事故的后果以及有关措施等,做一概略分析。

PHA 的目的是在系统运行之前预先识别系统内的主要危险因素,并制定控制措施。从而可以避免在系统投入运行之后因对安全因素考虑不周而返工,造成人力、物力、财力和时间上的浪费。

由于系统的危险性有潜在性质,只有在一定条件下才能发展成为事故。因此,当生产系统处于新开发阶段,对其危险性还没有很深的认识,或者是采用新的操作方法,接触新的危险物质、工具和设备时,使用危险性预先分析就十分合适。

根据其定义和分析目的,预先危险分析的主要内容有:

(1) 识别系统中的主要危险。

(2) 找出产生危险的原因。

(3) 估计事故出现对人体及系统产生的影响。

(4) 判定危险性等级。

(5) 提出消除或控制危险的技术和管理措施。

也就是说,虽然习惯将预先危险分析归类于安全分析方法,但其分析内容同时涵盖了危险辨识、风险评价和事故控制的内容。

4.2.2 PHA 分析程序

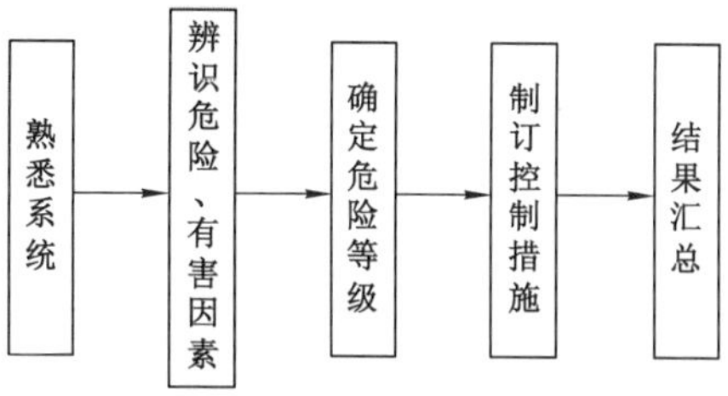

图 4-1　PHA 分析程序

预先危险分析的一般程序如图 4-1 所示。

(1) 熟悉系统。明确所要分析的系统的边界和范围,收集设计说明书、国内外事故案例及有关法律、法规、标准、规范、规程等相关资料,对系统的生产目的、工艺过程以及操做条件和周围环境作较充分的调查了解。

(2) 辨识危险、有害因素。对设计方案、主要工艺和设备进行安全审查,确定系统中的主要危险、有害因素,分析其产生原因和可能导致的后果。危险辨识的方法和程序可参考第 3 章相关内容。为使辨识结果更全面,在危险辨识过程中,可充分利用资源包括:专家经验;相似设备、系统安全经验;相关法律、法规、标准;相关安全检查表。

(3) 确定危险等级。分析危险发生的可能性和危险所导致后果的严重程度,划分危险因素的危险性等级。预先危险分析方法对危险等级的划分如表 4-9 所列。划分的目的是为了分清轻重缓急,将等级高的危险作为重点控制对象。

表 4-9　危险等级划分表

级别	危险程度	描述	控制措施
Ⅰ	安全的	不会造成人员伤亡及系统损失	可以不必采取措施
Ⅱ	临界的	处于事故的边缘状态，暂时还不至于造成人员伤亡、系统损失或降低系统性能	应采取措施予以控制
Ⅲ	危险的	会造成人员伤亡和系统损失	必须采取措施进行控制
Ⅳ	灾难性的	会造成人员重大伤亡及系统严重破坏的灾难性事故	必须立即排除并重点防范

(4) 制订控制措施。根据危险因素的危险性等级，制订相应的控制措施，并指定负责改进措施的部门、人员和完成日期。

(5) 结果汇总。将分析结果汇总到 PHA 工作表中，并在此基础上形成 PHA 报告。PHA 工作表的典型格式如表 4-10 所列。

表 4-10　PHA 工作表的典型格式

××预先危险分析表

单元：　　编制人员：　　日期：

序号	危险	原因	后果	危险等级	防治措施
1					
2					

4.2.3 PHA 分析实例

1) 油库大修预先危险分析

油库是接卸、储存、供应石油及成品油的基地。石油及成品油具有易燃爆、易挥发、易渗漏、易于积聚静电荷等特性，极易发生火灾、爆炸事故。而在油库进行拆除、维修等作业过程中，由于涉及动火作业，产生的火花极易成为火灾、爆炸事故的点火源。表 4-11 为某油库大修作业预先危险分析表。

表 4-11　油库大修预先危险分析表

序号	工序	危险因素	触发事件	形成事故	后果	危险等级	预防措施
1	油品清除	地下室油气浓度达到爆炸极限范围	碰撞、摩擦火花、电气火花	爆炸、火灾	人身伤亡、财产损失	Ⅲ级	油品清除前门打开通风，作业人员不得穿化纤衣物，鞋底不准有铁钉，作业时严禁撞击、切断室内一切电路，配用防爆手电筒

表 4-11(续)

序号	工序	危险因素	触发事件	形成事故	后果	危险等级	预防措施
2	罐侧墙开通风洞孔	地下室油气达到爆炸极限范围	碰撞火花	爆炸、火灾	人身伤亡、财产损失	Ⅲ级	油罐内注满清水，排净残油，开洞施工时边拆边浇水，室内水泥地面垫湿草袋，施工时消防配合
3	罐体要设防静电接地装置	焊接高温	罐内残油发生化学变化，溢出燃爆气体	燃烧	人身灼烫	Ⅱ级	焊接作业前测试汽油气浓度在爆炸极限范围之外，通风、焊接点尽可能远离罐壁体，作业中可靠通风、消防监护
4	罐体反接地体防腐蚀处理	防腐蚀作业中材料高温	作业区油气浓度达到爆炸极限范围	燃爆	人身灼烫	Ⅱ级	防腐作业前及作业中心必须可靠通风
5	地下室通风、采光改造工程	地下室内油气聚集	明火近罐引燃	燃爆	人身灼烫	Ⅱ级	焊接作业前测试汽油气浓度在爆炸极限范围之外，通风、焊接点尽可能远离罐壁体，作业中可靠通风、消防监护
6	管道连接施工	地下室及空罐内残油气	明火引燃	燃爆	人身灼烫	Ⅰ级	放空前，测试油气浓度并采取通风置换措施，使油气在爆炸极限范围之外

2）高炉拆装预先危险分析

在钢铁厂里需要定期进行高炉大修。某钢铁企业针对高炉拆装工程进行的预先危险分析结果汇总见表 4-12。其中，把危险性分为发生事故可能性和后果严重程度两栏。

表 4-12　高炉拆装预先危险分析表

施工阶段	危害	发生可能性	危害严重度	预防措施
拆除阶段	1. 人员高处坠落	D	Ⅱ级	1. 设安全网，加强个体防护
	2. 高处脱落构件击伤人员	B	Ⅱ～Ⅲ级	2. 划出危险区域并设立明显标志
	3. 爆破拆除基础伤人	C	Ⅱ级	3. 正确布孔、合理装药、定时爆破，设爆破信号及警戒
土建阶段	1. 塌方	A	Ⅱ～Ⅲ级	1. 阶段性放坡，监控裂隙
	2. 脚手架火灾	D	Ⅱ级	2. 严禁明火

表 4-2(续)

施工阶段	危害	发生可能性	危害严重度	预防措施
安装阶段	1. 高处坠落	D	Ⅱ级	1. 设安全网,加强个体防护
	2. 落物伤人	B	Ⅱ~Ⅲ级	2. 材料妥善存放,严禁向下抛掷
	3. 排栅倒塌	B	Ⅱ~Ⅲ级	3. 定期检查、修理
	4. 排栅火灾	D	Ⅱ~Ⅲ级	4. 注意防火
	5. 电焊机焊把线漏电	B	Ⅱ级	5. 集中存放电焊机,焊把线架空
	6. 乙炔发生器爆炸	C	Ⅱ级	6. 安装安全装置,定期检查,严格控制引火源
	7. 吊物坠落	B	Ⅲ级	7. 定期检修设备及器械

注:A—经常发生;B—容易发生;C—偶尔发生;D—很少发生;E—不易发生;F—极难发生。

3) 新型电子压力锅预先危险分析

有一新型电子压力锅,其结构如图 4-2 所示。锅盖与锅体之间用锅盖夹固定,锅盖上装有安全阀和压力表,当锅体内压力超过设定值时,安全阀起跳,泄放气体从而降低压力;压力表用于指示内部压力,表盘分为红色和绿色两个区域,当指针指向红色区域时,表示压力较高,具有危险;锅体底部设有自动调温器,当锅内温度超过设定值时,自动调温器会断开加热线圈,停止加热。

对该电子压力锅进行预先危险分析,结果如表 4-13所列。

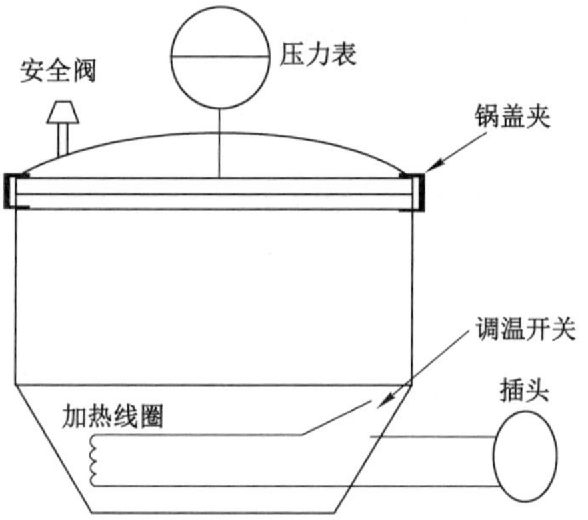

图 4-2 新型电子压力锅结构示意图

表 4-13 新型电子压力锅 PHA 分析表

危险	原因	后果	发生概率	防治措施
触电	操作者接触绝缘层老化的电线	电烧伤、脏器损伤、致死等	很少发生	采用优质绝缘层;采用三相插头;使用带接地故障断路器的插座
火灾	绝缘层老化,附近有易燃物质,且有电火花	压力锅和周围环境严重破坏	几乎不可能发生	采用优质绝缘层;易燃物质远离压力锅
灼烫	人员触摸到热的压力锅体表面、锅内食物或安全阀中释放出的蒸汽	烫伤程度取决于人的皮肤与高温物体(物质)接触的时间长短	容易发生	接触压力锅时使用隔热手套;把热的压力锅放在小孩接触不到的地方;安全阀加开放式保护罩,防止蒸汽泄放至有人的方向
爆炸	自动调温器失效,安全阀堵塞;压力表损坏或人员未观察到压力表指向红色区域	严重伤害或死亡;压力锅损坏;周围环境破坏	很少发生	采用高质量的安全阀和自动调温器;采用冗余设计(如设计两个安全阀)

4.2.4 PHA 的优缺点及适用范围

PHA 方法简便易行，花费较少。可以根据 PHA 分析中发现的危险因素改进设计方案，避免因考虑不周造成的损失。同时，PHA 分析结果还可以作为制订管理措施的依据，为制定标准、规范和技术文献提供资料。但其分析质量受分析人员经验和知识限制，结果难免有遗漏。

PHA 主要适用于系统开发研制、方案设计、详细设计、改扩建等活动之前，在系统投入运行后，可以将 PHA 分析结果与故障类型及影响分析、事故树分析等其他方法结合使用。

在开展 PHA 分析时，应特别注意以下事项：

(1) 由于分析在系统运行之前进行，对接触到的危险物质、工具和设备的危险性还没有足够的认识，为了使分析获得较好的效果，在分析小组成员中应包括设计人员、操作人员和安全技术人员。

(2) 根据系统工程的观点，在查找危险性时，应将系统进行分解，按系统、子系统、元素逐步地进行，以避免遗漏。

(3) 在危险辨识过程中，为使辨识结果更全面、更合理，可参考现行规范 GB 6441—86 等危险分类方法，列出所有的、可能的危险，不能随意删减。

(4) 提出的控制措施要有针对性，一般是针对原因制订控制措施。

4.3 故障类型及影响分析

故障类型及影响分析(failure modes and effects analysis，FMEA)又称为故障模式及影响分析、失效模式和影响分析。FMEA 采取系统分割的概念，根据实际需要把系统分割成子系统，或进一步分割成元件。然后找出每个子系统、元件可能发生的故障及其类型，查明各种类型故障的可能原因及其对系统的影响，并提出措施以防止该类故障发生或减小该类故障对系统的影响。

20 世纪 50 年代初，美国第一次将 FMEA 用于一种战斗机操作系统的设计分析，到了 60 年代中期，FMEA 正式用于航天工业(阿波罗计划)。1976 年，美国国防部颁布了 FMEA 的军用标准，但仅限于设计方面。70 年代末，FMEA 技术开始进入汽车工业和医疗设备工业。80 年代，进入微电子工业。到了 1988 年，美国联邦航空局发布咨询通报要求所有航空系统的设计及分析都必须使用 FMEA。1991 年，ISO 9000 推荐使用 FMEA 提高产品和过程的设计。1994 年，FMEA 又成为 QS 9000 的认证要求。目前，FMEA 已在工程实践中形成了一套科学而完整的分析方法。我国国家军用标准中明确指出：FMEA 是找出设计上潜在缺陷的手段，是设计审查中必须重视的资料之一。

4.3.1 基本概念

1) 故障

故障是指元件、子系统或系统在规定的运行时间和条件内，达不到设计规定功能的情况。

2) 故障类型

系统、子系统或元件的每一种故障的形式称为故障类型。元件可能出现的故障类型一般可以从四个方面进行考虑，即：规定时间不能启动（运行不准时）；过早启动（意外运行）；规定时间不能停止（停止不及时）；运行能力降级、超限或受阻。以阀门为例，其常见的故障类型及原因如表 4-14 所列。

表 4-14　阀门常见故障类型及原因

故障类型	故障原因	故障类型	故障原因
内部泄漏	阀体、阀座变形，损伤；阀体、阀座接触面有异物	关不紧	异物卡住；阀杆生锈
外部泄漏	密封部位损伤；外壳老化、腐蚀破损	误开	误操作；误信号
堵塞	进入异物	误关	误操作；误信号
打不开	异物卡住；阀杆生锈		

3）故障原因

故障原因是指导致元件、组件产生故障的内部因素和外部因素的总和。造成元件发生故障的原因一般可以从以下几个方面进行考虑：

（1）设计缺陷：由于设计所采取的原则、技术路线不当或者图纸不完善等所导致的先天性缺陷。

（2）制造缺陷：加工方法不当或者组装上的失误。

（3）质量管理缺陷：检查不够或失误以及管理不当。

（4）使用上的缺陷：误操作或未按设计条件操作。

（5）维修方面的缺陷：维修操作失误或检修程序不当。

4）故障影响

故障影响（failure effect）又称为故障后果，是某种故障模式对元件、组件本身及系统的操作、功能或状态产生的后果。

5）故障等级

故障等级是衡量故障对系统任务、人员和财物安全造成影响的尺度，可以作为制订控制措施的依据。故障等级的划分通常以故障影响大小、对系统造成影响的范围、故障发生的频率、防止故障的难易、是否为新设计工艺等作为主要依据，具体划分方法详见下一节。

4.3.2　FMEA 分析程序

故障类型及影响分析的基本程序如图 4-3 所示。

1）熟悉系统

进行 FMEA 前应先熟悉待分析的系统，必须对系统或设备部件的工艺、生产组织、管理和人员的素质、设备等情况，以及投产或运行以来的设备故障和伤亡事故情况进行全面的调查分析，收集整理伤亡事故、设备故障等方面的数据和资料。

2）划分系统

进行 FMEA 时，分析对象为整个系统，为保

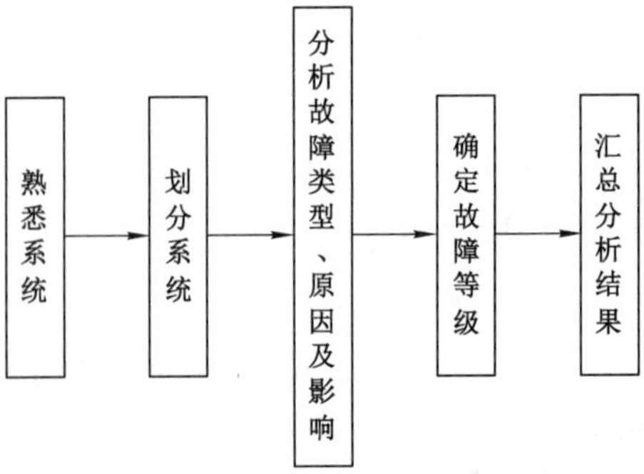

图 4-3　FMEA 分析程序

证分析的条理性，避免遗漏，需要对系统进行划分，并逐一进行分析。一般按照功能将系统由高到低依次划分，可分为子系统、组件、元件等多个层次，如图 4-4 所示。

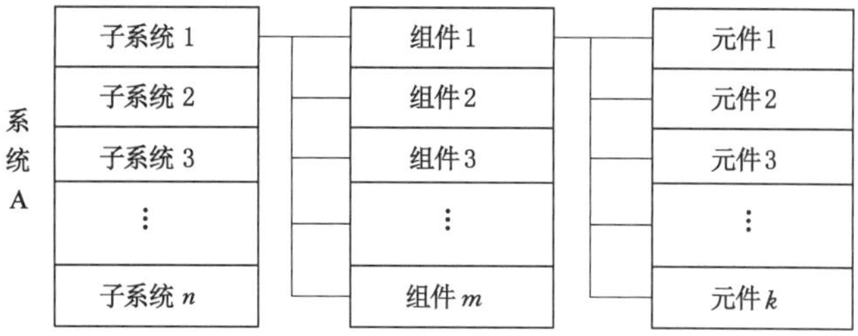

图 4-4　系统划分示意图

系统的复杂程度不同，需要进行分析的精确程度不同，则将要划分的层次也不同。若分析层次太浅，则可能漏掉重要的故障模式；若分析得过深，则会造成结果烦琐，浪费大量人力和时间，也给制订措施带来困难。一般地，对关键子系统可以分析得深一些，次要子系统分析得浅一些，有的可以不用分析。

以图 4-5 所示的个人计算机为例，可将整个计算机看作一个大系统，而该系统又可以进一步划分为显示器、主机、键盘、鼠标、连接线 5 个子系统。对于连接线而言，其本身结构简单，可能出现的故障类型也较少，可不再继续向下划分。而主机对于整个系统而言功能最为关键，结构最为复杂，可以进一步将其划分为主板、电源、显卡、内存、CPU、机箱外壳等多个组件。同样，主板作为最主要的组件，又可以进一步向下划分到元件层。

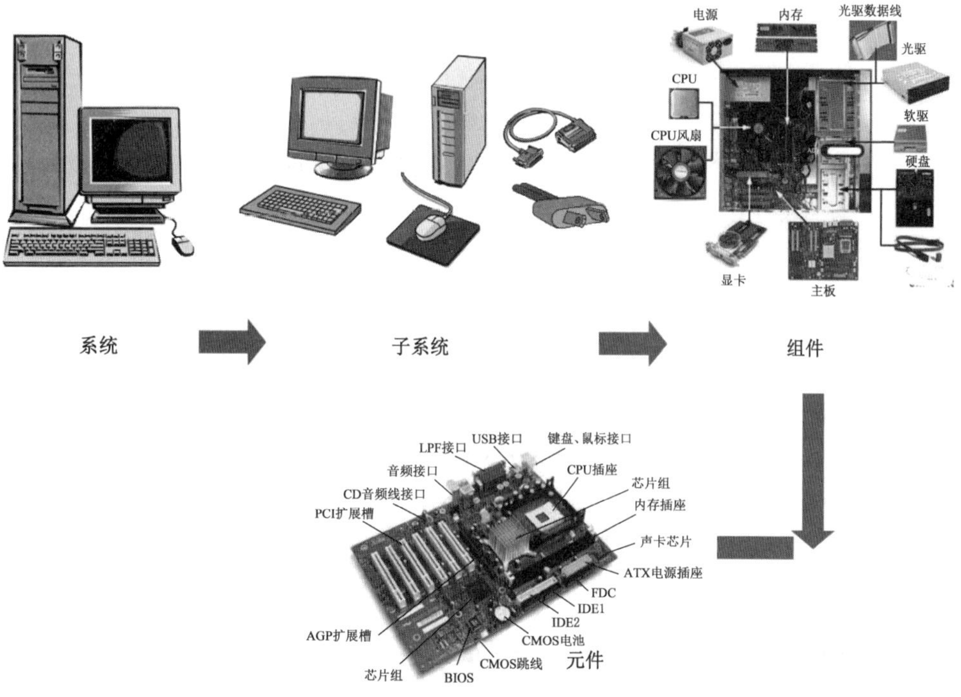

图 4-5　计算机系统划分

对于复杂大系统，可将子系统及各功能单元间的关系用可靠性框图来表达。可靠性框图是表达系统各部分间功能关系的框图，如图 4-6 所示。

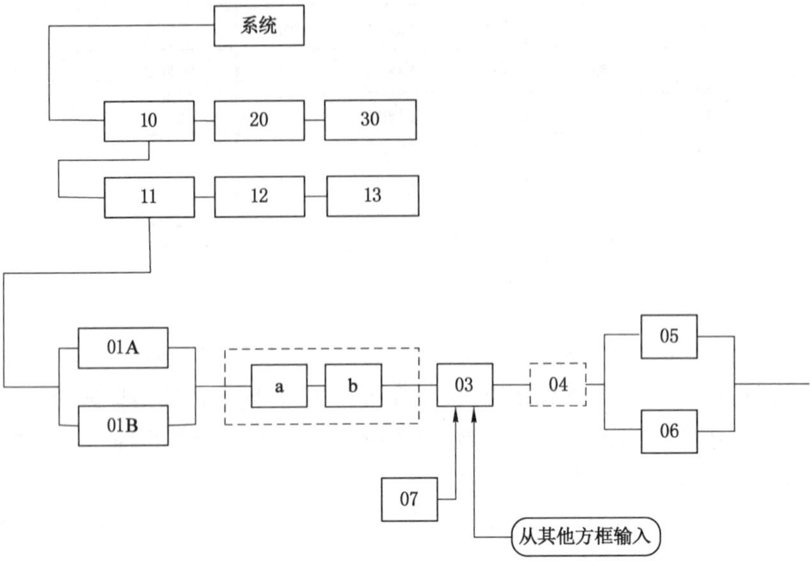

图 4-6　某系统可靠性框图

（1）主系统分成三个子系统，即 10、20、30，每一个子系统发生故障，都会对主系统产生影响。

（2）子系统 10 又包括组件 11、12、13 三个组件。

（3）组件 11 由元件 01A、01B、02、03、04、05、06 组成。

（4）元件 01A、01B 相同，是冗余设计，在某些特定的情况下，当 01A 发生故障时，01B 起作用。

（5）元件 02 由两个零件 a 和 b 组成，a 和 b 为串联关系，即必须 a 和 b 都正常，元件 02 才能正常工作。

（6）从功能上看，元件 03 同时受到 07 和来自其他系统的影响。

（7）虚线所包含的零件 04 在特定的情况下发生作用。

（8）正常运行时，元件 07 不工作。

（9）元件 05 和 06 在功能上为并联关系，即在其他元件都正常的情况下，05 和 06 只要有一个正常，系统就可以正常运行。

通过系统可靠性框图，可以明确地看出系统、子系统、元件之间的层次及功能关系。需要说明的是，系统可靠性框图不是系统结构图或设备布置图，它只是表示系统、子系统、元件间的功能流动情况。图 4-7 为手电筒的可靠性框图。

3）分析故障类型、原因及影响

对照系统可靠性框图，依次分析每个子系统或组件、元件可能出现的故障类型、影响及其可能的原因。

（1）列出所有故障类型。根据理论知识、实践经验和有关故障资料，判明系统中所有实

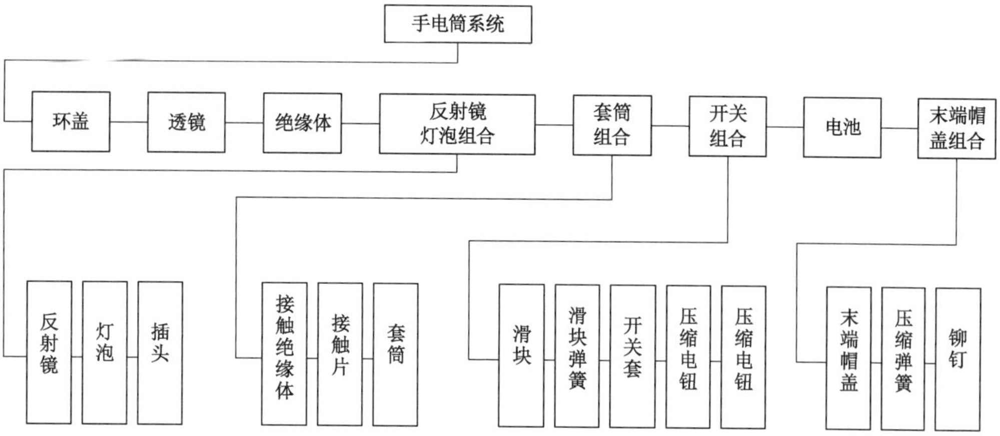

图 4-7　手电筒的可靠性框图

际可能出现的故障模式。

(2) 分析故障影响。分析每种故障模式对系统、子系统、元件、人及环境的影响。

(3) 分析故障原因及故障检测方法。找出可能导致该故障模式的所有原因因素，并分析故障类型的检测方法。

4）确定故障等级

根据故障发生的可能性和后果严重程度，确定故障等级。一般可按故障类型对子系统或系统影响的严重程度分为四级，见表 4-15。

表 4-15　故障等级划分表

故障等级	影响程度	危害后果
Ⅰ级	破坏性的	可能造成死亡或系统损失
Ⅱ级	危险的	可能造成严重伤害、严重职业病或主系统损坏
Ⅲ级	临界的	可造成轻伤、轻职业病或次要系统损坏
Ⅳ级	可忽略的	不会造成伤害和职业病、系统不会受损

若想获得更精确的故障等级，还可以采用评点法。即，依据损失的严重程度、故障的影响范围、故障发生的概率、防止故障的难易程度和工艺设计情况，用一定点数表示影响程度的大小，通过计算，求出故障等级。

评点法的计算形式多样，主要分为“乘积评点”和“求和评点”两种形式。

(1) 乘积评点法

乘积评点法的计算公式为：

$$C_s = \sqrt[n]{C_1 C_2 \cdots C_n} \tag{4-1}$$

式中　C_s——总点数，$0<C_s<10$；

　　C_i——各因素的取值，$0<C_i<10$；

i——考虑的因素种类，$i=1,2,3,\cdots,n$，一般取 $n=5$；

C_1——故障影响大小，即损失严重程度；

C_2——故障影响范围，即影响到系统的哪个层次；

C_3——故障频率；

C_4——防止故障的难易程度；

C_5——是否为新设计的工艺。

点数 C_i 的值可采取专家座谈会法来确定，即由 3～5 位有经验的专家座谈讨论，提出该给 C_i 什么数值。

最后，计算出 C_s 的值，并根据其值划分故障等级，见表 4-16。

表 4-16　评点法故障等级划分表

故障等级	C_s 值	内容	应采取的措施
Ⅰ级（破坏性的）	7～10	完不成任务，人员伤亡	变更设计
Ⅱ级（危险的）	4～7	大部分任务完不成	重新讨论设计，也可变更设计
Ⅲ级（临界的）	2～4	一部分任务完不成	不必变更设计
Ⅳ级（可忽略）	＜2	无影响	无

（2）求和评点法

求和评点法的计算公式为：

$$C_s = \sum_{i=1}^{n} C_i \tag{4-2}$$

同理，一般取 $n=5$，其中 C_i 按表 4-17 进行取值。

表 4-17　求和评点法评点参考表

评点因素	内容	点数
故障影响大小 C_1	造成生命损失	5.0
	造成相当程度的损失	3.0
	组件功能损失	1.0
	无功能损失	0.5
对系统造成的影响 C_2	对系统造成 2 处以上的重大影响	2.0
	对系统造成一处重大影响	1.0
	对系统无太大影响	0.5
故障频率 C_3	易于发生	1.5
	能够发生	1.0
	不太发生	0.7

表 4-17(续)

评点因素	内容	点数
防止故障的难易程度 C_4	不能防止	1.3
	能够防止	1.0
	易于防止	0.7
是否为新设计的工艺 C_5	内容相当新的工艺	1.2
	内容和过去类似的工艺	1.0
	内容和过去相同的设计	0.8

注：非常容易发生，C_i 取值为 1×10^{-1}；容易发生，C_i 取值为 1×10^{-2}；较容易发生，C_i 取值为 1×10^{-3}；不容易发生，C_i 取值为 1×10^{-4}；难以发生，C_i 取值为 1×10^{-5}；极难发生，C_i 取值为 1×10^{-6}。

各点分别取值并求和得到 C_s 值，同样按表 4-16 进行故障等级划分。

5）汇总分析结果

将分析得到的故障类型、原因、影响等汇总于 FMEA 工作表中，并有针对性地提出控制措施。FMEA 分析表的典型格式见表 4-18。

表 4-18　故障类型及影响分析表

序号	子系统/设备/元件	故障类型	故障原因	故障影响	故障等级	故障的识别	校正措施
1							
2							

4.3.3 FMEA 分析实例

1）电动机运行系统故障类型及影响分析

如图 4-8 所示，该系统是一种短时运行系统，如果运行时间过长则可能引起电线过热或者电机过热、短路。对系统中主要元件进行故障类型和影响分析，结果列于表 4-19。

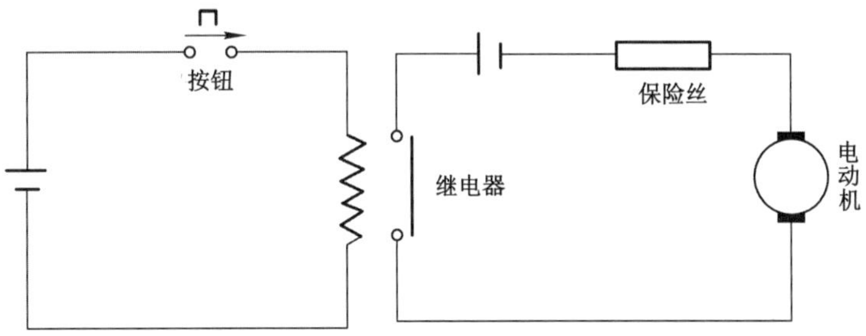

图 4-8　电动机运行系统示意图

表 4-19　电动机运行系统故障类型及影响分析

<table>
<tr><th>元素</th><th>故障类型</th><th>可能的原因</th><th>对系统影响</th></tr>
<tr><td rowspan="3">按钮</td><td>1. 卡住</td><td>机械故障</td><td>电动机不转</td></tr>
<tr><td rowspan="2">2. 接点断不开</td><td>1. 机械故障</td><td>1. 电动机运转时间过长</td></tr>
<tr><td>2. 人员没放开按钮</td><td>2. 短路会烧毁保险丝</td></tr>
<tr><td rowspan="3">继电器</td><td>1. 接点不闭合</td><td>机械故障</td><td>电动机不转</td></tr>
<tr><td rowspan="2">2. 接点不断开</td><td>1. 机械故障</td><td>1. 电动机运转时间过长</td></tr>
<tr><td>2. 经过接点电流过大</td><td>2. 短路会烧毁保险丝</td></tr>
<tr><td rowspan="2">保险丝</td><td rowspan="2">不熔断</td><td>1. 质量问题</td><td rowspan="2">短路时不能断开</td></tr>
<tr><td>2. 保险丝过粗</td></tr>
<tr><td rowspan="5">电机</td><td rowspan="3">1. 不转</td><td>1. 质量问题</td><td rowspan="3">丧失系统功能</td></tr>
<tr><td>2. 按钮卡住</td></tr>
<tr><td>3. 继电器接点不闭合</td></tr>
<tr><td rowspan="2">2. 短路</td><td>1. 质量问题</td><td>1. 电路电流过大烧毁保险丝</td></tr>
<tr><td>2. 运转时间过长</td><td>2. 使继电器接点粘连</td></tr>
</table>

2）压缩机储罐故障类型及影响分析

空气压缩机的储罐属于压力容器，其功能是储存空气压缩机产生的压缩空气。这里仅考察储罐的罐体和安全阀两个元素的故障类型及其影响，分析结果见表 4-20。

表 4-20　空气压缩机储罐 FMEA 分析表

<table>
<tr><th>单元</th><th>故障类型</th><th>故障原因</th><th>故障影响</th><th>检测方法</th><th>故障等级</th><th>措施</th></tr>
<tr><td rowspan="3">罐体</td><td>轻微漏气</td><td>接口不严</td><td>能耗增加</td><td>听漏气噪声、空气压缩机频繁打压</td><td>Ⅱ级</td><td>加强维修保护</td></tr>
<tr><td>严重漏气</td><td>焊接裂缝</td><td>压力迅速下降</td><td>压力表数值下降</td><td>Ⅱ级</td><td>停机修理</td></tr>
<tr><td>破裂</td><td>材料缺陷、外力破坏</td><td>压力迅速下降、损伤人员和设备</td><td>压力表数值下降</td><td>Ⅲ级</td><td>停机修理</td></tr>
<tr><td rowspan="3">安全阀</td><td>漏气</td><td>接口不严、弹簧疲劳</td><td>能耗增加、压力下降</td><td>听漏气噪声、空气压缩机频繁打压</td><td>Ⅱ级</td><td>加强维修保护</td></tr>
<tr><td>错误开启</td><td>弹簧疲劳、折断</td><td>压力迅速下降</td><td>压力表数值下降</td><td>Ⅱ级</td><td>停机修理</td></tr>
<tr><td>不能安全泄压</td><td>锈蚀物堵住阀口</td><td>超压时失去安全功能、系统压力迅速增高</td><td>压力表数值迅速升高</td><td>Ⅲ级</td><td>停机检查更换</td></tr>
</table>

3）新型电子压力锅故障类型及影响分析

对 4.2.3 节中提到的新型电子压力锅进行故障类型及影响分析，其结果见表 4-21。

表 4-21　新型电子压力锅 FMEA 工作表

系统：压力锅/食物/厨师			运行阶段：煮饭时			日期： 人员：
序号	项目/元件	故障类型	故障原因	故障影响	严重度	建议措施
1	安全阀	关闭	腐蚀；制造缺陷；堵塞	超压时导致爆炸和烫伤	Ⅰ级	采用高质量的安全阀；安全阀采用冗余设计
		漏气	腐蚀，制造缺陷	蒸汽灼烫，延长煮饭时间	Ⅲ级	
2	锅盖夹	断裂	制造或安装缺陷	爆炸，锅盖飞出，烫伤	Ⅰ级	采用高质量的锅盖夹
3	自动调温开关	断开	制造缺陷	无法加热食物	Ⅳ级	采用高质量的自动调温开关
		无法断开	制造缺陷	持续加热，导致超温超压	Ⅰ级	
4	压力表	读数假高	设计或制造缺陷	无法煮熟食物	Ⅳ级	采用高质量的压力表；压力表采用冗余设计
		读数假低	设计或制造缺陷	无法及时发现超压，可能导致爆炸或烫伤	Ⅰ级	

4）DAP（磷酸氢二铵）反应系统故障类型及影响分析

磷酸氢二铵[化学式为 DAP$(NH_4)_2HPO_4$]是目前农业上使用比较多的一种化肥，其本身不属于危险化学品。图 4-9 所示为 DAP 反应系统工艺流程。自卸料站而来的氨水和磷酸储存在储罐中，并分别经由阀门 A 和 B 进入 DAP 反应釜，在反应釜中经搅拌生成 DAP。反应生成的产品经由阀门 C 进入敞口的 DAP 储槽。储槽设有放料阀，将 DAP 产品送往装料站。整个生产系统处于一个密闭工作区内。按照反应要求，氨水和磷酸应该按比例进料，若磷酸进料量过大，则产品质量不合格，但无其他危险；若氨水和磷酸进料量同步增大，则反应放出热量增加，将导致反应釜温度、压力增加，反应过程变得不可控

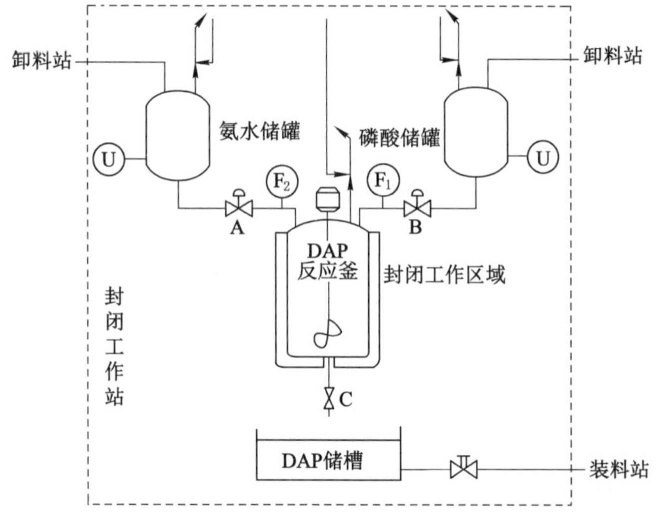

图 4-9　DAP 反应系统工艺流程

制；若氨水进料量过大，则未反应的氨水将与 DAP 产品一起进入敞口储槽，由于氨水易挥发，DAP 储槽将释放出氨气并充满整个工作区。为避免氨气泄漏引起火灾、爆炸或者中毒事故，在工作区内设有氨气检测及报警器。

对上述 DAP 反应系统进行 FMEA 分析，首先应进行系统划分。按照前一节所述的系统划分原则，可将其划分为氨水进料子系统、磷酸进料子系统、DAP 反应器系统、DAP 储存系统等多个子系统。现在，仅对磷酸进料子系统中的阀门 B 进行 FMEA 分析，其结果见表 4-22。

表 4-22　DAP 反应系统 FMEA 工作表(部分)

系统:DAP 反应系统						日期： 人员：
序号	项目/元件	故障模式	故障原因	故障影响	已有措施	建议措施
1	阀门 B	关闭	误操作；电机故障	无磷酸进入反应釜，氨水过量，DAP 储槽释放氨气	管道设有磷酸流量指示器、氨气检测及报警器	安装磷酸流量低报警/停车系统；使用封闭的 DAP 储槽；工作区域通风
2		破裂	使用、维护不当	大量磷酸泄漏；氨水相对过量，DAP 储槽释放氨气	定期维护；阀门耐酸	加强阀门维护和检查；其它措施同上
3		全开	误操作；电机故障	过量磷酸进入反应釜，产品不合格；若氨水同步增加，可导致反应釜超温超压	管道设有磷酸流量指示器；反应釜装有安全阀	安装磷酸流量高报警/停车系统；反应釜加装温度、压力控制/报警/停车系统

4.3.4　故障类型、影响及致命度分析

致命度分析(criticality analysis，CA)，也称为危险度分析。CA 常与 FEMA 结合使用，形成 FMECA(failure modes，effects and criticality analysis)法。FMECA 法一般用于分析 FEMA 结果中危险程度较高(如危险等级为 Ⅰ 级)的故障模式，得到其危险程度的量化指标。

当用危险度一个指标来评价时，可按下式计算危险度：

$$C = \sum_{i=1}^{n} (\alpha\beta k_1 k_2 \lambda t)_i \tag{4-3}$$

式中　C——系统的危险度；

n——导致系统重大故障或事故的故障类型数目；

λ——元素的基本故障率；

t——元素的运行时间；

α——导致系统重大故障或事故的故障类型数目占全部故障类型数目的比例；

β——导致系统重大故障或事故的故障类型出现时，系统发生重大故障或事故的

概率；

k_1——实际运行状态的修正系数；

k_2——实际运行环境条件的修正系数。

计算得到C值后，对于致命度高的元件，应尽量消除故障模式；当无法消除故障模式时，应尽量从设计、制造、维修和使用等方面去减少故障发生的概率，以降低其致命度。例如，对致命度较高的元件增设保护措施、监测预报系统。

4.3.5 FMEA的优缺点及适用范围

1）FMEA的优点

（1）对每个元件的每种故障模式进行分析，结果精确、细致。

（2）应用于系统设计和研发阶段，其分析结果可用于优化系统设计，从而有效提高系统安全性。

（3）方法简便易行，既可进行定性分析，又可与CA结合进行定量分析。

2）FMEA的缺点

（1）对复杂大系统进行分析时，涉及的子系统、元件数目庞大，且需要对每个元件的每种故障模式进行分析，费时费力。

（2）仅从单一故障模式出发，分析其对子系统和系统的影响，无法识别元件间相互作用的影响，也无法分析多个故障模式同时发生所导致的后果。

（3）要准确识别所有的故障模式，并正确分析其原因和后果，要求分析人员具有丰富的经验和良好的知识水平。

（4）侧重于分析设备/元件故障对事故的影响，无法识别人的因素或管理因素的影响。

3）注意事项

为避免分析工作量庞大、分析结果疏忽、遗漏等问题，在开展FMEA分析时，应注意以下问题：

（1）合理确定分析层次。

（2）分析小组成员应包括设计人员、技术人员、操作人员及FMEA专家。

（3）按照系统—子系统—元件的顺序逐一分析，避免遗漏。

4）FMEA的适用范围

FMEA适用于系统设计和研发阶段对元器件存在的危险进行分析，从而确定是否需要变更系统设计，对保证系统的安全性和可靠性具有重要意义。

4.4 危险与可操作性研究

HAZOP（Hazard and operability study，HAZOP）一词是于20世纪70年代早期提出的，其含义是危险与可操作性研究，也称为危险与可靠操作性分析。HAZOP的基本过程是以引导词为引导，找出系统中工艺过程的状态参数（如温度、压力、流量）的变化（即偏差），针对这些偏差，找出原因，分析后果，提出对策的分析方法。

4.4.1 基本概念

1）工艺参数

工艺参数又称为系统参数，是与过程有关的物理和化学特性，包括概念性的参数如反应、混合及具体参数如温度、压力、液位及流量等。HAZOP 分析中常用的工艺参数如表 4-23所列。

表 4-23　HAZOP 分析常用的工艺参数

流量	温度	压力	液位
时间	pH 值	组成	速度
频率	电压	黏度	信号
混合	分离	添加剂	反应

2）工艺指标

工艺指标是指工艺过程的正常操作条件。通常采用一系列的表格，用文字或图表进行说明，如工艺说明、流程图、管道图、PID 图等。工艺指标确定了装置如何按照希望的操作而不发生偏差。例如，某管线中的液体以特定速度、特定温度、特定压力沿特定方向流动，其中“速度”“温度”“压力”“流向”的设计值即为其工艺指标。

3）偏差

偏差是指系统实际运行情况与工艺指标不一致的情况。HAZOP 分析的基本理念就是：工艺过程的状态参数（如温度、压力、流量等）一旦与设计意图发生偏离，就会发生问题或出现危险。而这种偏离就是我们所说的偏差。HAZOP 分析中，通常用“工艺参数＋引导词”来得到偏差。

4）引导词

引导词是为了启发分析者的思维，对设计意图的偏离进行定性或定量描述的简单词语。使用引导词的目的就是确保对所有工艺参数的偏差都进行分析。表 4-24 列出了 HAZOP 分析常用的引导词及其含义。

表 4-24　HAZOP 分析常用引导词

引导词	含义	过程工业举例
no/not（无/没有）	设计目的的完全否定	无流量，温度、压力无显示等
more（多）	定量增加	温度、压力、流量高于设计值
less（少）	定量减少	温度、压力、流量低于设计值
as well as（也/又）	有多余事件发生	有另外组分在流动，或液体发生沸腾等相变
part of（部分）	只完成规定要求的部分	应输送两种组分，却只输送一种
reverse（相反）	设计目的的逻辑取反	管道中的物料反向流动以及逆化学反应
other than（异常）	完全替代	原始的目的没有实现，而达到了完全不同的结果。例如：输送了错误物料
early（早于）	早于期望的发生时间	某操作早于时钟时间发生
late（晚于）	晚于期望的发生时间	某操作晚于时钟时间发生
before（先）	提前于期望的发生顺序	A 操作先于 B 操作发生
after（后）	落后于期望的发生顺序	A 操作在 B 操作之后发生

其中，前 7 个引导词为通用引导词，而后 4 个引导词与操作有关，是间歇生产过程专用的引导词。选择一个参数，逐一与上述引导词组合，就形成了偏差。以常见的流量、温度、压力为例，与表 4-24 中的引导词组合，形成的偏差见表 4-25。

表 4-25　HAZOP 分析工艺参数、引导词及偏差

工艺参数	引导词	偏差
流量	more	高流量
	less	低流量
	no	无流量
	reverse	逆流
压力	more	压力高
	less	压力低
温度	more	温度高
	less	温度低

5）偏差原因

偏差原因是指产生偏差的原因，通常是设备故障、人失误、意外的工艺状态（如成分的变化）或外部破坏（电源故障）等。HAZOP 分析中常见的偏差原因如表 4-26 所列。

表 4-26　HAZOP 分析中常见的偏差及其可能原因

工艺参数	引导词	可能原因
流量	多	泵的能力增加；进口压力增加；输送压头降低；换热器管程泄漏；未安装流量限制孔板；系统互串；控制故障；控制阀进行了调整；启动了多台泵
	少	障碍；输送线路错误；过滤器堵塞；泵损坏；容器、阀门、孔板堵塞；密度或黏度发生变化；气蚀；排污管漏；阀门未全开
	没有	输送线路错误；堵塞；滑板不对；单向阀装反了；管道或容器破裂；大量泄漏；设备失效；错误隔离；压差不对；气缚
	相反	单向阀失效；虹吸现象；压力差不对；双向流动；紧急放空；误操作；内嵌备用设备；泵的故障；泵反转
液位	多	出口被封死或堵塞；因控制故障引起进口流量大于出口流量；液位测量器故障；液体比重平衡；液泛；压力喘动；腐蚀；污泥
	少/无	无进入流体；泄漏；出口流量大于进口流量；控制故障；液位测量器故障；容器已放空；液泛；压力喘动；腐蚀；污泥

表 4-26(续)

工艺参数	引导词	可能原因
压力	多	堵塞问题;连接到高压设备;气体进入;放空容积不当;设置的放空压力不对;安全阀被封死;因加热而超压;控制阀因故障打开;沸腾;冻结;化学击穿;发泡;冷凝;沉淀;气体释放;起爆;爆炸;爆聚;外部着火;天气条件;锤击;黏度或密度发生变化
	少	形成真空;冷凝;气体溶解在液体中;泵或压缩机管道受到限制;未检测到泄漏;容器向外排物;气动调节阀堵塞;沸腾;气蚀;结冻;化学击穿;闪蒸;沉淀;起泡;气体释放;起爆;爆炸;爆聚;着火条件;天气条件;黏度或密度发生变化
温度	多	环境条件;换热器列管淤塞或有缺陷;着火情况;冷却水出现故障;控制阀失效;加热器控制失效;内部着火;反应控制失效;加热介质漏入工艺过程中;仪表和控制故障
	少	环境条件;压力下降;换热器列管淤塞或缺陷;无加热;液化气因焦耳-汤姆逊效应而使压力降低
黏度	多	物质或组成不对;温度不对;固体含量高;浆料沉降
	少	物质或组成不对;温度不对;加入溶剂

6) 偏差后果

偏差后果是指偏差所造成的结果。在 HAZOP 分析过程中,一般只考虑与安全相关的后果。

7) 安全保护

安全保护是指用以避免或减轻偏差发生时造成不利后果的工程措施或调节控制系统,如:报警、联锁、操作规程等。在分析时,先假设这些保护措施已失效,分析偏差可能导致的后果,再考虑加上这些措施后是否可以有效预防后果发生,如果现有安全保护措施不足,则需提出建议措施。

4.4.2 HAZOP 分析程序

HAZOP 分析一般由 4～8 人的工作小组完成,而小组成员则由小组领导、秘书、工艺设计工程师、控制工程师、操作专家、项目工程师等组成。

人工 HAZOP 是一种定性的、结构化的头脑风暴式的评价方法,它将所研究的过程根据设计目的分为多个逻辑上可管理的部件(或节点)。对于每一个部件的设计参数,使其偏离设计指标,对于这种偏差进行潜在原因、后果分析。在这过程中,设备故障、人为失误、工程或管理控制以及外部事件都将列入考虑范围。

一般地,HAZOP 分析按以下 4 个步骤进行:

1) 确定任务

由相关领导部门下达 HAZOP 分析任务;确定 HAZOP 分析的范围和目标;挑选并任命评价小组组长及成员;确定各自的职责。

分析的目的、对象和范围必须尽可能的明确。分析对象通常是由装置或项目的负责人确定的,并得到 HAZOP 分析组的组织者的帮助,应当按照正确的方向和既定目标开展分析工作，而且要确定应当考虑到哪些危险后果。例如，如果要求 HAZOP 分析确定装置建在什么地方才能使对公众安全的影响减到最小，这种情况下的 HAZOP 分析应着重分析偏差所造成的后果对装置界区外部的影响。

危险分析组的组织者应当负责组成有适当人数且有经验的 HAZOP 分析组。HAZOP 分析组最少由 4 人组成，包括组织者、记录员、两名熟悉过程设计和操作的人员。对简单、危险情况较少的过程而言，虽然规模较小的分析组可能更有效率，但 5～7 人的分析组是比较理想的。如果分析组规模太小，则由于参加人员的知识和经验的限制将可能得不到高质量的分析结果。

2）分析准备

分析准备工作包括：做出分析计划；搜集相关技术资料和数据；商定分析记录的形式；预估分析时间；安排分析日程表。

最重要的资料就是各种图纸，包括 PID 图、PFD 图、布置图等；此外，还包括操作规程、仪表控制图、逻辑图、计算机程序，有时还应提供装置手册和设备制造手册。重要的图纸和数据应当在分析会议之前分发到每位分析人员手中。

获得必要的资料后，需要将资料变成适当的表格并拟定分析顺序，此阶段所需时间与过程的类型有关。在分析会议之前使用已更新的图纸（如果对设计进行过修改）确定分析节点，每一位分析人员在会议上都应有这些图纸。

3）检查分析

HAZOP 分析需要将工艺图或操作程序划分为分析节点或操作步骤，然后用引导词找出过程的危险。如图 4-10 所示，分析组对每个节点或操作步骤使用引导词进行分析，得到一系列的结果：偏差的原因、后果、保护装置、建议措施。

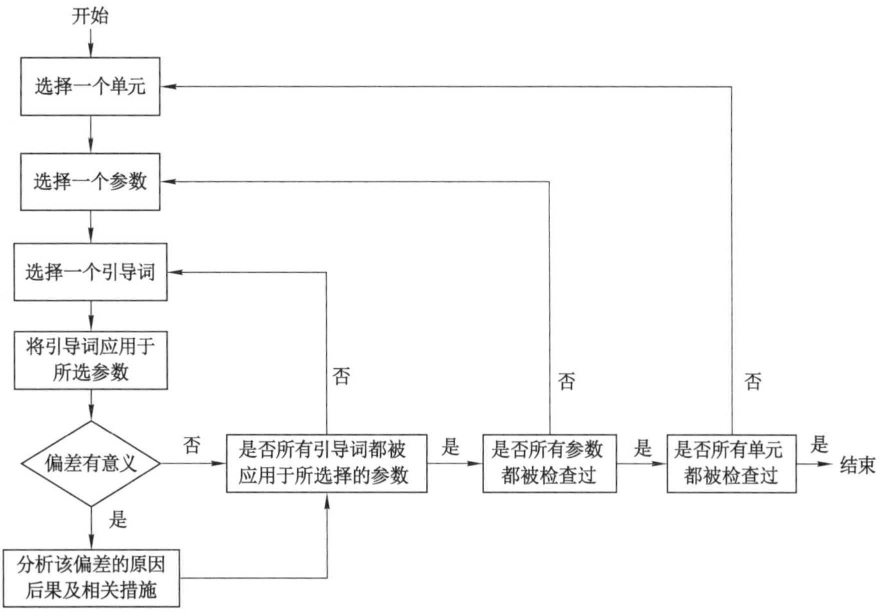

图 4-10　元素优先 HAZOP 流程图

HAZOP分析涉及过程的各个方面，如工艺、设备、仪表、控制、环境等，HAZOP分析人员的知识及可获得的资料总是与HAZOP分析方法的要求有距离。因此，对某些具体问题可听取专家的意见，必要时对某些部分的分析可延期进行，在获得更多的资料后，再进行分析。

4）完成分析文件和后续措施

此项工作包括：记录检查分析的内容；签署有关文件；完成分析报告；提出整改措施；跟踪安全措施的执行情况；得到最终评价报告。

分析记录是HAZOP分析的一个重要组成部分，负责会议记录的人员应根据分析讨论过程提炼出恰当的结果，不可能把会议上说的每一句话都记录下来（也没这个必要），但是必须记录所有重要的意见。有些分析人员为了减少编制分析文件的精力，对那些不会产生严重后果的偏差不予深究或不写入文件中，但一定要慎重；另外，也可举行分析报告审核会，让分析小组对最终报告进行审核和补充。表4-27是HAZOP分析记录表的一种常用形式。

表4-27　HAZOP分析记录表

公司名称：　　装置名称：　　工艺单元：
分析人员：　　会议日期：　　图纸号：

分析节点或操作步骤说明，确定设计工艺指标

序号	工艺参数	引导词	偏离	原因	后果	现有措施	建议措施

4.4.3　HAZOP分析实例

1）原油气化炉HAZOP分析

本案例选自国际标准《危险与可操作性分析（HAZOP）应用指南》（IEC-61882）。HAZOP分析的对象为某炼油厂的原油气化加热炉系统。原油气化装置的主要设备是一个加热炉，加热炉由加热炉盘管和燃烧器构成，燃烧器由天然气提供燃料，如图4-11所示。

原油以液体形式进入加热盘管，在这里被气化，离开加热盘管时成为过热的蒸气。天然气和外部的空气一起进入燃烧器燃烧，使原油加热，燃烧产生的烟气通过烟筒排出。控制原油流量的控制装置包括：一个流量控制阀FCV，一个流量检测元件FE（用来测量原油的流量），一个流量控制器FC，以及一个低流量报警器FAL，当原油流量减少到一定值时自动报警。

天然气流经一个自力式减压阀PRV，到达主燃烧器控制阀TCV和一个副操纵阀PV。主燃烧控制阀是由温度控制器TC来控制，TC接收来自温度检测单元TE的信号，TE测量的是气化原油排出的温度。

高压力开关PSHH在天然气管线上是联锁的，如果天然气压力太高，则通过联锁关闭主燃烧控制阀TCV。在气化油出口还有一个高温开关TSH，如果原油被加热超过一定温

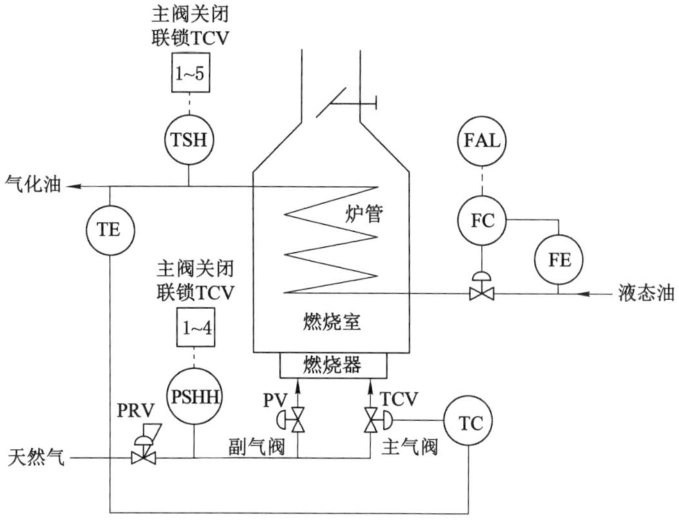

图 4-11　原油气化加热炉系统

度，则通过联锁关闭主燃烧控制阀 TCV。最后，还有一个火焰探测装置(图中没有画出)，它将在火焰熄灭时关闭所有的天然气阀门。

对该系统进行 HAZOP 分析，其结果见表 4-28。

表 4-28　原油气化炉 HAZOP 分析

分析单元：原油气化炉							
制图号：						修订号：	
团队组成：MG，NE，DH，EK，LB						会议日期：	
设计意图：原油由进料装置流入，由加热炉加热气化，使其过热并将气化油输送到处理装置							
序号	引导词	工艺参数	偏差	可能原因	后果	安全保护	建议措施
1	无 no	原油流量	无原油流量	1. 供料系统故障 2. 流量控制阀 FCV 关闭	汽化炉盘管过热并被损坏	1. 低流量报警 FAL； 2. 高温启动 TSH	关注低流量单元 FE，以关闭主燃烧器阀 TCV
				1. 盘管堵塞； 2. 汽化器出口被堵塞	汽化器中的原油将会沸腾；可能过热并烧焦盘管	1. 低流量报警 FAL； 2. 高温启动 TSH	检查这些保障措施是否有效并考虑如何方便地清洗盘管

表 4-28(续)

分析单元：原油气化炉

制图号： 修订号：

团队组成：MG，NE，DH，EK，LB 会议日期：

设计意图：原油由进料装置流入，由加热炉加热气化，使其过热并将气化油输送到处理装置

序号	引导词	工艺参数	偏差	可能原因	后果	安全保护	建议措施
2	无 no	加热	无加热	加热炉内火焰异常	没有汽化的液态原油流入加工系统	无	1. 研究液态原油在加工系统的作用； 2. 考虑加热炉火焰异常时关闭FCV的联动装置； 3. 考虑提供一种输出原油温度过低时的报警系统
3	更多 more	原油流量	过多原油流量	1. 原油压力过大； 2. 流量控制FC异常； 3. FC设定值错误	使汽化器负荷过大，导致对原油流不能充分加热	无	1. 检查FCV控制高压原油流量的能力； 2. 考虑提供一种输出原油温度过低时的报警系统
4	更多 more	加热	加热过多	炉温过高	汽化炉盘管温度过高，使原油焦化并堵塞	高温开关TSH关闭主燃烧器阀门TCV	复查气体流动控制的保障措施
					过高温度的原油蒸汽进入后续加工系统	高温开关TSH关闭主燃烧器阀门TCV	检查高温蒸汽对过程系统的影响
5	较少 less	原油流量	较少原油流量	原油输入压力低	同第4条	同第1条	无动作
6	较少 less	加热	较少加热	汽化炉输出温度低	可能导致不能汽化或过热原油； 原油以低温进入后续加工系统	无	1. 检查没有气化的或温度过低的原油对加工系统的影响；
							2. 考虑提供一种输出原油温度过低时的报警系统

表 4-28(续)

分析单元:原油气化炉							
制图号:					修订号:		
团队组成:MG, NE, DH, EK, LB					会议日期:		
设计意图:原油由进料装置流入,由加热炉加热气化,使其过热并将气化油输送到处理装置							
序号	引导词	工艺参数	偏差	可能原因	后果	安全保护	建议措施
7	异常	原油	原油性质改变	原油不纯,例如:含水或固体、不挥发物质、腐蚀物,或者不稳定的混合物存在于原油中	水的快速沸腾将把液态的原油喷入后续加工系统	无	检查原油中潜在的水分
					有导致部分或全部堵塞盘管的可能,碳层、腐蚀或泄漏	无	检查潜在的杂质
8	相反	原油流量	反向流动	进油装置损坏可能导致原油蒸气从后续加工系统倒流,进入盘管和进油系统	可能导致进油系统过热并损坏进油系统	无	检查单元之间内部联系,考虑安装回流阻止装置
9	异常	蒸发	在炉子中可能爆炸	点燃天然气和空气的混合物	汽化器被损坏导致供油系统起火	炉子的联锁装置	1. 考虑在供油系统安装火焰关断阀门; 2. 检查防止加热炉爆炸的保障措施
10	异常	原油流量	油气不是流向加工装置入口	1. 泄漏; 2. 盘管故障	导致供油系统起火,原油蒸气会从后续加工系统倒流,散发浓烟,使燃烧室损坏	无	1. 考虑在供油系统安装火焰关断阀门; 2. 向炉内提供紧急情况时的灭火气体; 3. 考虑在烟道中安装高温报警或跳闸装置以关断气体供应阀; 4. 确保对盘管的例行检查

2）DAP 反应系统 HAZOP 分析

对 4.3.3 节所述的 DAP 反应系统，选取 DAP 反应器及其进料管线进行 HAZOP 分析，其结果见表 4-29。

表 4-29　DAP 反应系统 HAZOP 分析表

节点	偏差	原因	后果	安全保护	建议措施
DAP 反应器	无搅拌	1. 搅拌器电动机故障； 2. 搅拌器机械连接故障； 3. 操作人员未启动搅拌	未反应的氨带入 DAP 储罐并释放到工作区域	氨检测器和报警器	1. 考虑安装反应器无搅拌时的报警/停车系统； 2. 确保工作区域通风良好，或者使用封闭的 DAP 储罐
磷酸进入 DAP 反应器的管线	无/低流量	1. 磷酸储罐无搅拌； 2. 阀门 B 因故障关闭或人为误关； 3. 阀门 B 堵塞或破裂、泄漏； 4. 管道堵塞； 5. 管道破裂或泄漏	未反应的氨带入 DAP 储罐并释放到的工作区域	定期维护阀门 B；磷酸流量指示；氨检测器和报警器	1. 考虑安装当进入磷酸流量低时的报警/停车系统； 2. 保证定期维护和检查阀门 A； 3. 保证封闭工作区域通风良好或使用封闭的 DAP 储罐
氨水进入 DAP 反应器的管线	高流量	阀门 A 误开大	未反应的氨带到 DAP 储罐并释放到的工作区域	定期维护阀门 A；氨水流量指示；氨检测器和报警器	1. 安装当进入反应器的氨流量高时的报警/停车系统； 2. 确保定时维护和检查阀门 B； 3. 确保工作区域通风良好，或者使用封闭的 DAP 储罐

4.4.4　HAZOP 的优缺点及适用范围

1）HAZOP 分析的优点

（1）HAZOP 分析通过结构化和系统化的方法辨识潜在危险与可操作性问题，获得的结果有助于确定正确的补救措施。这在石化企业隐患排查中是特别有效的方法。

（2）HAZOP 除了是一个用于设计和开发新系统的有价值的工具外，还可以有效地用于分析一个给定系统的不同操作状态下的危险和潜在问题，如开车、待命、正常操作、正常停车、紧急停车等。

（3）HAZOP 要求对所有偏差逐一分析，分析结果完备，适用范围广泛。

2）HAZOP 分析的局限性

虽然 HAZOP 分析被证明在许多不同的工业领域有非常大的作用，但该技术也有局限性，进一步应用时应予以考虑。

（1）HAZOP 分析逐一考虑系统的部分并系统地检查每一个偏差对各个部分的影响。

但有时一个严重的危险将涉及系统几个部分之间的相互作用。在这种情况下,可能需要用事故树分析等技术进行更详细的分析。

(2) HAZOP分析的成功很大程度上依赖于分析小组领导的能力和经验以及小组成员之间的知识、经验和合作,且分析结果具有主观性,难以避免遗漏。

(3) 采用人工HAZOP分析时,需要针对每一个节点的每一个偏差逐一讨论,需要花费大量的时间和费用。

在美国,一个典型的HAZOP分析需要花费1~8周时间完成,每周费用在13 000~25 000美元。据美国职业安全与健康管理局要求,美国大约有25 000个化工企业需要进行流程工业危险(安全)分析,每一轮化学工业进行流程工业危险(安全)分析及相关工作的花费约为50亿美元,分别占销售额的1%和利润的10%左右。因此,高时耗、高成本也成为制约人工HAZOP分析在相关行业推广应用的重要因素之一。为提高HAZOP分析效率、降低分析费用,同时避免分析结果受人员知识经验或主观因素的影响,很多学者对计算机辅助HAZOP分析方法展开了研究。

3) HAZOP分析的适用范围

HAZOP法是一个能发现新的危险性的定性评价方法,特别适用于尚无经验的新技术开发,能辨识静态和动态生产过程中的危险性。

HAZOP分析适用于系统设计、日常运行、改建扩建等各个阶段,目前主要应用于石油化工、核工业、机械、运输等行业的安全分析、安全评价和事故调查。

4.5 作业危害分析

4.5.1 方法概述

作业危害分析(job hazard analysis,JHA)又称为工作危害分析、作业安全分析(job safety analysis,JSA)、作业危害分解(job hazard break down,JHBD),是目前欧美企业普遍使用的一种安全管理工具。

所谓的"作业",又称为作业活动或作业任务,是指特定的工作安排。JHA将作业活动划分为若干步骤,对每一步骤进行分析,从而辨识潜在的危害并制订安全措施;通过实施作业危害分析,能够识别作业中潜在的危害,确定相应的工程措施,提供适当的个体防护装置,防止事故发生和人员受到伤害。

4.5.2 分析程序

JHA将作业活动分解为若干相连的工作步骤,识别每个工作步骤的潜在危害因素,然后通过风险评价,判定风险等级,制订控制措施。

1) 作业活动的划分及选择

可以按生产流程、地理区域、装置、作业任务、生产阶段或部门对作业活动进行划分,也可将以上方法结合起来进行划分。例如:开车、停车、设备检修、动火、受限空间、高处、临时用电、动土、断路、吊装、盲板抽堵等特殊作业;采样分析、设备检测、脱水排凝、人工加料、装卸车、成型包装、库房叉车转运、加热炉点火、机泵机组盘车、铁路槽车洗车、输煤机检查、清胶清聚合物、清罐内污油等危险作业;场地清理及绿化保洁、设备管线外保温防腐、机泵机组维修、仪表仪器维修、设备管线开启等其他作业。

为避免遗漏，一般要求列出作业活动清单，再逐一分析。在理想情况下，所有作业都应进行作业危害分析，但其工作量过于庞大。因此，在实际分析过程中，一般选择关键性作业实施分析。

在选择作业活动时，优先考虑以下作业：

(1) 频繁发生或不经常发生但可导致灾难性后果的作业。

(2) 作业条件差或经常暴露在有害物质中，可导致严重的职业伤害或职业病的作业。

(3) 新增加的作业，由于经验缺乏，明显存在危害或危害难以预料。

(4) 变更的作业，可能会由于作业程序的变化而带来新的危险。

(5) 不经常进行的作业，由于从事不熟悉的作业而可能有较高的风险。

2) 将作业划分为若干步骤

按工作顺序把一项作业分成几个步骤，每一步骤要具体而明确。步骤划分不能太笼统，否则会遗漏一些步骤以及与之相关的危害；步骤划分也不宜太细，以至于出现许多的步骤。根据经验，一项作业活动的步骤一般不超过10项。如果作业流程长、步骤过多，可以按流程将作业活动分为几大块，每一块为一个大步骤，再将大步骤分为几个小步骤。划分时，必须保持各个步骤正确的顺序，顺序改变后的步骤在危害分析时有些潜在的危害可能不会被发现，也可能增加一些实际并不存在的危害。

划分作业步骤之前，应仔细观察操作人员的操作过程。观察人通常是操作人员的直接管理者，关键是要熟悉这种方法，被观察的操作人员应该有工作经验并熟悉整个作业工艺。观察应当在正常的时间和工作状态下进行，如一项作业活动是夜间进行的，那么就应在夜间进行观察。

描述作业步骤的语言要简练，只要说明做什么，而不必描述如何做。描述作业步骤一般用动宾词组，如停车、启动泵、投料、包装、升温等；不能用动宾词组描述的，也可用含有动词的短句，如松开人孔盖螺栓、打开人孔等。

3) 危险、有害因素辨识

根据对作业活动的观察、掌握的事故资料以及经验，依照辨识清单依次对每一步骤进行危险、有害因素辨识。

危险、有害因素辨识时应该思考的问题有：可能发生的故障或错误是什么；其后果如何；事故是怎样发生的；其他的影响因素有哪些；有多大发生的可能性。

以下是危险、有害因素辨识清单的部分内容：

- 是否穿着个体防护服或佩戴个体防护器具；
- 操作环境、设备、地槽、坑及危险的操作是否有有效的防护；
- 维修设备时，是否对相互连通的设备采取了隔离；
- 是否有能引起伤害的固定物体，如锋利的设备边缘；
- 操作者能否触及机器部件或夹在机器部件之间作；
- 操作者能否受到运动的机器部件或移动物品的伤害；
- 操作者是否会处于失去平衡的状态；
- 操作者是否管理着带有潜在危险的装置；
- 操作者是否需要从事可能使头、脚受伤或被扭伤的活动(往复运动的危害)；

· 操作者是否会被物体冲撞(或撞击)到机器或物体；

· 操作者是否会跌倒；

· 操作者是否会由于提升、拖拉物体或运送笨重物品而受到伤害；

· 作业时是否有环境因素的危害——粉尘、化学物质、放射线、电焊弧光、热、噪声，也可按人—机—环境的顺序依次辨识作业步骤中存在的危险有害因素。

4）制订控制措施

对于辨识出的危险、有害因素，首先应识别现有预防控制措施，并利用风险矩阵或作业条件危险性评价(LEC)等方法对风险进行评估，若风险等级较高，应提出建议的控制措施。

制订控制措施时，应从工程技术措施、管理措施、教育培训、个体防护、应急处置等多个方面加以考虑。具体对策依次为：

(1) 消除危害。消除危害是最有效的措施，有关这方面的技术包括：改变工艺路线、修改现行工艺、以危害较小的物质替代、改善环境(通风)、完善或改换设备及工具。

(2) 控制危害。当危害不能消除时，采取隔离、机器防护、工作鞋等措施控制危害。

(3) 修改作业程序。完善危险操作步骤的操作规程、改变操作步骤的顺序以及增加一些操作程序(如锁定能源的措施)。

(4) 减少暴露。这是没有其他解决办法时的一种选择。减少暴露的一种方法是减少在危害环境中暴露的时间，如完善设备以减少维修时间、佩戴合适的个体防护器材等。为了减少事故的后果，设置一些应急设备(如洗眼器等)。

4.5.3　JHA 分析举例

1）化学品储罐内表面清洗作业 JHA 分析

某企业有一化学品储罐，其内表面需定期清洗，作业过程为：从储罐顶部人孔进入，清理化学物质储罐的内表面。运用作业危害分析方法，将该作业活动划分为 9 个步骤并逐一进行分析，分析结果列于表 4-30 中。

表 4-30　化学品储罐内表面清洗作业 JHA 记录表

工作岗位：＿＿＿＿＿＿　作业活动：化学品储罐内表面清洗

分析人员：＿＿＿＿＿＿　分析日期：＿＿＿＿＿＿　审核人：＿＿＿＿＿＿　审核日期：＿＿＿＿＿＿

作业步骤	危险、有害因素辨识	对策措施
1. 确定罐内的物质种类，确定在罐内的作业及存在的危险	· 爆炸性气体； · 氧含量不足； · 化学物质暴露； · 气体、粉尘、蒸气(刺激性、毒性)； · 液体(刺激性、毒性、腐蚀、过热)； · 运动的部件/设备	· 根据标准制定有限空间进入规程； · 取得有安全、维修和监护人员签字的作业许可证； · 具备资格的人员对气体检测； · 通风至氧含量为 19.5%～23.5%，并且任一可燃气体的浓度低于其爆炸下限的 10%。可采用蒸气熏蒸； · 水洗排水，然后通风的方法； · 提供合适的呼吸器材； · 提供保护头、眼、身体和脚的防护服； · 参照有关规范提供安全带和救生索； · 如果有可能，清理罐体外部

表 4-30(续)

作业步骤	危险、有害因素辨识	对策措施
2. 选择和培训操作者	·操作人员呼吸系统或心脏有疾患,或有其他身体缺陷; ·没有培训操作人员	·安全员检查能适应于该项工作; ·培训操作人员; ·按照有关规范,对作业进行预演
3. 设置检修用设备	·软管、绳索、器具脱落的危险; ·电气设施电压过高、导线裸露; ·电机未锁定并未做出标记	·按照位置,顺序地设置软、绳索、管线及器材以确保安全; ·设置接地故障断路器; ·如果有搅拌电机,加以锁定并做出标记
4. 在罐内安放梯子	梯子滑倒	将梯子牢固地固定在人孔顶部或其他固定部件上
5. 准备入罐	罐内有气体或液体	·通过现有的管道清空储罐; ·审查应急预案; ·打开罐; ·工业卫生专家或安全专家检查现场; ·罐体接管法兰处设置盲板(隔离); ·具备资格的人员检测罐内气体(经常检测)
6. 罐入口处安放设备	脱落或倒下	·使用机械操作设备; ·罐顶作业处设置防护护栏
7. 入罐	·从梯子上滑脱; ·暴露于危险的作业环境中	·按有关标准,配备个体防护器具; ·外部监护人员观察、指导入罐作业人员,在紧急情况下能将操作人员自罐内营救出来
8. 清洗储罐	发生化学反应,生成烟雾或散发空气污染物	·为所有操作人员和监护人员提供防护服及器具; ·提供罐内照明; ·提供排气设备; ·向罐内补充空气; ·随时检测罐内空气; ·轮换操作人员或保证一定时间的休息; ·如果需要,提供通信工具以便于得到帮助; ·提供 2 人作为后备救援,以应付紧急情况
9. 清理	使用工(器)具而引起伤害	·预先演习; ·使用运料设备

2)动火作业 JHA 分析

动火作业是指在禁火区进行焊接与切割作业及在易燃易爆场所使用喷灯、电钻、砂轮等可能产生火花、火焰和炽热表面的临时性作业。由于动火作业的危险性,在进行作业前必须进行动火申请,经相关安全技术部门批准,并且采取了切实可行的安全防范措施后,才允许进行动火作业。动火作业时需有专人监护。

某企业动火作业 JHA 分析结果如表 4-31 所列。

表 4-31 动火作业 JHA 记录表

序号	作业步骤	危险、有害因素	主要后果	现有措施	建议措施
1	动火前检查	未办理动火作业申请	违反安全管理规定	有制度、有检查	
		动火作业人员没有持证上岗	违反法规	严格执行审批后作业	
		监护人员不到位	违反安全管理规定	有检查、落实监护人员到位情况	
		周围(包括地沟、坑道等)易燃物料未清除	火灾、爆炸	动火前检查	
		设备或管道内存在易燃物料未吹扫清理干净	火灾、爆炸	动火前检查	
		输送易燃物质的管道未使用盲板断开或使用盲板不符合技术要求	火灾、爆炸	动火前检查	
		高空动火作业未采取防止火花飞溅措施	火灾	动火前检查	
		未配置灭火器材和应急设施,如灭火器、干砂等	违反安全管理规定	有检查、落实到位情况	
		受限空间内作业未进行可燃气体和有毒气体分析	火灾爆炸、中毒和窒息	有检查、落实到位情况	
		氧气、乙炔瓶减压装置失效、胶管老化破损、泄漏或放置不符合安全技术要求	火灾、爆炸	有安全操作规程,并实施动火前检查	
		动火用焊炬密封不良泄漏	火灾、爆炸	有安全操作规程,并实施动火前检查	
2	实施动火	操作人员防护用品穿戴不足	灼烫、中毒或窒息	有安全操作规程,配有劳动防护用品,并监督正确使用	
		作业过程违反安全操作规程	违反安全管理规定	有安全操作规程,并实施监督检查	
3	动火结束	未在动火结束半小时之后就提前离场	违反安全管理规定	有安全操作规程,并实施监督检查	

4.5.4 JHA 分析适用性说明

通过 JHA 分析可以全面识别作业活动中所有可能的危害(包括原来未知的危害),有助于制定出更为合理的安全操作规程;其分析结果可以用来对新的作业人员进行培训,或为不经常进行的作业提供指导,还可以作为安全检查的标准,并协助进行事故调查。

JHA 分析适用于生产运行、设备安装、拆除、检维修等阶段进行危险分析。

复习思考题

1. 安全检查表的编制依据有哪些？如何利用事故树分析的结果编制安全检查表？

2. 学校现需要对实验室进行安全检查，试编制合适的安全检查表。

3. 预先危险分析适用于系统生命周期的哪一阶段？其主要内容有哪些？

4. 试对教室照明系统进行故障类型及影响分析。

5. HAZOP 分析的常用引导词有哪些？说明其含义。

6. 图 4-12 为苯-乙苯精馏过程示意图。精馏塔进料为苯含量 0.5(苯的摩尔分数，下同)的苯-乙苯混合液，通过精馏操作，使塔顶采出液中苯的含量达到 0.98，而釜液中乙苯的含量达到 0.97，从而实现苯和乙苯的分离。试用 HAZOP 法对该工艺过程进行安全分析。

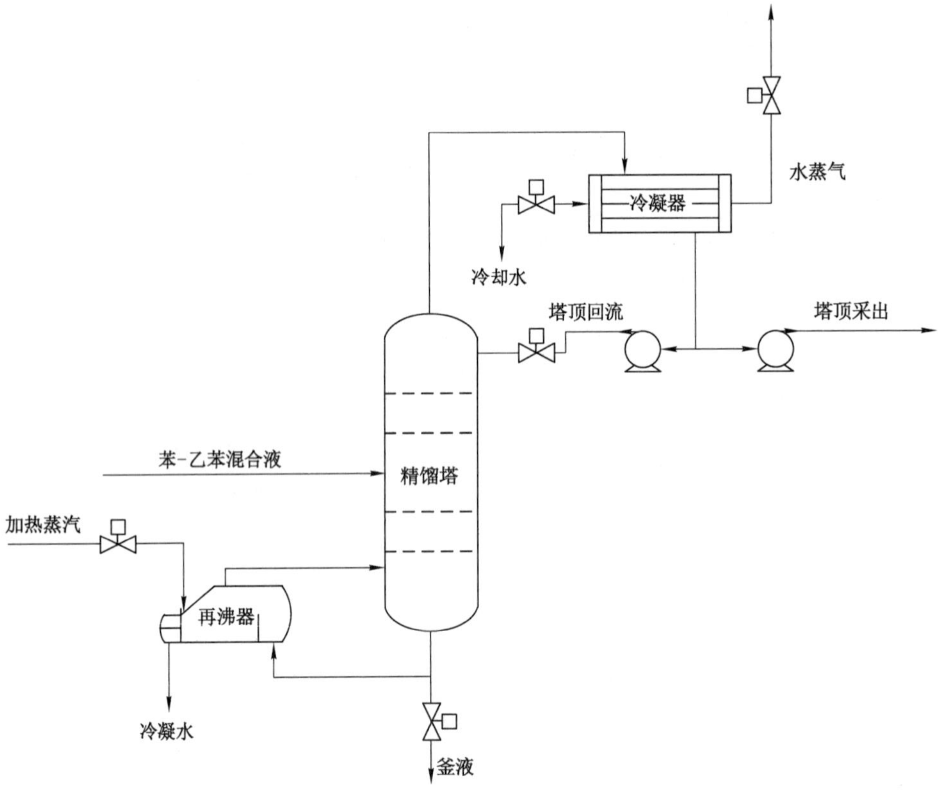

图 4-12　苯-乙苯精馏过程示意图

7. 分析 PHA，FMEA，HAZOP 三种安全分析方法的区别和联系。

8. 某企业有一布袋除尘器，高度 35 m，需定期进行清理，其作业过程为：进入除尘器前，开具《有限空间作业证》；清理人员系好安全带、穿戴好防护用品，由扶梯登上除尘器顶部，打开人孔，进行自然通风；清理人员携带清理工具，在监护人监护下进入除尘器振打布袋；清理完成后，携带清仓工具出仓，关闭人孔，回到地面。请针对以上“清理除尘器”作业进行作业危害分析。

第 5 章

定量安全分析方法

5.1 事件树分析

事故的发生是若干事件按时间顺序相继出现的结果，每一个初始事件都可能导致灾难性的后果，但不一定是必然的后果。因为事件向前发展的每一步都会受到安全防护措施、操作人员的工作方式、安全管理及其他条件的制约，所以每一阶段都有两种可能性结果，即达到既定目标的“成功”和达不到目标的“失败”。在事件发生的顺序上，往往存在着因果的逻辑关系。

事件树分析(event tree analysis，ETA)是一种从原因到结果的归纳分析方法，它以一初始事件为起点，按照事故发展的时间顺序分成阶段，一步一步地进行分析，每一事件可能的后续事件只能取完全对立的两种状态(成功或失败，正常或故障，安全或危险等)，逐步向结果方面发展，直到达到系统故障或事故为止。将分析得到的事故情境用树状图表示，称为事件树。

5.1.1 基本概念

1) 事故情境

事故情境是指最终导致事故的一系列事件。该序列通常起始于初始事件，经过后续的一个或多个中间事件，最终导致故障或事故的发生，如图 5-1 所示。

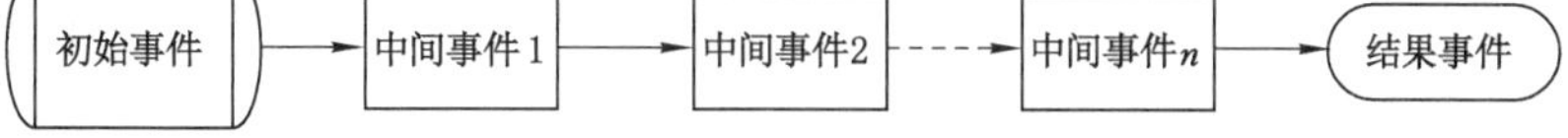

图 5-1 事故情境示意图

2) 初始事件

初始事件是指可能导致故障或事故的起始事件，如人的不安全行为、物的不安全状态等。初始事件位于事件序列的起点，即事件树树根的位置，初始事件是否会导致事故，取决于设计时针对危险的控制措施是否正常起作用。

3) 中间事件

中间事件也称为环节事件，是指在初始事件发生后，可能相继发生的其他事件。这些事件可能是系统设计中所决定的某些备用设施或安全控制措施的启用，也可能是其他正常或非正常事件的发生。中间事件位于事件树树枝的位置，每经历一个中间事件，事故情境就会向前发展一步。

4）结果事件

结果事件是由初始事件和中间事件的发生或不发生所构成的不同的结果。受中间事件的影响，同一初始事件历经不同的事件链，会导致不同的结果，这种结果有可能是系统的正常运行，也可能是发生事故。结果事件位于事件链的末端，即事件树树叶的位置，它代表着事件树的终止。

5.1.2 ETA 分析程序

在进行事件树分析时，首先仍然需要做好搜集资料、熟悉系统等准备工作，之后再按图 5-2所示的程序进行事件树的编制和分析。

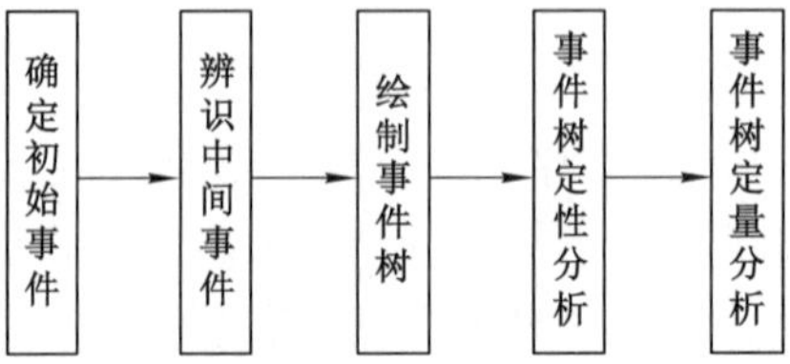

图 5-2　事件树分析程序

1）确定初始事件

初始事件是事件树中在一定条件下造成事故后果的最初原因事件。它可以是系统故障、设备失效、人员误操作或工艺过程异常等。正确选择初始事件十分重要，可以用两种方法确定初始事件：

（1）根据系统设计、系统危险性评价、系统运行经验或事故经验等确定；

（2）根据系统重大故障或事故树分析，从其原因事件中选择。

2）辨识中间事件

在安全分析过程中，中间事件可看作对初始事件依次做出响应的安全功能事件。系统中包含许多安全功能，在初始事件发生后，可以消除或减轻其影响以维持系统的安全运行。中间事件通常从以下几个方面考虑：

（1）能自动对初始事件做出反应的安全系统，如自动控制系统、紧急停车系统、安全阀等。

（2）初始事件发生时的报警装置。

（3）操作人员按照操作规程做出的处理程序。

（4）防止事故进一步扩大的措施，如隔离带、防护服等。

（5）其他可能发生的内部或外部事件。

为清楚起见，一般对事件树的初始事件和各中间事件用不同字母加以标记。

3）绘制事件树

从初始事件开始，按事件发展过程自左向右绘制事件树，用树枝代表事件发展途径，得到如图 5-3 所示的事件树。

在绘制事件树时，首先将初始事件写在左边，各种设定的安全措施（中间事件）按先后顺序填在右边顶端横栏内。从初始事件画一条水平线到第一个中间事件 B，在水平线末端画一垂直线段，垂直线段上端表示 B 成功，下端表示 B 失败。再从上、下两个水平线末端分别

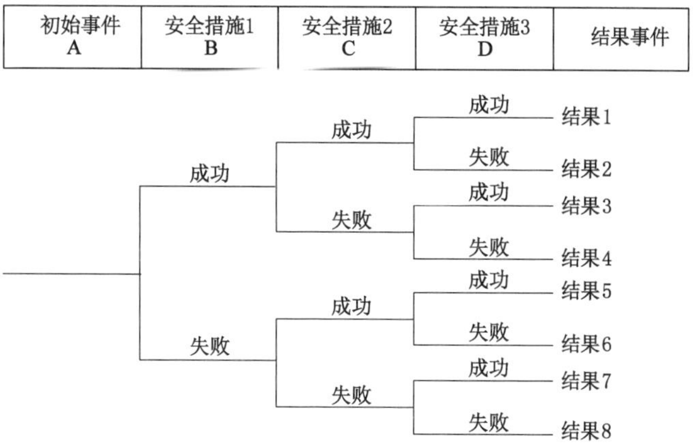

图 5-3　事件树结构示意图

划垂直线，同样用垂直线段上端表示 C 成功，下端表示 C 失败，依此类推，直到分析完最后一个中间事件为止。在事件树最末端(最右侧)写明每一条事件链最终导致的结果，则完成了事件树的绘制。

在绘制事件树时，有时为了可读性好，可以直接将每个分支对应的事件状态写在该分支上。如图 5-3 所示的事件树，可以在事件 B 对应的上下两个分支上分别写明“安全措施 1 成功”、“安全措施 1 失败”，依此类推，将所有分支上的“成功”和“失败”以具体的事件代替，并取消顶端的横栏，则可得到另一种形式的事件树，如图 5-4 所示。

需要说明的是，若某一中间事件发生后，其后的中间事件不会再发生，或其后的中间事件无论发生与否均不能减缓事件链的后果时，则水平线在其后的中间事件处不进行分支，直接延伸至下一个中间事件；若某一中间事件发生后，其后所有的中间事件均不会再发生，或其后的所有中间事件无论发生与否均不能减缓事件链的后果时，则水平线一直延伸至最后。下面通过例 5-1 对此进行说明。

【例 5-1】　有一仓库设有由火灾检测系统和喷淋系统组成自动灭火系统，以发生火灾为初始事件，对该系统进行安全分析，得到的事件树如图 5-4 所示。

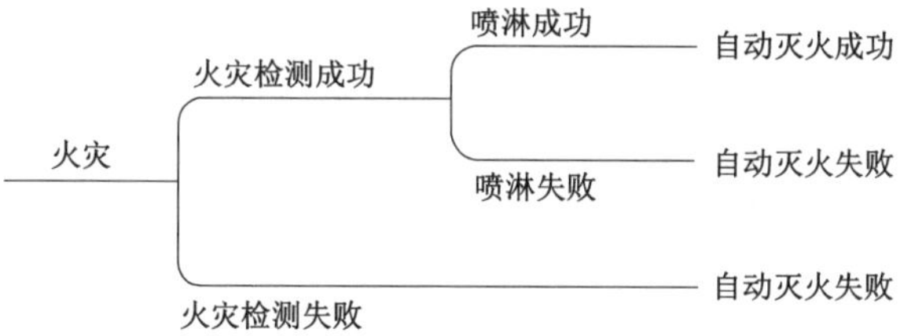

图 5-4　自动灭火系统事件树

解　当火灾发生后，共有两种安全措施：火灾检测和喷淋。二者有前后关系，即火灾检测先发生，所以将其作为第一个中间事件；喷淋后发生，所以将其作为第二个中间事件。当火灾检测失败时，喷淋就不会发生，所以直接将火灾检测失败这一分支延伸到最后。最终得到的事件树一共有三条事件链，在每条事件链的末尾写出该事件链所导致的最终结果(自动灭火成功、自动灭火失败)，则事件树绘制完成。

4）事件树定性分析

事件树定性分析在绘制事件树的过程中就已进行，绘制事件树必须根据事件的客观条件和事件的特征作出符合科学性的逻辑推理，用与事件有关的技术知识确认事件可能状态，所以在绘制事件树的过程中就已对每一发展过程和事件发展的途径做了可能性的分析。

事件树画好之后，再找出可能的事故情境以及预防事故的对策。

(1) 找出事故情境

事件树的每个分支都代表着初始事件发生后事件发展的一种途径。其中，最终导致事故的发展途径即为事故情境。一般地，导致系统事故的途径有很多，即有许多事故情境。事故情境中包含的初始事件和安全功能失效的后续事件之间具有“逻辑与”的关系。显然，事故情境越多，系统越危险；事故情境中的事件数目越少，就意味着事故发生所需的条件越少，系统越危险。在如图 5-4 所示的事件树中，自动灭火失败有两种可能的事故情境。其中，事件树最下面的分支代表着只需火灾检测系统失效，自动灭火就会失败，代表自动灭火失败的概率极高，系统危险性较大。

(2) 找出预防事故的对策

事件树中最终达到安全的途径指导我们如何采取措施预防事故。在达到安全的途径中，发挥安全功能的事件构成事件树的成功连锁。如果能保证这些安全功能发挥作用，则可以预防事故发生。一般地，事件树中包含的成功连锁可能有多个，即可以通过若干途径来防止事故发生。显然，成功连锁越多，系统越安全；成功连锁中事件树越少，系统越安全。

此外，由于事件树反映了事件之间的时间顺序，所以应该尽可能地从最先发挥功能的安全功能着手进行事故预防。

5）事件树定量分析

事件树定量分析是指根据初始事件及各中间事件的发生概率，计算每条事件链的结果事件的概率，并比较各个事件链概率值的大小，确定最易发生事故的途径。一般地，当各事件之间相互独立时，其定量分析比较简单。当事件之间相互不独立时(如共同原因故障、顺序运行等)，则定量分析变得非常复杂。这里仅讨论前一种情况。

假设事件树的初始事件及所有的中间事件都相互独立，则可按下述原则计算结果事件概率：

(1) 各结果事件的概率等于该事件序列上的所有事件概率的乘积，如图 5-5 所示。

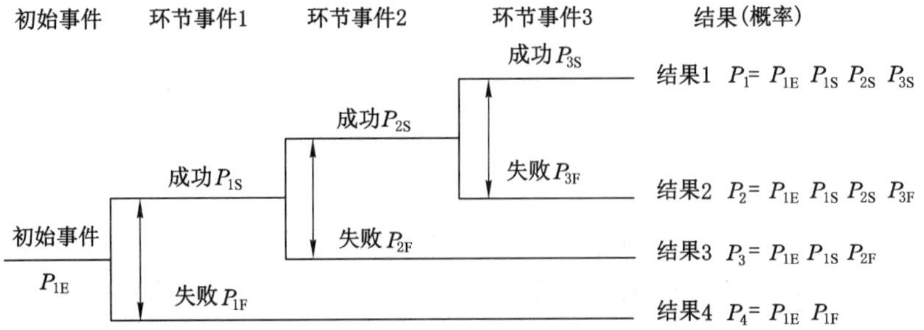

图 5-5　事件树定量计算示意图

(2) 事故发生概率等于导致该事故的所有分支的概率之和。在图 5-5 中，若结果 2、结果 3 和结果 4 为同一事故，则该事故的概率 $P=P_2+P_3+P_4$。

5.1.3 ETA 用于可靠性分析

可靠性是指系统在规定时间规定条件下完成规定功能的能力。而可靠度是可靠性的概率度量，即系统在规定时间规定条件下完成规定功能的概率。

系统的每个元件都存在完成与完不成某种规定功能的两种可能。元件正常，则说明其能够完成规定功能(可靠)；元件失效，则说明其完不成规定功能。把元件正常状态记为成功，其状态值为 1；把失效状态记为失败，其值为 0。按照系统的构成状况，顺序分析各元件成功、失败的两种可能，将成功作为上分支，将失败作为下分支，不断延续分析，直到最后一个元件，最后形成一个水平放置的树型图——事件树。利用这种事件树，可以分析系统的可靠性，并计算其可靠度。

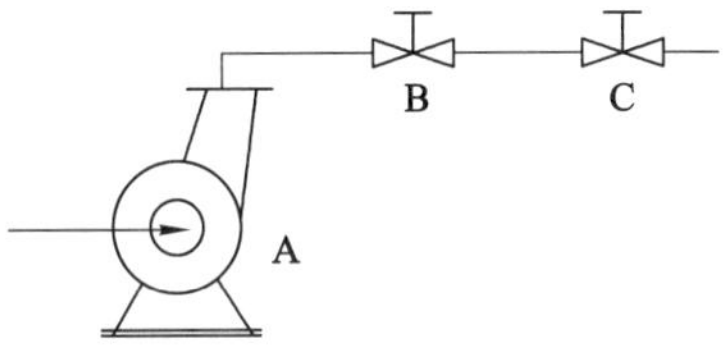

图 5-6　泵阀串联物料输送系统

【例 5-2】 有一泵和两个串联阀门组成的物料输送系统，如图 5-6 所示，物料沿箭头方向顺序经过泵 A、阀门 B 和阀门 C。设泵 A、阀门 B 和阀门 C 的可靠度分别为 $R_A=0.95$，$R_B=0.9$，$R_C=0.9$，利用事件树分析法求系统的可靠度及失败概率。

解　此题为事件树在可靠性分析领域的应用，故该事件树的中间事件不再是各种安全措施，而是设备、元件的成功和失败。将系统给出启动信号作为初始事件，按物料流动顺序依次将泵 A、阀门 B 和阀门 C 列为中间事件，得到的事件树如图 5-7 所示。

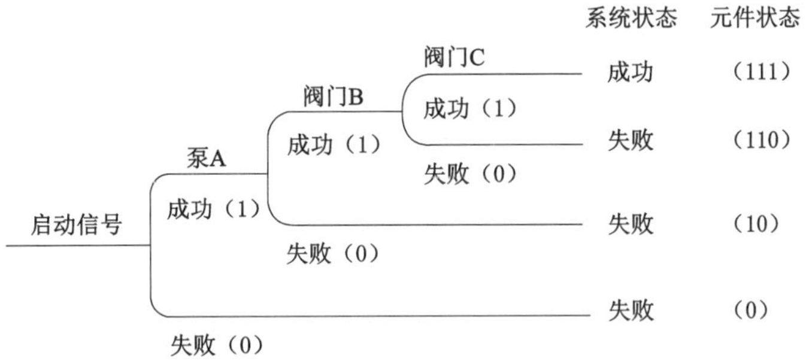

图 5-7　泵阀串联物料输送系统事件树

根据图 5-7 可以得到系统的可靠度，即系统成功的概率为事件树最上方分支的概率。

$$R=R_AR_BR_C=0.95\times0.9\times0.9=0.769\,5$$

而系统失败的概率为下面三条分支的概率之和，即：

$$\begin{aligned}P&=R_AR_B(1-R_C)+R_A(1-R_B)+(1-R_A)\\&=0.95\times0.9\times0.1+0.95\times0.1+0.05=0.230\,5\end{aligned}$$

也可以直接根据系统成功和失败二者的互补关系，得到：

$$P=1-R=1-0.769\,5=0.230\,5$$

这种计算方法更为简单。

【例 5-3】 有一泵和两个并联阀门组成的物料输送系统，如图 5-8 所示。阀门 C 是阀门 B 的备用阀，只有当阀门 B 失效时，阀门 C 才开始工作。设泵 A、阀门 B 和阀门 C 的可靠度分别为 $R_A=0.95$，$R_B=0.9$，$R_C=0.9$，利用事件树分析法求系统的可靠度及失败概率。

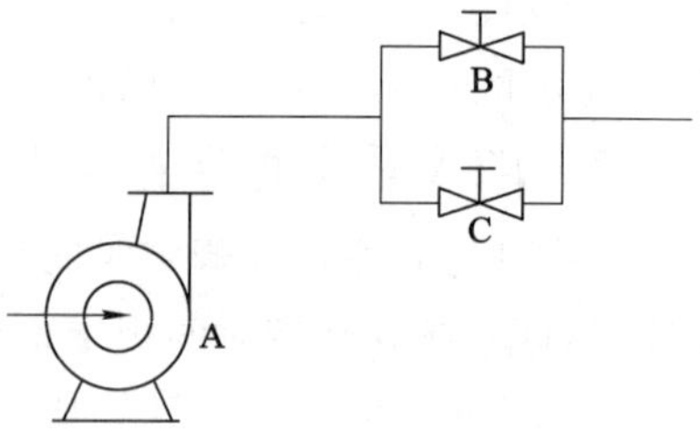

图 5-8 阀门并联物料输送系统

解 将系统给出启动信号作为初始事件，按物料流动顺序依次将泵 A、阀门 B 和阀门 C 列为中间事件，得到的事件树如图 5-9 所示。

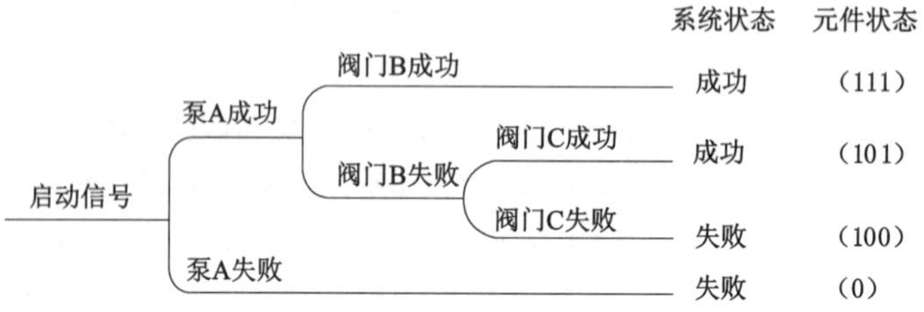

图 5-9 阀门并联物料输送系统事件树

根据图 5-9 可知，事件树上方两条分支都可以使系统成功，则系统的可靠度为这两条分支的概率之和，即：

$$R=R_AR_B+R_A(1-R_B)R_C=0.95\times0.9+0.95\times0.1\times0.9=0.940\ 5$$

而系统失败的概率为下方两条分支的概率之和，也可以直接由可靠度计算得到，即：

$$P=1-R=1-0.940\ 5=0.059\ 5$$

由以上两个例题对比可以看出，并联系统的可靠度要远大于串联系统。因此，为提高系统的可靠性、降低事故发生概率，可采用冗余设计，即系统中的关键设备（如安全阀）应设计备用设备。当主设备失效时，备用设备启用，系统可继续运行。

5.1.4 ETA 分析实例

1）反应器冷冻盐水减少事件树分析

某反应器系统如图 5-10 所示。该反应是放热的，为此在反应器的夹套内通入冷冻盐水以移走反应热。如果冷冻盐水流量减少，会使反应器温度升高，反应速度加快，以至于反应失控。为了安全起见，安装了高温报警仪，温度超过规定值时可自动报警，以便操作者及时采取措施。

如果冷冻盐水流量减少，则系统反应程序如下：

（1）高温报警仪报警。

（2）若高温报警仪未报警，还可以由操作者发现超温。

（3）当高温报警仪报警或操作者发现超温后，由操作者恢复冷却水流量。

（4）若恢复冷却水流量失败，则由操作者紧急关闭反应器，以防止事故进一步扩大。

以反应器冷冻盐水流量减少为初始事件绘制事件树，如图 5-11 所示。

各中间事件失败概率见表 5-1。

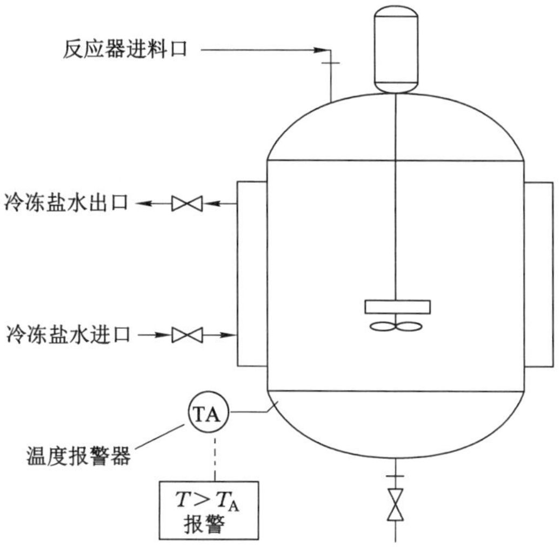

图 5-10　反应器系统流程图

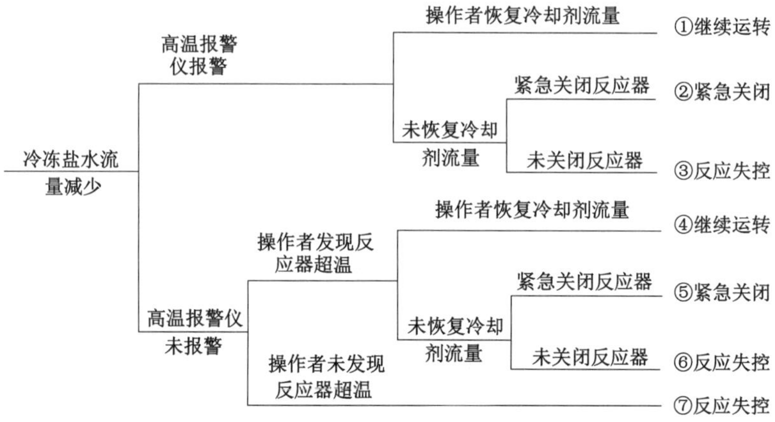

图 5-11　反应器冷冻盐水减少事件树

表 5-1　中间事件失败概率

安全功能	高温报警仪报警	操作者发现超温	操作者恢复冷却剂流量	操作者紧急关闭反应器
失败概率	0.01	0.25	0.25	0.1

则冷冻盐水减少时反应失控的概率为结果 3、结果 6 和结果 7 的概率之和。其中：

$$P_3=(1-0.01)\times0.25\times0.1=0.024\ 75$$

$$P_6=0.01\times(1-0.25)\times0.25\times0.1=0.000\ 187\ 5$$

$$P_7=0.01\times0.25=0.002\ 5$$

反应失控概率为：

$$P=P_3+P_6+P_7=0.027\ 437\ 5$$

2）提升矿车事件树分析

一斜井提升系统为防止跑车事故，在矿车下端安装了阻车叉，在斜井里安装了人工启动的捞车器。当提升钢丝绳或连接装置断裂时，阻车叉插入轨道枕木下阻止矿车下滑；当阻车叉失效时，人员启动捞车器拦住矿车。

根据以上分析，以提升矿车为初始事件绘制事件树，如图 5-12 所示。

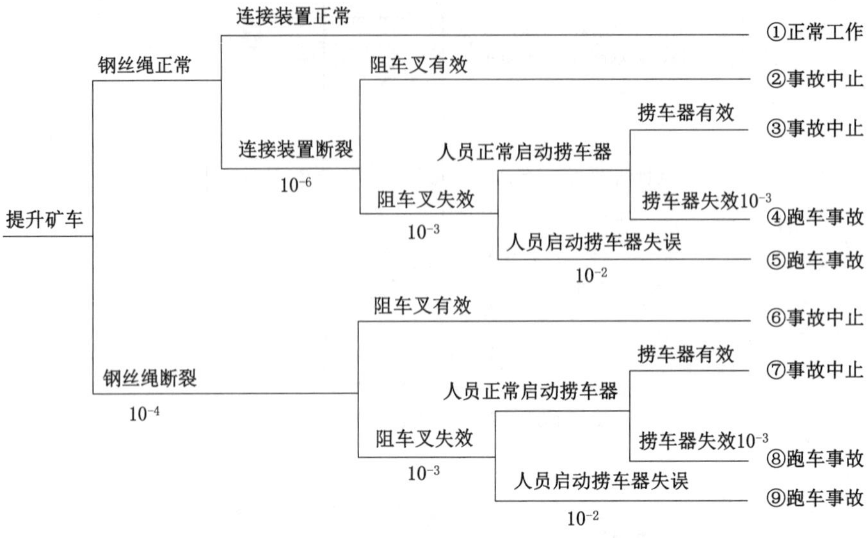

图 5-12　提升矿车事件树

设钢丝绳断裂概率为 10^{-4}，连接装置断裂概率为 10^{-6}，阻车叉失效概率为 10^{-3}，捞车器失效概率为 10^{-3}，人员操作捞车器失误概率为 10^{-2}，则可计算导致跑车事故发生的各分支概率：

$$P_4=(1-10^{-4})\times10^{-6}\times10^{-3}\times(1-10^{-2})\times10^{-3}=9.89901\times10^{-13}$$

$$P_5=(1-10^{-4})\times10^{-6}\times10^{-3}\times10^{-2}=9.999\times10^{-12}$$

$$P_8=10^{-4}\times10^{-3}\times(1-10^{-2})\times10^{-3}=9.9\times10^{-11}$$

$$P_9=10^{-4}\times10^{-3}\times10^{-2}=10^{-9}$$

跑车事故发生的概率为各分支概率之和，即：

$$P=P_4+P_5+P_8+P_9\approx1.1\times10^{-9}$$

3）行人过马路事件树

当行人通过一个没有红绿灯的路口时，可能有车辆来往，也可能无车通行。若有车，则分车前通过还是车后通过；若车前通过，且未留有充足时间，则是否发生车祸取决于司机是否采取紧急制动或避让措施；若采取措施，但制动或避让失败，仍会发生车祸。根据以上分析，以行人过马路为初始事件，绘制事件树，如图 5-13 所示。

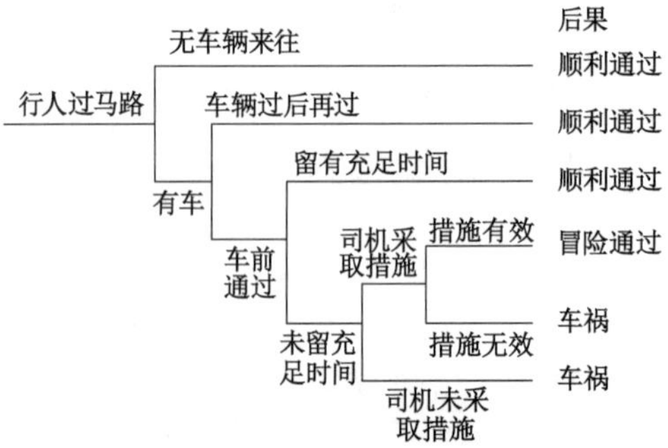

图 5-13　行人过马路事件树

从图 5-13 中可以看出，为避免发生车祸，在过马路时，最好选择无车辆来往时通过；若有车辆来往，则最好选择车辆过后再通过；或者在车辆距离路口很远、留有充足时间的情况下，在车前通过。除以上三种情况外，其他情况下过马路都存在车祸危险。

5.1.5　ETA分析优缺点及适用范围

事件树分析是一种系统地研究作为危险源的初始事件如何与后续事件形成时序逻辑关系而最终导致事故的方法。应用事件树分析可以从宏观角度分析系统可能发生的事故，掌握事故发生的规律，指出预防事故的措施，从而改进系统的安全状况。

1）事件树分析优点

（1）事件树既可定性分析事故发生的途径及预防措施，又可定量分析事故概率，确定最易发生事故的途径。

（2）事件树分析结果能够直观地反映事故发生的动态过程。利用事件树可以预测事故及不安全因素，估计事故的可能后果，寻求最经济的预防手段和方法；在事故发生后，还可以利用事件树分析调查事故原因。

（3）受中间事件影响，每个初始事件可能导致不同的结果。利用事件树可进行一因多果的事故分析。

2）事件树分析缺点

（1）一个事件树只能分析一个初始事件，因此不能分析多个原因共同作用所导致的事故。

（2）分析结果受人员经验影响，容易忽略某些中间事件。

（3）事件树分析要求所有中间事件的结果“黑白分明”，即只有“发生/不发生”“正常/故障”“成功/失败”等完全对立的两种状态。而实际生产过程中有些事件呈两种以上的状态，如化学反应系统的反应温度有正常、高、低三种状态。对于这种情况，应尽量归纳为两种状态，或者将事件树的两分支变为多个分支。

（4）事件树定量分析要有事件概率数据作为计算的依据。在实际应用过程中，一般都因缺少概率数据而不能实现定量分析。

3）事件树分析的适用条件

事件树分析既可在系统详细设计阶段用于系统可靠性分析，也可在系统运行阶段、事故调查阶段对系统故障、设备失效、工艺异常、人的失误所导致的后果进行分析。其应用范围已经从航空、宇航、核产业逐步扩展到一般电力、化工、机械、交通等领域，用于进行故障诊断、分析系统的薄弱环节，指导系统的安全运行，实现系统的优化设计等。

5.2　事故树分析

事故树分析(fault tree analysis，FTA)是安全系统工程中常用的一种分析方法。1961年，美国贝尔电话研究所的沃森(Watson)首创了FTA并应用于研究民兵式导弹发射控制系统的安全性评价中，用它来预测导弹发射的随机故障概率。接着，美国波音飞机公司的哈斯尔(Hassle)等人对这个方法又做了重大改进，并采用电子计算机进行辅助分析和计算。1974年，美国原子能委员会应用FTA对商用核电站进行了风险评价，发表了《拉斯姆逊报告》(*Rasmussen Report*)，引起世界各国的关注。

5.2.1 事故树分析概述

把系统可能发生的某种事故与导致事故发生的各种原因之间的逻辑关系用树形图表示出来，这种树形图就称为事故树。通过对事故树的定性与定量分析，可以找出事故发生的基本原因，计算事故发生概率，为确定安全对策提供可靠依据，以达到预测与预防事故发生的目的。

如图 5-14 所示，事故树的形状类似于一棵倒立的树。其中，在事故树的最顶端，也就是树根的位置，是事故树的分析对象，即系统中可能发生的事故，一般用符号 T 表示，称为事故树的顶上事件或顶事件。而位于事故树最底端，即树叶位置的则是可能导致该事故的最基本的原因事件，称为底事件，如图 5-14 中的 $x_1 \sim x_6$。位于顶事件和底事件之间，还有一些中间原因事件，如图 5-14 中的 $A_1 \sim A_3$，它们既是导致顶事件的原因，也是某些底事件发生所导致的结果，这些事件统称为中间事件。将各事件用逻辑门连接起来，就形成了一棵完整的事故树，逻辑门用于表达事件间的逻辑关系。

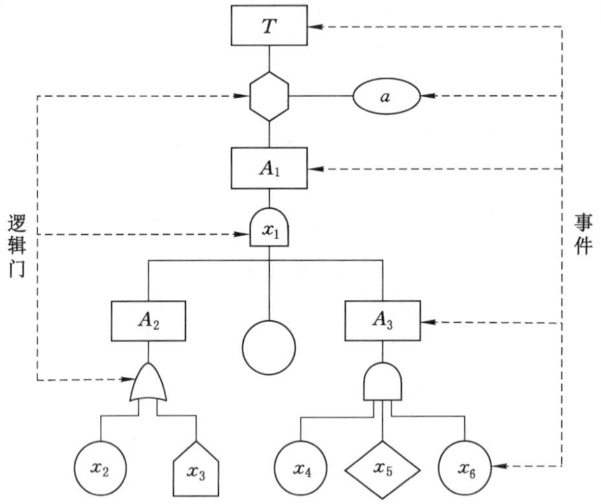

图 5-14 事故树结构图

5.2.2 事故树图形符号及其含义

组成事故树的图形符号包括事件符号、逻辑门符号和转移符号三大类，每种图形符号都有其特定的含义。

1）事件符号

(1) 矩形符号。矩形符号用于表达结果事件，即由其他事件或事件组合所导致的结果，它总是位于某个逻辑门的输出端。根据矩形符号所处的位置不同，又分别代表了顶事件和中间事件两种不同的结果事件。图 5-15(a)中的矩形符号只有下方与逻辑门连接，意味着它只能是逻辑门的输出事件，即位于事故树的最顶端的顶事件；图 5-15(b)中的矩形符号上下都与逻辑门相连接。也就是说，它既是某逻辑门的输入，又是其他逻辑门的输出，代表了位于事故树顶事件和底事件之间的中间事件。

(2) 圆形符号。如图 5-15(c)所示，圆形符号用于表示事故树中的基本事件，即导致顶事件发生的最基本的或不能再向下分析的原因事件。基本事件可以是人的不安全行为、物的不安全状态、环境或管理缺陷等。

(3) 屋形符号。如图 5-15(d)所示,屋形符号表示正常事件,也叫作开关事件,是在正常工作条件下必然发生或必然不发生的事件。如女工在操作车床时可能导致长发卷入车床,对于这一事故,车床旋转是导致事故的原因之一,但车床旋转属于正常工作条件下必然发生的事件,因此可以将其写入屋形符号中。

(4) 菱形符号。如图 5-15(e)所示,菱形符号表示省略事件,也称为未探明事件,是指原则上应进一步分析其原因,但暂时不能或不必继续分析的事件。

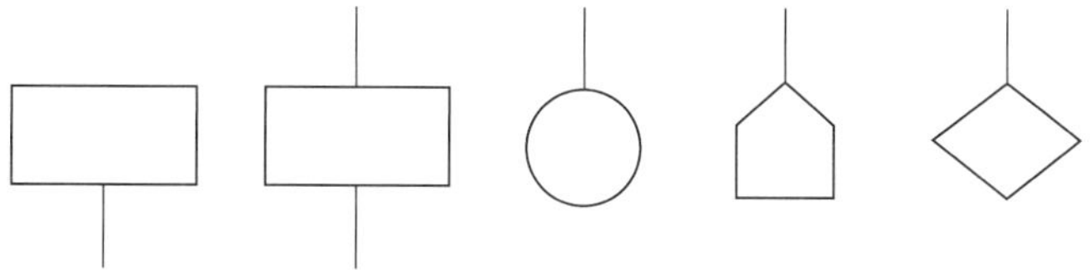

图 5-15　事件符号

在以上四类事件符号中,圆形符号代表的基本事件、屋形符号代表的正常事件和菱形符号代表的省略事件都只能是某个逻辑门的输入事件而不是输出事件,其位置处于事故树的最底端,因此可将这三类事件统称为底事件。

2) 逻辑门符号

在事故树中,逻辑门是用于连接各事件,并表示其逻辑关系的符号。常用的逻辑门主要有:与门、或门、条件与门、条件或门、限制门、表决门等。

(1) 与门。与门表示各输入事件间为逻辑与关系,即:仅当所有输入事件都发生时,输出事件才发生。

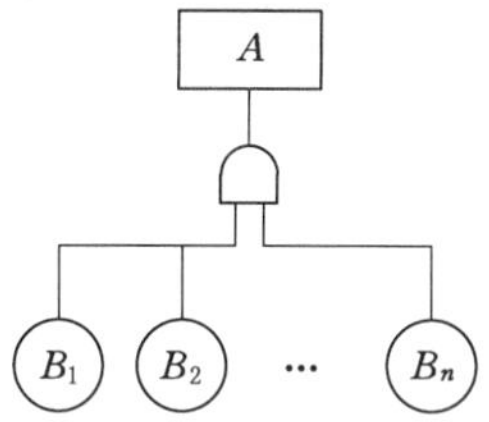

图 5-16　与门符号

如图 5-16 所示,事件 $B_1, B_2, \cdots, B_n$ 之间用逻辑与门相连接,其输出为事件 A,代表着只有 $B_1, B_2, \cdots, B_n$ 都发生时,事件 A 才发生。用布尔代数表示为:$A = B_1 \cdot B_2 \cdot \cdots \cdot B_n = B_1 B_2 \cdots B_n$。

(2) 或门。或门表示各输入事件间为逻辑或关系,即只要有一个输入发生,输出事件就发生。

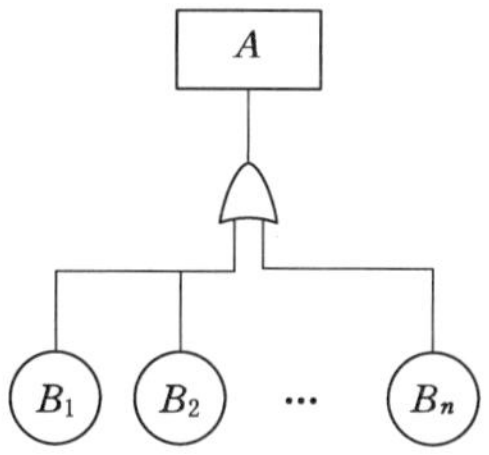

图 5-17　或门符号

如图 5-17 所示,事件 $B_1, B_2, \cdots, B_n$ 之间用逻辑或门相连接,其输出为事件 A,代表着 $B_1, B_2, \cdots, B_n$ 任意有一个发生,事件 A 就会发生。用布尔代数表示为:$A = B_1 + B_2 + \cdots + B_n$。

图 5-18 以电路为例说明了与门与或门的含义。

(3) 条件与门。条件与门表示输入事件同时发生,而且还必须满足条件 a,输出事件才发生。此时,将条件 a 写入椭圆形或六边形符号内,放在与门的右侧,并同与门相连接,就形成了条件与门,如图 5-19(a)所示。以 5-19(b)为例,对于油库油气爆炸事故而言,主要有火源和油气聚集两个原因。当这两个原因事件同时发生,并且满足"达到油气爆炸极限"这一条件时才

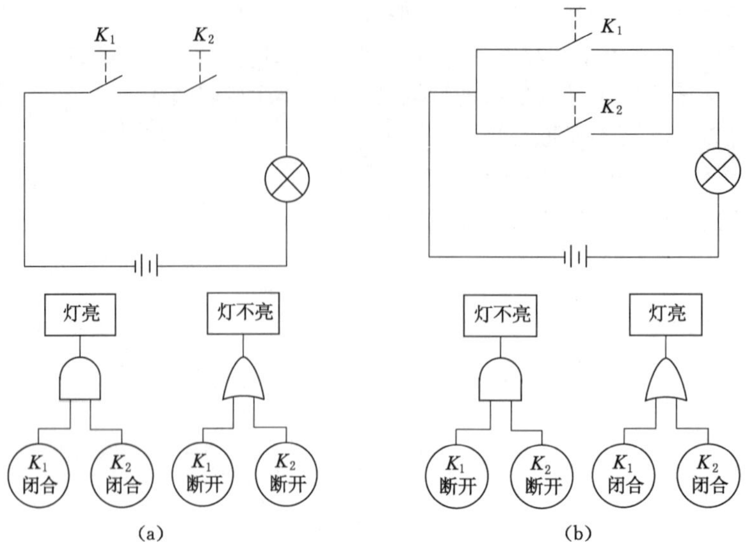

图 5-18 串并联电路事故树

(a) 开关串联;(b) 开关并联

能导致爆炸事故。因此,两个原因事件用与门连接,并将“达到油气爆炸极限”作为该与门的限制条件写入椭圆形符号,并同与门的右侧相连接,就形成了条件与门。

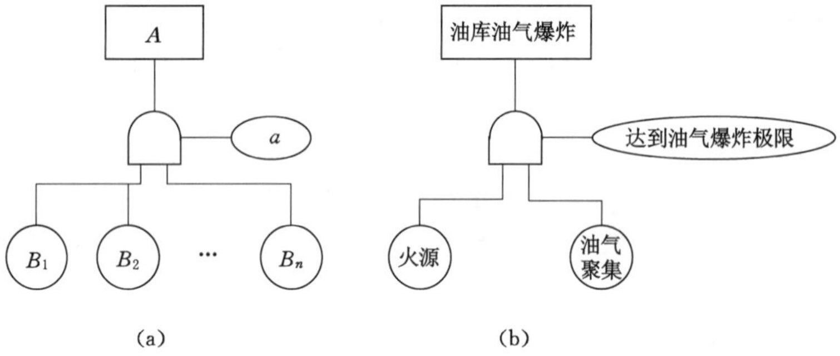

图 5-19　条件与门示例

(4) 条件或门。条件或门表示输入事件中任意有一个发生,而且还必须满足条件 a,输出事件才发生。此时,将条件 a 写入椭圆形或六边形符号内,放在或门的右侧,并与或门相连接,就形成了条件或门,如图 5-20(a)所示。以 5-20(b)为例,对于氧气瓶超压爆炸事故,共有接近热源和在太阳下暴晒两个原因,这两个原因任意有一个发生,并且满足“应力超过钢瓶极限”这一条件时,就会导致事故发生。因此,两个原因事件用或门连接,并将“应力超过钢瓶极限”这一条件写在椭圆形符号内,并与或门的右侧相连接,就形成了条件或门。

需要说明的是,在进行事故树定性和定量分析时,仅能针对普通的与门和或门进行分析和计算。因此必须在不改变其含义的前提下,对条件与门和条件或门进行转化,转

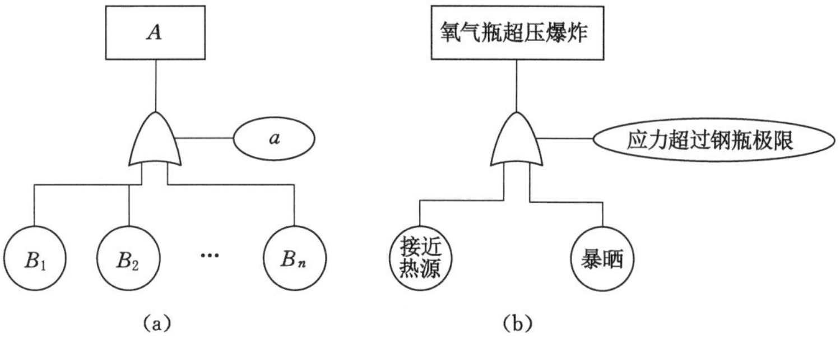

5-20　条件或门示例

化方法分别如图 5-21 和图 5-22 所示。

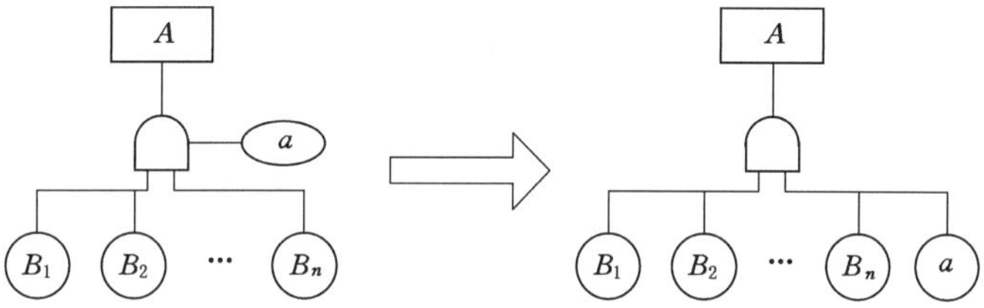

图 5-21　条件与门的转化

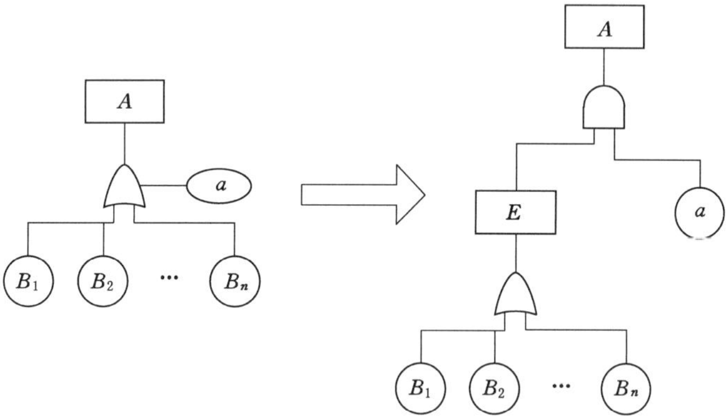

图 5-22　条件或门的转化

(5) 限制门。限制门也称为禁门,可以将其理解为一种特殊的条件与门,该与门只有一个输入事件,仅当输入事件和条件均发生时,输出事件才发生,如图 5-23(a)所示。以图 5-23(b)为例,工人由高处坠落时,只有当坠落高度比较高,且地面状况较差时,才会导致坠落死亡。因此,将坠落高度和地面状况作为限制条件,将输入输出间用限制门相连接。

(6) 表决门。表决门表示当 n 个输入事件中有 m 个或 m 个以上事件同时发生时,输出事件才发生。将表决条件"m/n"写入逻辑门符号中,就形成了表决门,如图 5-24(a)所示。某系统由 A/B/C 三路供电,其中有两路电源保持正常,系统就能正常运行。若系统

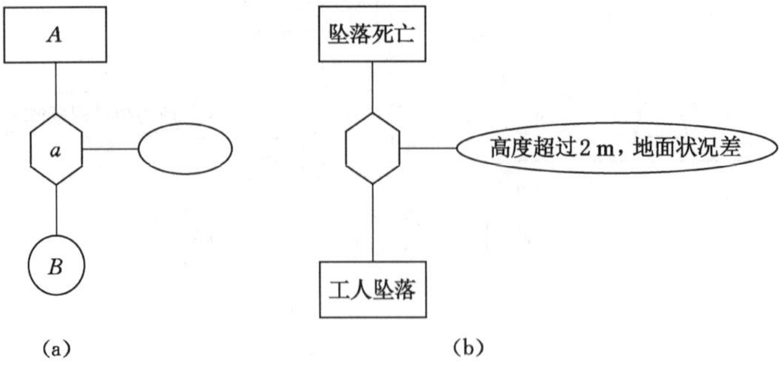

图 5-23　限制门及其示例

停止运行，则其原因为至少有两路电源故障，将其逻辑关系用表决门表示，如图 5-24(b)所示。

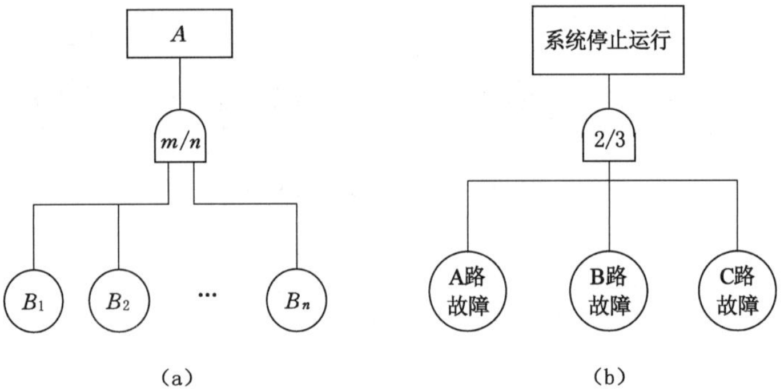

图 5-24　表决门及其示例

3）转移符号

（1）相同转移符号。若同一棵树两部分重复，或事故树很大需要换页时，就要用到相同转移符号，如图 5-25 所示。其中，图 5-25(a)为转入符号，表示从字母 A 所指的地方转来；而图 5-25(b)为转出符号，表示转到字母 A 所指的地方去。相同转移符号的应用如图 5-26 所示。

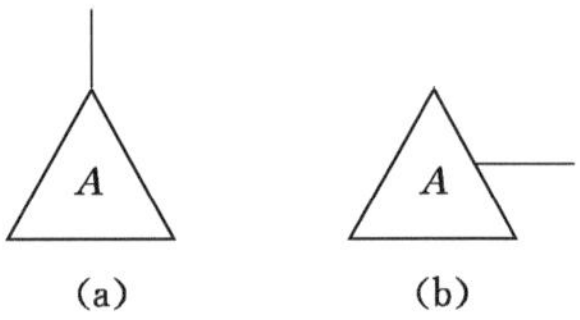

图 5-25　转移符号

(a) 转入符号；(b) 转出符号

（2）相似转移符号。相似转移符号用倒三角形表示，用于表达事故树的两部分子树相同，但事件标号不同的情况。其不同事件标号在三角形旁注明，如图 5-27 所示。飞机共有 A/B/C 三个发动机，导致三个发动机故障的原因相同，只是发动机内部件编号不同，所以对应的事件编号也不同，这种情况下就可以仅画出发动机 A 故障对应的事故树子树，而发动机 B/C 故障则用相似转移符号来表达，大大减少了绘制事故树的工作量。

5.2.3　事故树分析程序

在进行事故树分析时，根据分析目的、系统特性的不同，分析程序也有所不同，一般可按

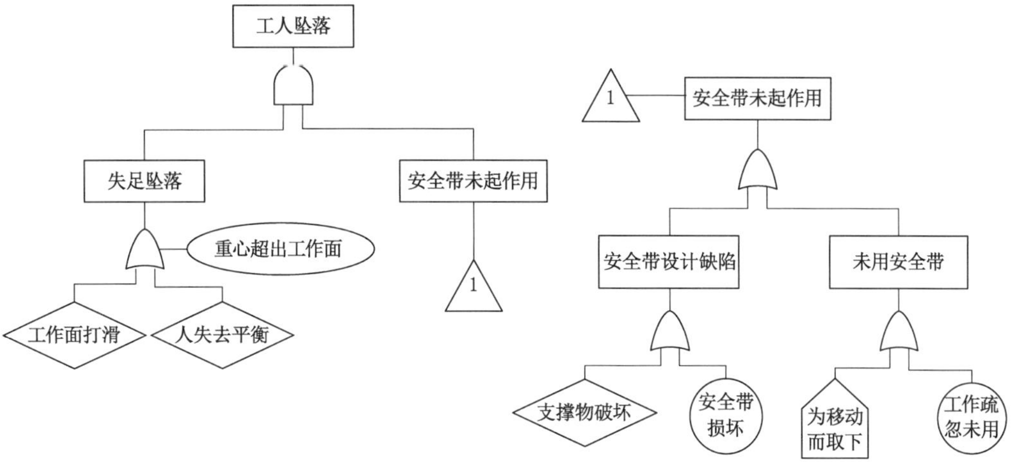

图 5-26　相同转移符号示例

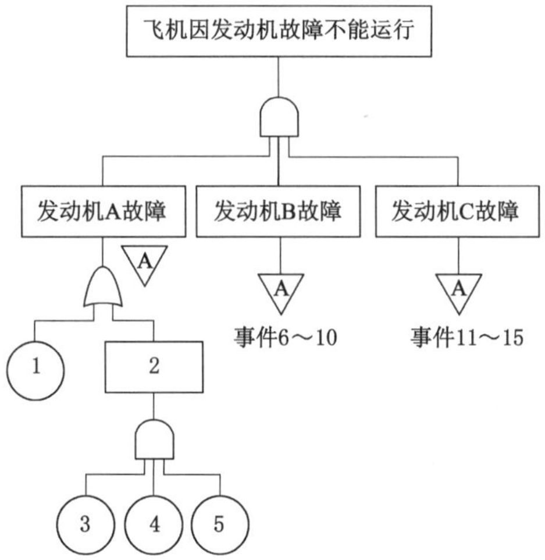

图 5-27　相似转移符号示例

图 5-28 所示的基本程序开展事故树分析。

1）准备阶段

（1）确定所要分析的系统。在分析过程中，要明确所要分析的系统的范围，合理地处理好所要分析的系统与外界环境的边界条件，明确影响系统安全的主要因素。

（2）熟悉系统。熟悉系统是事故树分析的基础和依据。对于已经确定的系统进行深入的调查研究，收集系统的有关资料与数据，包括系统的结构、性能、工艺流程、运行条件、事故类型、维修情况、环境因素等。

（3）调查系统发生的事故。要求在过去事故案例、有关事故统计基础上，尽量广泛地调查所能预想到的事故，包括已发生的事故和可能发生的事故。

2）编制事故树

事故树编制工作一般应由系统设计人员、操作人员和可靠性分析人员组成的编制小组

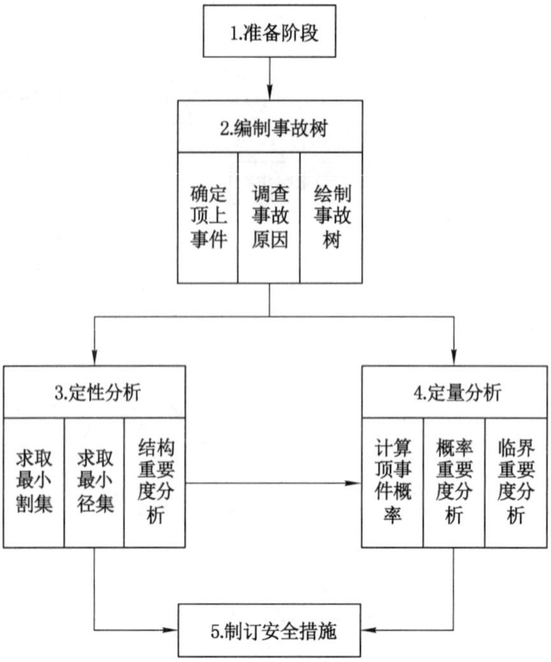

图 5-28　事故树分析程序

来完成，经过反复研究，不断深入，才能趋于完善。通过编制过程能使小组人员深入了解系统，发现系统中的薄弱环节，这是编制事故树的首要目的。事故树的编制是否完善直接影响到定性分析与定量分析的结果是否正确，关系到事故树分析的成败，是 FTA 中最基本、最关键的环节。

（1）事故树的编制一般按以下程序开展：

① 确定顶上事件。顶上事件就是所要分析的事故。在每个系统中，可能发生的事故都有很多，对所有的事故都进行事故树分析是不现实的，也是不必要的。一般应综合考虑事故发生的可能性和事故后果的严重程度，从所搜集、调查出的事故中找出后果严重，且较容易发生的事故，作为分析的顶上事件。

② 调查事故原因。调查与顶上事件有关的所有原因事件，包括设备故障、机械故障、操作者的失误、管理和指挥错误、环境因素等，并尽量确定各原因事件之间的逻辑关系。

③ 绘制事故树。从顶上事件起进行演绎分析，逐级地找出所有直接原因事件，直到分析至基本事件为止。按照其逻辑关系，将各类事件用相应的逻辑门连接起来，就完成了事故树的绘制。

（2）事故树的编制过程是一个严密的逻辑推理过程，在编制时应遵循以下规则：

① 顶事件应优先选取风险大的事故。根据风险的定义，事故的风险由其发生的概率和后果严重程度共同决定。在选取事故树顶事件时，应当把易于发生且后果严重的事件优先作为分析的对象，即顶事件；也可以把发生频率不高但后果很严重以及后果虽不严重但发生非常频繁的事故作为顶事件。

② 循序渐进原则。事故树分析是一种演绎分析方法，在确定了顶事件后，要逐级展

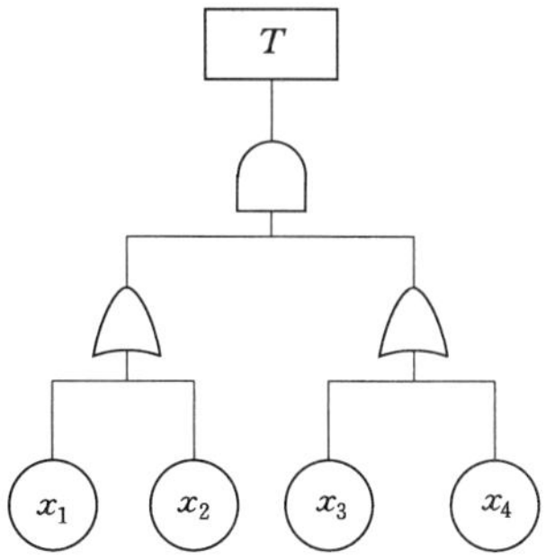

图 5-29　门与门直接连接的事故树

开。在每一级中，只分析导致该级别事件的直接原因，在这一级的逻辑门的全部输入事件已无遗漏地列出之后，再继续进行下一级的分析，直到所有事件都分析至基本原因事件为止。

③ 合理确定边界条件。在确定了顶事件后，为了不致使事故树过于烦琐、庞大，应明确规定被分析系统与其他系统的界面，并做一些必要的合理的假设。

④ 保持门的完整性。在事故树结构中，要求任意逻辑门的输入、输出都必须为事件，因此门与门不能直接连接。只有这样，才能保证逻辑关系的准确性。图 5-29 为一棵门与门直接连接的事故树，两层逻辑门直接相连，上一层的与门的输入和下一层的两个或门的输出都不再是事件，这是一种错误的示范。

⑤ 确切描述各事件。只有明确地给出各事件的定义，即确切地描述该事件，才能正确地分析事件的原因。对事件的描述应清晰明了，不能太笼统。

3）事故树定性分析

事故树定性分析是指根据事故树的结构，求取事故树的最小割集和最小径集，分析顶事件的发生条件，并通过结构重要度分析确定基本事件对顶事件的影响程度，为确定预防措施提供依据。事故树定性分析是事故树分析的核心，其具体内容和程序将在 5.2.6 节中阐述。

4）事故树定量分析

事故树定量分析主要是根据引起事故发生的各基本事件的发生概率，计算事故树顶事件发生的概率，并求取各基本事件的概率重要度和临界重要度。根据定量分析的结果以及事故发生以后可能造成的后果，可以对系统进行风险分析，以确定安全投资方向。事故树定量分析的具体内容将在 5.2.7 节中阐述。

5.2.4　事故树编制实例

1）油库静电爆炸事故树

当液相与固相之间、液相与气相之间、液相与另一不相溶的液相之间以及固相和气相之间，由于流动、搅拌、沉降、过滤、冲刷、喷射、灌注、飞溅、剧烈晃动以及发泡等接触、分离的相对运动，都会在介质中产生静电。许多石油化工产品都属于高绝缘物质，这类非导电性液体在生产和储运过程中，产生和积聚大量的静电荷，静电聚积到一定程度就可发生火花放电。如果在放电空间还同时存在爆炸性气体，则可能引起着火和爆炸。如何安全有效地管理和维修油库，提高油库的安全可靠性，已是当前油库安全管理工作所面临的一个重大课题。使用事故树分析法对油库静电爆炸事故进行分析，可找出系统存在的薄弱环节，并进行相应的整改，从而提高油库系统的安全性。

以“油库静电爆炸”为顶上事件编制事故树，如图 5-30 所示。

其编制过程如下：

(1) 确定顶上事件——“油库静电爆炸”(1 层)。

(2) 调查顶上事件的直接原因。导致“油库静电爆炸”的直接原因是“静电火花”和“油气聚集”。这两个事件不仅要同时发生，而且必须满足“油气达到爆炸极限”这一条件，爆炸

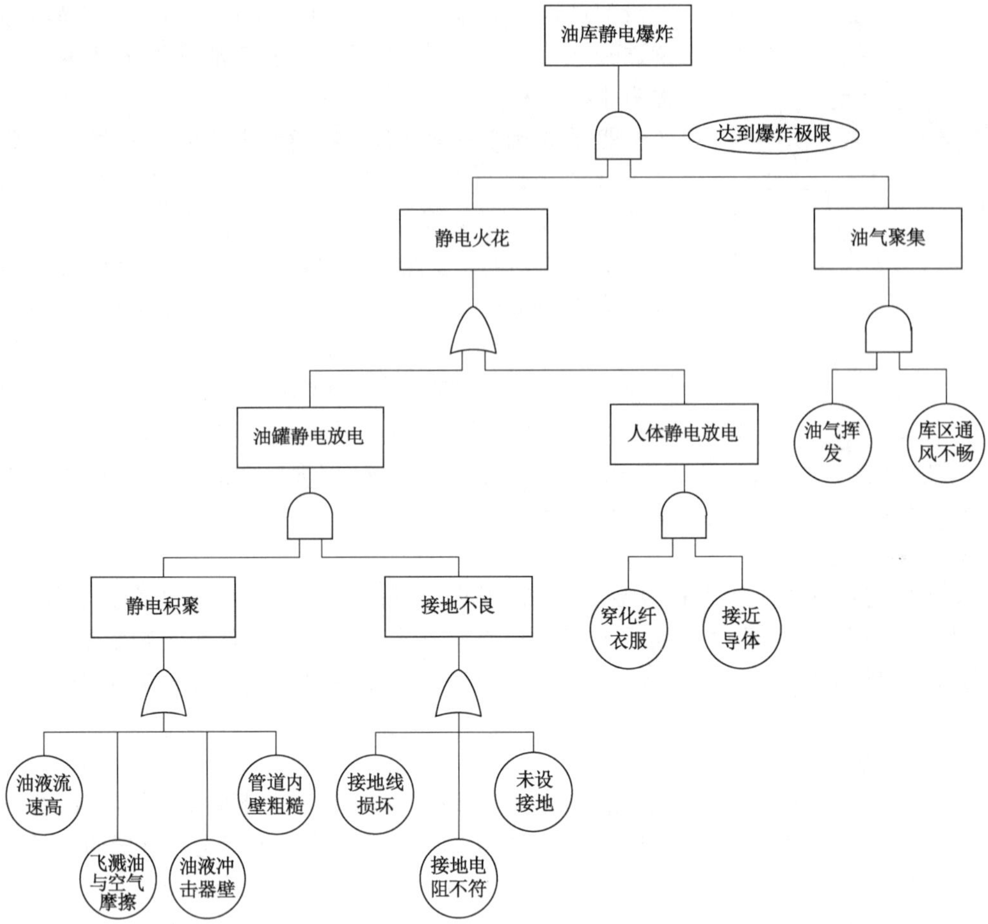

图 5-30 油库静电爆炸事故树

事故才会发生，故用“条件与”门连接(2 层)。

(3) 调查“静电火花”的直接原因。导致“静电火花”的直接原因为“油罐静电放电”和“人体静电放电”。这两个事件只要有一个发生，则“静电火花”事件就会发生。故用“或”门连接(3 层)。

(4) 调查“油气聚集”的直接原因。导致“油气聚集”的直接原因是“油气挥发”和“库区通风不畅”。这两个事件都属于最基本的不能再向下分析的原因，因此用圆形符号表示。而且，这两个事件必须同时发生，“油气聚集”事件才会发生，故用“与”门连接(3 层)。

(5) 调查“油罐静电放电”的直接原因。导致“油罐静电放电”的直接原因为“静电积聚”和“接地不良”。这两个事件必须同时发生，才会发生静电放电，故用“与”门连接(4 层)。

(6) 调查“人体静电放电”的直接原因。导致“人体静电放电”直接原因是“穿化纤衣服”和“接近导体”。同样，这两个事件必须同时发生，才会发生静电放电，故用“与”门连接(4 层)。

(7) 调查“静电积聚”的直接原因。导致“静电积聚”的直接原因有:“油液流速高”“飞溅油与空气摩擦”“油液冲击器壁”“管道内壁粗糙”。这些事件中只要有一个发生,就会发生“静电积聚”,故用“或”门连接(5 层)。

(8) 调查“接地不良”的直接原因。导致“接地不良”的直接原因有:“接地线损坏”、“接地电阻不符”和“未设接地”。这三个事件只要有一个发生,就会发生“接地不良”,故用“或”门连接(5 层)。

2) 车床绞长发事故树

车床属于转动设备,如操作不当或防护不到位,极易导致绞、缠、卷、夹等机械伤害事故。2004 年 6 月 8 日,湖南某机械加工厂一名女工,在操作车床时严重违反安全规定,未佩戴工作帽,致使长发被旋转的工件缠绕,造成严重伤害事故。以“车床绞长发”为顶上事件,编制事故树如图 5-31 所示。

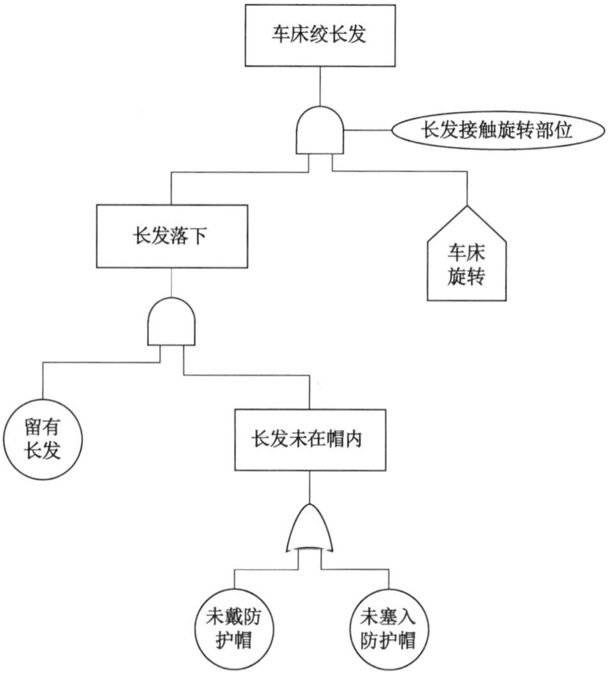

图 5-31 车床绞长发事故树

其编制过程如下:

(1) 确定顶上事件——车床绞长发。

(2) 找出造成顶上事件发生的直接原因事件。导致“车床绞长发”事故发生的直接原因是:车床旋转、长发落下。其中,车床旋转为正常工作条件下必然发生的事件,用屋形符号表示。二者同时发生且满足“互相接触”这一条件时,就会发生“车床绞长发”事故,故用条件与门相连接。

(3) 分析“长发落下”的直接原因。导致“长发落下”的直接原因为“留有长发”且“长发未在帽内”,二者用与门连接。

(4) 分析“长发未在帽内”的直接原因。导致“长发未在帽内”的直接原因为“未戴防护帽”或“长发未塞入防护帽”。二者任意有一个发生，就会使“长发未在帽内”，故用或门连接。

3）大学生跳楼自杀事故树

目前在大学校园内，大学生因压力太大与缺乏心理疏导，从高楼跳下而造成死亡的事故时有发生。为预防此类事故发生，以“大学生跳楼自杀”为顶上事件，逐层分析其原因，编制事故树如图 5-32 所示。

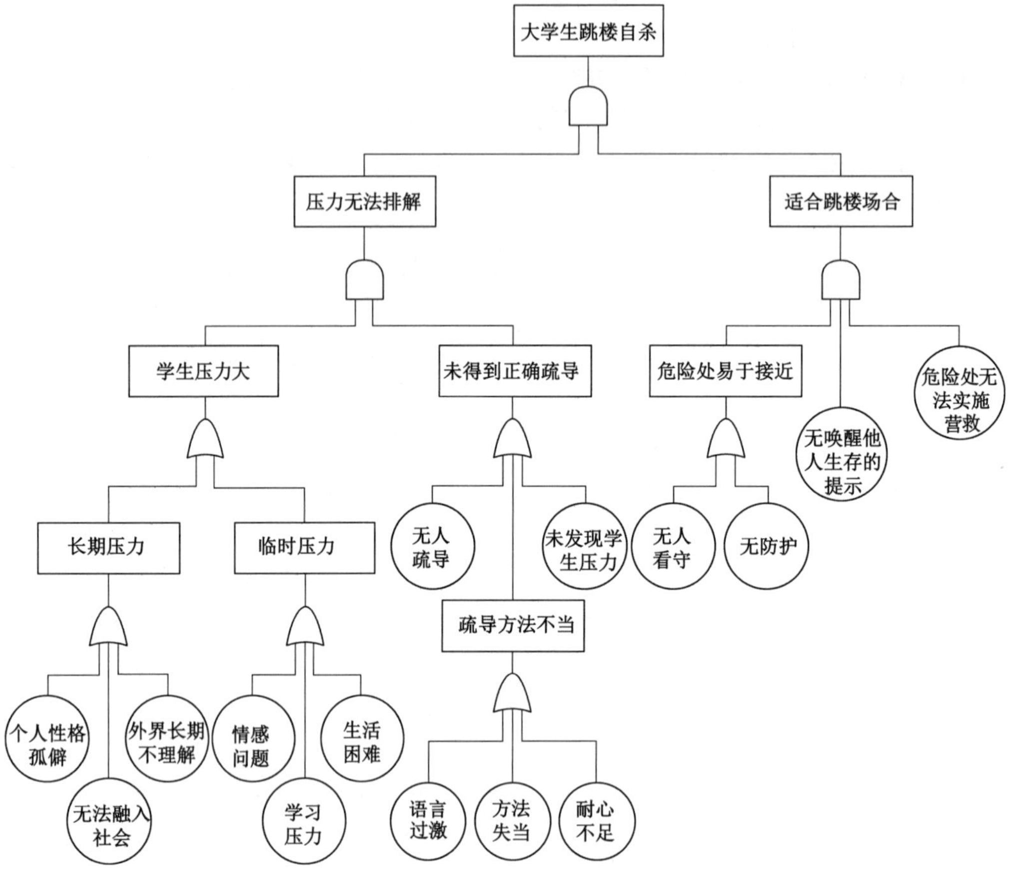

图 5-32　大学生跳楼自杀事故树

4）台灯不亮事故树

台灯为最为常见的家用电器之一，以“台灯不亮”为顶上事件编制事故树，如图 5-33 所示。

由图 5-33 中可以看出，即使对于生活中最为常见的事件/事故，也可以利用事故树方法进行分析。其分析结果可以直观地表达原因之间的逻辑关系，从而为事故预防提供思路。

5）热交换器冷却水不足事故树

如图 5-34 所示，反应器通过热交换器控制温度，储水池中的冷却水通过定速泵抽出，经控制阀控制水量，由主冷却管进入热交换器，冷水通过热交换器带走热量并通过回流管流入储水池。当热交换器冷却水供应不足时可能导致反应器温度升高，反应失控，进而引起超压

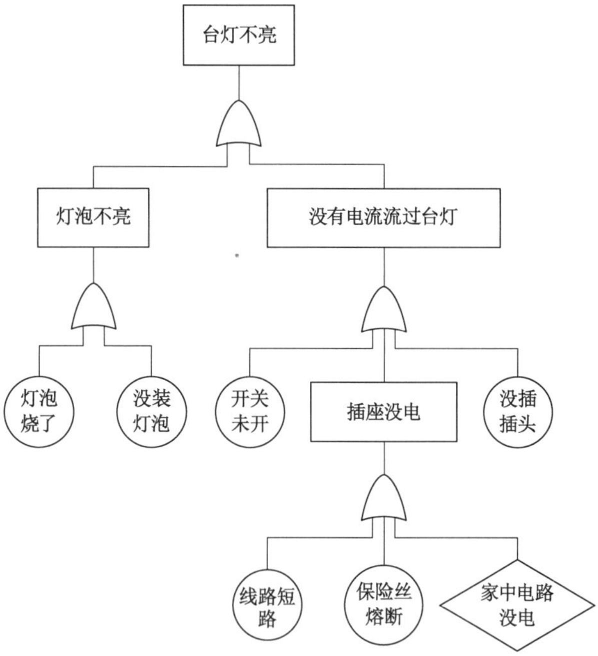

图 5-33　台灯不亮事故树

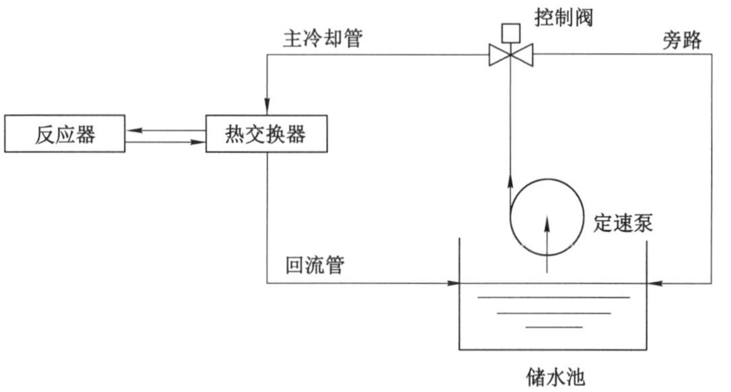

图 5-34　反应器控温系统示意图

爆炸事故。以“热交换器冷却水供应不足”为顶上事件，分析事故原因，编制事故树如图 5-35 所示。

5.2.5　布尔代数基础

布尔代数也称逻辑代数，起源于数学领域，是一个用于集合运算和逻辑运算的方法。为了对事故树进行定性、定量分析，在完成事故树编制后，还要利用布尔代数列出它的表达式，并以此为基础进行分析计算。布尔代数是完成事故树分析的数学基础。

1）集合的基本概念

（1）集合：具有某种共同属性的事物的全体，集合中的事物叫作元素。

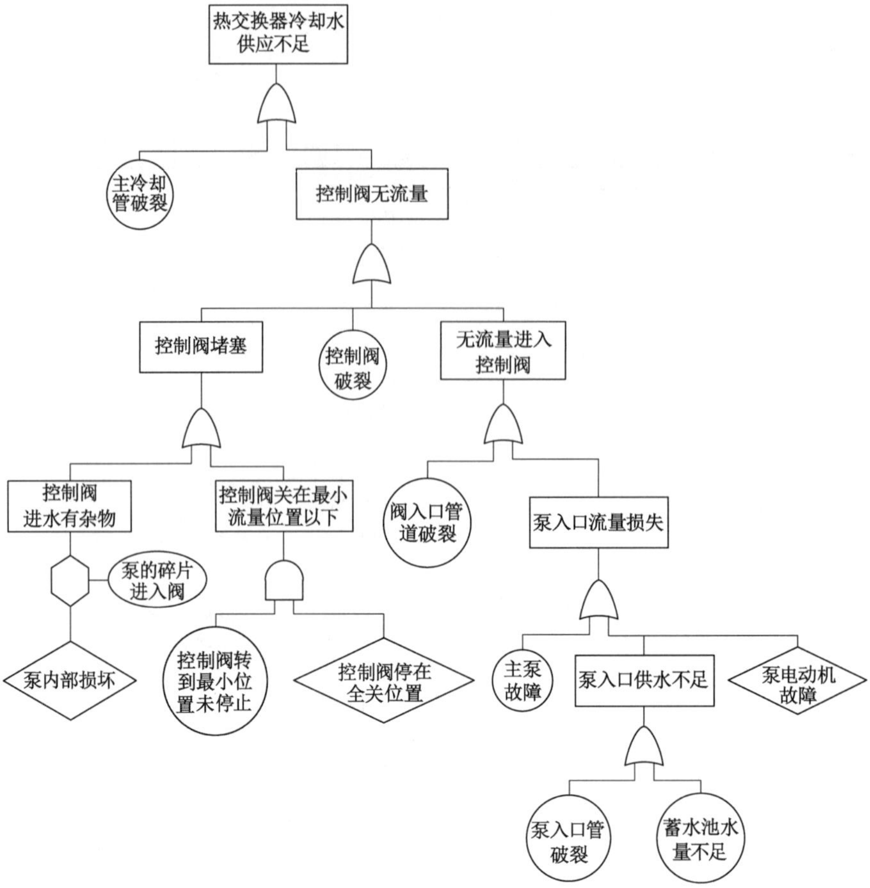

图 5-35　热交换器冷却水供应不足事故树

(2) 交集:两个子集的共有元素的集合。

(3) 并集:两个子集中元素的全体构成的集合。

(4) 补集:设 S 是一个集合,A 是 S 的一个子集,由 S 中所有不属于 A 的元素组成的集合,叫作子集 A 在 S 中的补集。

2) 布尔代数的逻辑运算

在布尔代数中,逻辑运算的对象是命题。对于事故树分析而言,命题就是事故树中的各种事件。在布尔代数中,所有命题都是二值的,若命题值为 1,则代表命题成立,对应事故树中事件发生;若命题值为 0,代表命题不成立,对应事故树中的事件未发生。

对于命题的基本运算有三种,即逻辑加、逻辑乘和逻辑非。

(1) 逻辑加。给定两个命题 A 和 B,对它们进行逻辑运算后构成的新命题为 S。若 A,B 任意有一个成立,S 就成立,否则 S 不成立。那么,A,B 间的这种逻辑运算称为逻辑加,也称为“或”运算,记作 $A+B=S$。S 称为 A 和 B 的逻辑和。逻辑加相当于集合运算中的并集。

根据逻辑加的定义,有:

$$1+1=1;1+0=1;0+1=1;0+0=0$$

(2) 逻辑乘。给定两个命题 A 和 B,对它们进行逻辑运算后构成的新命题为 P。若 A,B 同时成立,P 就成立,否则 P 不成立。那么,A,B 间的这种逻辑运算称为逻辑乘,也称为“与”运算,记作 $A\times B=P$,$A\cdot B=P$ 或 $AB=P$。P 称为 A 和 B 的逻辑积。逻辑乘相当于集合运算中的交集。

根据逻辑乘的定义,有:

$$1\times1=1;1\times0=0;0\times1=0;0\times0=0$$

(3) 逻辑非。给定一个命题 A,对它进行逻辑运算后构成的新命题为 F。若 A 成立,F 就不成立;若 A 不成立,F 就成立。那么,对 A 的这种逻辑运算称为逻辑非,F 称为 A 的逻辑非,记作 $F=A'$ 或 $F=\bar{A}$,读作“A 非”。逻辑非相当于集合运算中的补集。

根据逻辑非的定义:

$$1'=0;0'=1;A+A'=1;A\cdot A'=0$$

3) 逻辑运算法则

逻辑运算的法则很多,有的与代数运算一致,有的却不一致。这里只介绍事故树分析中常用的几种运算法则。

① 对合律:$(A')'=A$。

② 交换律:$A+B=B+A$;$A\cdot B=B\cdot A$。

③ 结合律:$(A+B)+C=A+(B+C)$;$(A\cdot B)\cdot C=A\cdot(B\cdot C)$。

④ 分配律:$A\cdot(B+C)=(A\cdot B)+(A\cdot C)$;$A+(B\cdot C)=(A+B)\cdot(A+C)$。

⑤ 幂等律:$A+A=A$;$A\cdot A=A$。

⑥ 吸收律:$A+A\cdot B=A$;$A\cdot(A+B)=A$。

⑦ 德摩根定律:$(A+B)'=A'\cdot B'$;$(A\cdot B)'=A'+B'$。

⑧ 0~1 律:$A+1=1$;$A+0=A$;$A\cdot0=0$;$A\cdot1=A$。

运算过程中,在不引起混淆的情况下,可以省去括号和乘号,并按补、乘、加的顺序进行运算。

5.2.6 事故树定性分析

1) 最小割集及其求法

如果事故树中的全部基本事件都发生,则顶事件必然会发生。然而,在大多数情况下,顶事件的发生并不一定要求所有基本事件都发生。事故树的割集,又称为截集或截止集,是事故树中一些基本事件的集合,当这些基本事件同时发生时,顶事件必然发生。然而,在进行事故分析时,我们更关注的是最少需要哪些基本事件同时发生,顶事件就会发生。因此,引入了最小割集的概念。

定义 1: 最小割集是导致顶事件发生的最低限度的基本事件的集合。

比如,有一事故树有三个割集:$\{x_1,x_2\}$,$\{x_1,x_3\}$,$\{x_1,x_2,x_3\}$。割集 $\{x_1,x_2,x_3\}$ 代表当 x_1,x_2,x_3 同时发生时,顶事件必然会发生。然而,通过观察前两个割集可以看出,其实顶事件发生并不需要 x_1,x_2,x_3 同时发生,而只需要 x_1 和 x_2 同时发生或 x_1 和 x_3 同时发生即可。因此,集合 $\{x_1,x_2\}$,$\{x_1,x_3\}$ 是最小割集,而 $\{x_1,x_2,x_3\}$ 不是最小割集。

根据以上分析,我们可以得到最小割集的另外两个定义,即:

定义 2: 若割集中去掉一个基本事件后就不再是割集,则该割集为最小割集。

定义 3: 不包含其他割集的割集是最小割集。

在事故树分析中，最小割集和最小径集占有非常重要的地位，也是后续重要度分析和事故树定量计算的基础。最小割集的求取方法有行列法、结构法、矩阵法、布尔代数法等。对于复杂事故树，还可以利用计算机软件求取最小割集。这里仅介绍最为常用的布尔代数法。

(1) 建立事故树的布尔表达式。将事故树中的逻辑门用布尔代数中相应的逻辑运算表示。从顶事件开始，依次用下一层事件代替上一层事件，直至顶上事件被所有基本事件代替为止，最终得到的逻辑运算式就是事故树的布尔表达式。

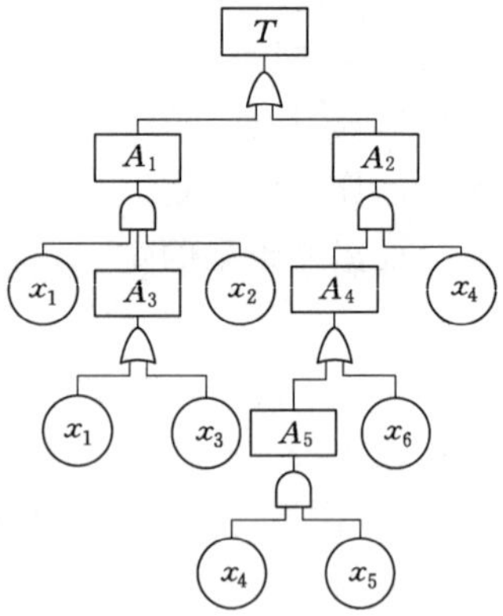

图 5-36　某事故树图

以图 5-36 所示的事故树为例，其布尔表达式可以经过下面的步骤来得到。

$$\begin{aligned} T &= A_1 + A_2 \\ &= x_1 A_3 x_2 + A_4 x_4 = x_1(x_1 + x_3)x_2 + (A_5 + x_6)x_4 \\ &= x_1(x_1 + x_3)x_2 + (x_4 x_5 + x_6)x_4 \end{aligned}$$

则该事故树的布尔表达式为：

$$T = x_1(x_1 + x_3)x_2 + (x_4 x_5 + x_6)x_4 \tag{5-1}$$

(2) 将布尔表达式化为最简析取标准式。利用分配律、交换律、等幂律、吸收律等，将布尔代数化为以下形式：

$$T = E_1 + E_2 + \cdots + E_n \tag{5-2}$$

其中，式中的每一项 E_i 均为某些基本事件的乘积，且 E_i 对应的集合间没有包含关系。

以图 5-36 的事故树为例。首先，将其布尔表达式利用分配律展开成式(5-3)的形式。

$$T = x_1 x_1 x_2 + x_1 x_3 x_2 + x_4 x_5 x_4 + x_6 x_4 \tag{5-3}$$

其次，利用幂等律、交换律，可化简为：

$$T = x_1 x_2 + x_1 x_2 x_3 + x_4 x_5 + x_4 x_6 \tag{5-4}$$

最后，利用吸收律，化简为该事故树的最简析取标准式，即：

$$T = x_1 x_2 + x_4 x_5 + x_4 x_6 \tag{5-5}$$

根据式(5-5)，可得到该事故树有三个最小割集：$\{x_1, x_2\}$，$\{x_4, x_5\}$，$\{x_4, x_6\}$，则该事故最少有三种可能发生的途径。

根据得到的最小割集，可将事故树等效为图 5-37 所示的形式，称为原事故树的最小割集等效树。

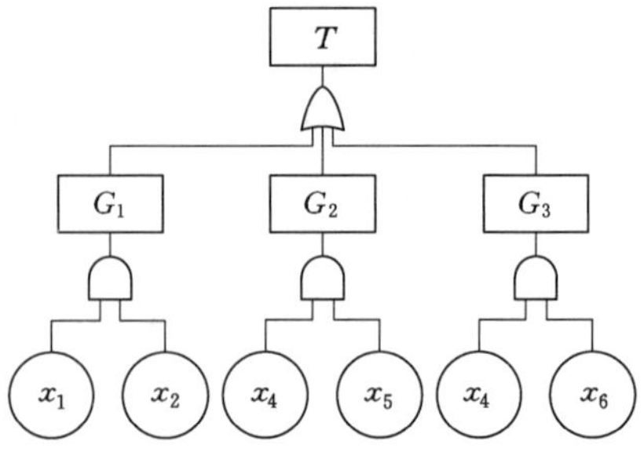

图 5-37　图 5-36 的最小割集等效树

2) 最小径集及其求法

如果事故树中所有的基本事件都不发生，则顶事件一定不发生。但是，事故树的顶事件不发生一般不需要所有的基本事件都不发生。径集也称为通集或路集，是事故树中某些基本事件的集合，当这些基本事件都不发生时，顶上事件必然不发生。同样，对于事故预防而言，我们更希望知道如果顶事件不发生最少需要哪些基本事件不发生。因此，引入了最小径集的概念。与最小割集相似，最小径集同样可以从三个角度进行定义。

定义 1:最小径集是保证顶事件不发生的最低限度的基本事件的集合。

定义 2:若径集中去掉一个基本事件后就不再是径集,则该径集为最小径集。

定义 3:不包含其他径集的径集是最小径集。

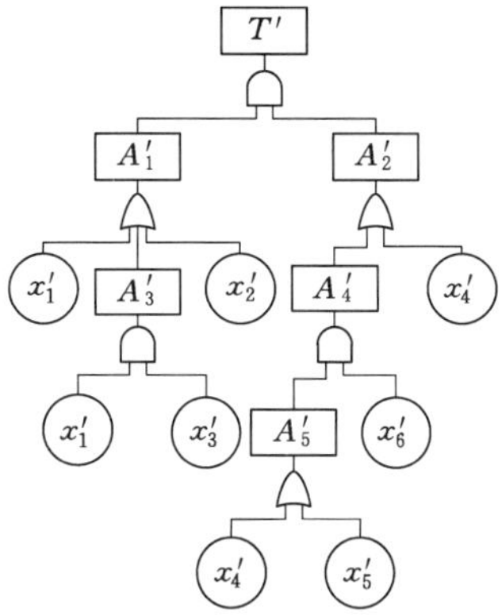

图 5-38　图 5-36 的对偶树

最小径集的求法也有多种,这里仅介绍最为常用的对偶树法和布尔代数法两种。

(1) 对偶树法求取最小径集。利用布尔代数逻辑运算规则中的德摩根定律,将原事故树的与门改为或门,或门改为与门,并在所有事件上加上“ ′ ”符号,变为其补事件,就可以得到一棵与原事故树完全对偶的树。图 5-38 是图 5-36 的对偶树,其顶事件为 T',即事故 T 不发生,因此将其称为成功树。

由于二者为对偶关系,即成功树的顶事件发生则原事故树的顶事件就不发生。因此,只需求取成功树的最小割集,即可得到原事故树的最小径集。以图 5-38 所示的成功树为例,其布尔表达式为:

$$T' = (x'_1 + x'_1x'_3 + x'_2)[x'_4 + (x'_4 + x'_5)x'_6] \tag{5-6}$$

将其化简为最简析取标准式,得到:

$$T' = x'_1x'_4 + x'_1x'_5x'_6 + x'_2x'_4 + x'_2x'_5x'_6 \tag{5-7}$$

则该成功树的最小割集有 4 个:$\{x'_1, x'_4\}$,$\{x'_1, x'_5, x'_6\}$,$\{x'_2, x'_4\}$,$\{x'_2, x'_5, x'_6\}$,对应原事故树有 4 个最小径集:$\{x_1, x_4\}$,$\{x_1, x_5, x_6\}$,$\{x_2, x_4\}$,$\{x_2, x_5, x_6\}$。若想防止顶事件 T 发生,至少有 4 种可能的途径。

(2) 布尔代数法求取最小径集。用布尔代数法求取事故树的最小径集,需要将事故树的布尔表达式化简为最简合取标准式,即:

$$T = A_1A_2\cdots A_n \tag{5 8}$$

式中的每一项 A_i 都是一些基本事件的和,且其对应的集合间无包含关系,则每一项就对应一个最小径集。以图 5-36 所示的事故树为例,其布尔表达式为式(5-1)。依次利用吸收律、分配律对其进行化简和变换,步骤如下:

$$\begin{aligned} T &= x_1x_2 + (x_4 + x_6)(x_5 + x_6)x_4 = x_1x_2 + (x_5 + x_6)x_4 \\ &= [x_1 + (x_5 + x_6)x_4][x_2 + (x_5 + x_6)x_4] \\ &= (x_1 + x_4)(x_1 + x_5 + x_6)(x_2 + x_4)(x_2 + x_5 + x_6) \end{aligned} \tag{5-9}$$

式(5-9)即为最简合取标准式。根据式(5-9),同样可以得到原事故树的 4 个最小径集:$\{x_1, x_4\}$,$\{x_1, x_5, x_6\}$,$\{x_2, x_4\}$,$\{x_2, x_5, x_6\}$。求得最小径集后,可以根据最小径集将原事故树等效为图 5-39 的形式。

3) 最小割集和最小径集的作用

对于事故树分析而言,最小割集和最小径集都具有极为重要的作用。深入掌握和灵活运用最小割集与最小径集可使事故树分析事半功倍,并为有效采取事故预防和控制措施提供重要依据。

具体来说,最小割集的作用主要体现在:

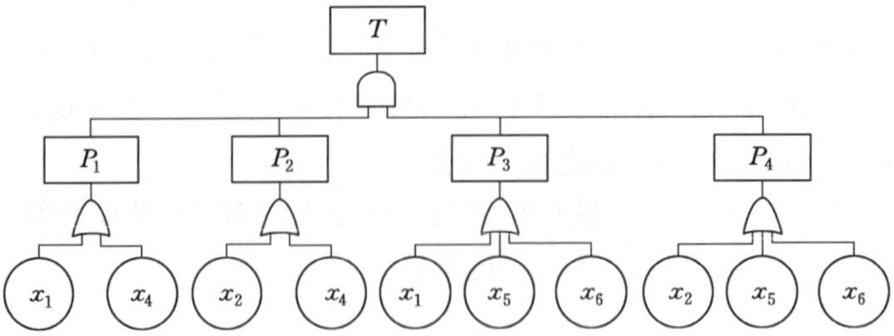

图 5-39　图 5-36 的最小径集等效树

(1) 最小割集表示系统的危险性。每一个最小割集都表示顶上事件发生的一种可能性,最小割集越多,则系统越危险。

(2) 最小割集可以直观地、概略地表达出哪种事故模式最危险。若事故树有两个最小割集,其中一个最小割集中仅有一个基本事件,而另一个最小割集中有 4 个基本事件。对于第一个最小割集,只需要一个基本事件发生,顶事件就会发生。显然,第一个最小割集所代表的事故模式危险性更高。

(3) 可以通过最小割集快速调查事故原因。若事故树编制合理,则最小割集就表达了事故发生的所有可能途径。换言之,若事故确实发生了,则意味着至少有一个最小割集中的全部事件都发生了。在进行该事故原因调查时,可采用排除法,若有一个基本事件未发生,则意味着包含该基本事件的最小割集就没有起作用,可以把这些最小割集都排除掉,事故的真实原因只能从其他最小割集中选取,从而达到快速排查事故原因的目的。

(4) 可以根据最小割集提出降低系统的危险性的控制方向和预防措施。最小割集涵盖了事故发生的所有可能性,如果能使每个最小割集中至少有一个基本事件恒不发生(发生概率极低),则顶事件就恒不发生(发生概率极低),从而以最小的花费达到事故预防的目的。

(5) 最小割集可用于判定基本事件的结构重要度和计算顶事件发生概率。

而最小径集的作用主要有:

(1) 最小径集表示系统的安全性。每一个最小径集都表示顶上事件不发生的一种条件,最小径集越多,事故预防途径越多,系统越安全。

(2) 可以利用最小径集选取预防事故的最佳方案。在制订事故预防控制方案时,可根据最小径集内事件数量、实现的难易程度、经济、时间等各方面综合考虑,选取一个最小径集作为最佳控制方案。

(3) 最小径集也可用于判定基本事件的结构重要度和计算顶事件发生概率。

4) 基本事件结构重要度分析

事故树的基本事件对顶上事件的影响程度称为重要度。基本事件的重要度可以作为确定安全对策措施优先顺序的依据,也可以作为安全检查表的编制依据,从而确定安全检查的重点。影响基本事件重要度的因素主要包括两方面,即该基本事件发生的概率大小以及基本事件在事故树结构中的位置。常用的重要度指标有结构重要度、概率重要度和临界重要度三种。其中,概率重要度和临界重要度需要以基本事件及顶事件概率为依据,属于事故树定量分析的内容。这里首先介绍结构重要度的概念及其求取方法。

结构重要度是指不考虑基本事件的发生概率,仅从事故树结构上分析各基本事件的发生对顶上事件发生的影响程度。其求取方法包括结构重要度系数法和最小割集(最小径集)法。前者精确但过程烦琐,后者简单但不精确。

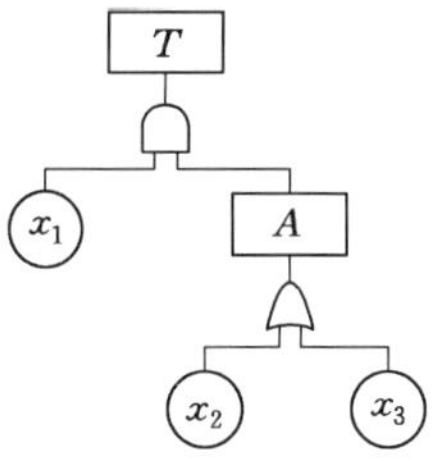

图 5-40　某事故树图

(1) 结构重要度系数法。在事故树分析中,每个基本事件 x_i 都有两种状态,即 $X_i=1$,代表 x_i 发生;或 $X_i=0$,代表 x_i 不发生。假设用 Φ 来表示顶事件 T 的状态,则 Φ 的值由 x_i 的状态组合所决定,即:

$$\Phi = \Phi(X) = \Phi(X_1, X_2, \cdots, X_n)$$

$\Phi(X)$ 称为事故树的结构函数,其表达式等同于事故树的布尔表达式。$\Phi(X)=1$ 代表顶事件发生,$\Phi(X)=0$ 代表顶事件不发生。

以图 5-40 所示的事故树为例,其结构函数为:

$$\Phi(X) = X_1(X_2 + X_3) \tag{5-10}$$

根据该结构函数,列出基本事件状态与顶事件状态表,见表 5-2。

表 5-2　图 5-40 所示事故树基本事件与顶事件状态表

编号	X_1	X_2	X_3	$\Phi(X)$
1	0	0	0	0
2	0	0	1	0
3	0	1	0	0
4	0	1	1	0
5	1	0	0	0
6	1	0	1	1
7	1	1	0	1
8	1	1	1	1

该事故树共有 3 个基本事件,每个基本事件都有 0 和 1 两种可能的状态,所以基本事件的状态组合数为 $2^3=8$ 种。对于每种状态组合,都可以根据 X_1,X_2 和 X_3 的值,由式(5-10)计算出对应的 $\Phi(X)$ 值,见表 5-2 的最后一列。

根据表 5-2,当基本事件 x_i 的状态值由 0(不发生,记为 0_i)变为 1(发生,记为 1_i)时,$\Phi(X)$的可能变化有 3 种。

① 当 $X_i=0$ 时,$\Phi(X)=0$,记为 $\Phi(0_i, X)=0$;其他事件的状态不变,当 X_i 的值变由 0 变为 1 时,$\Phi(X)=0$,记为 $\Phi(1_i, X)=0$。也就是说,当基本事件 x_i 由不发生转化为发生时,顶事件 T 始终不发生,这种情况不能说明 x_i 对顶事件的影响。此时:

$$\Phi(1_i, X) - \Phi(0_i, X) = 0$$

如表 5-2 中所列,编号为 1 和 5 的两个状态组合相比,第 1 个组合中 x_1 的状态值为 0,x_2x_3 的状态组合为 00;第 5 个组合中 x_1 的状态值变为 1,x_2x_3 的状态组合仍为 00。而这种状态组合对应的 $\Phi(X)$值均为 0,说明此时 x_1 对顶事件 T 无影响。

② 当 $X_i=0$ 时,$\Phi(X)=0$,记为 $\Phi(0_i, X)=0$;其他事件的状态不变,当 x_i 的状态值变由 0 变为 1 时,$\Phi(X)=1$,记为 $\Phi(1_i, X)=1$。也就是说,当基本事件 x_i 由不发生转化为发

生时，顶事件 T 也由不发生转化为发生，这种说明 x_i 对顶事件有影响。此时：

$$\Phi(1_i,X)-\Phi(0_i,X)=1$$

如表 5-2 中所列，编号为 2 和 6 的两个状态组合相比，第 2 个组合中 x_1 的状态值为 0，x_2x_3 的状态组合为 01，$\Phi(X)$值为 0；第 6 个组合中 x_1 的状态值变为 1，x_2x_3 的状态组合仍为 01，$\Phi(X)$值也变为 1。这种情况说明 x_1 对顶事件 T 有影响。

③ 当 $X_i=0$ 时，$\Phi(X)=1$，记为 $\Phi(0_i,X)=1$；其他事件的状态不变，当 X_i 的值变由 0 变为 1 时，$\Phi(X)=1$，记为 $\Phi(1_i,X)=1$。也就是说，当基本事件 x_i 由不发生转化为发生时，顶事件 T 始终发生，这种情况不能说明 x_i 对顶事件的影响。此时：

$$\Phi(1_i,X)-\Phi(0_i,X)=0$$

如表 5-2 中所列，编号为 7 和 8 的两个状态组合相比，第 7 个组合中 x_3 的状态值为 0，x_1x_2 的状态组合为 11；第 8 个组合中 x_3 的状态值变为 1，x_1x_2 的状态组合仍为 11。而这种状态组合对应的 $\Phi(X)$值均为 1，说明此时 x_3 对顶事件 T 无影响。

另外一种情况：当 $X_i=0$ 时，$\Phi(X)=1$；其他事件的状态不变，当 X_i 的值变由 0 为 1 时，$\Phi(X)=0$。也就是说，当 x_i 不发生时，顶事件发生，而当其他事件状态不变、x_i 发生时，顶事件不发生。由于事故树的所有底事件 x_i 均为人的不安全行为或物的不安全状态等原因事件，所以这种情况是不可能出现的。

考虑以上 3 种可能出现的情况，其中只有第二种情况说明 x_i 对顶事件 T 有影响。把所有的这种情况累加起来再除以 2^{n-1}（当 x_i 的状态从 0 变至 1 时，其他底事件的状态组合数），就定义为基本事件 x_i 的结构重要度系数，即：

$$I_{\Phi(i)}=\frac{1}{2^{n-1}}\sum[\Phi(1_i,X)-\Phi(0_i,X)] \tag{5-11}$$

直接用式(5-11)计算结构重要度系数时，需要将 x_i 的状态由 0 变为 1，而其他事件的状态组合相同的两组状态相对比，方法比较复杂且容易出错。为此可将式(5-11)转化为下式：

$$I_{\Phi(i)}=\frac{1}{2^{n-1}}[\sum\Phi(1_i,X)-\sum\Phi(0_i,X)] \tag{5-12}$$

根据式(5-12)进行计算时，只需要分别计算当 $X_i=1$ 时，$\Phi(X)=1$ 的个数，即 $\Phi(1_i,X)=1$ 的个数；以及 $X_i=0$ 时，$\Phi(X)=1$ 的个数，即 $\Phi(0_i,X)=1$ 的个数，并将二者相减，再除以 2^{n-1} 即可。

以表 5-2 为例，利用式(5-12)可以得到各基本事件的结构重要度系数分别为：

$$I_{\Phi(1)}=\frac{1}{2^3-1}[3-0]=\frac{3}{4}$$

$$I_{\Phi(2)}=\frac{1}{2^3-1}[2-1]=\frac{1}{4}$$

$$I_{\Phi(3)}=\frac{1}{2^3-1}[2-1]=\frac{1}{4}$$

因此，各基本事件结构重要度排序为：

$$I_{\Phi(1)}>I_{\Phi(2)}=I_{\Phi(3)}$$

上述分析结果表明，若仅从事故树结构考虑，则基本事件 x_1 对顶事件的影响最大，基本事件 x_2 和 x_3 对顶事件的影响程度相等。因此，在制订事故预防措施时，应重点预防 x_1 所代表的基本事件。

用结构重要度系数来分析基本事件的结构重要度虽然结果比较精确，但其计算过程非常烦琐。该方法首先需要列出如表 5-2 所示的状态组合表。对于图 5-40 所示的事故树，仅有 3 个基本事件，则基本事件的状态组合数为 8 个。若事故树的基本事件有 n 个，则基本事件的状态组合数为 2^n 个。显然，当事故树规模很庞大时，很难精确求取基本事件的结构重要度系数。

事实上，进行结构重要度分析的目的是对各基本事件的重要程度进行排序。因此，我们更关注排序的结果，而不是基本事件的结构重要度本身。一般可以用最小割集或最小径集近似判断各基本事件的结构重要度大小，并排列次序。这种方法虽然结果精确度差一些，但操作简便，较前者应用更为广泛。

(2) 利用最小割集和最小径集分析结构重要度。若已求得事故树的最小割集和最小径集，则可采用以下几条准则判断各基本事件的结构重要度：

① 基本事件少的最小割(径)集中的基本事件比基本事件多的最小割(径)集中的基本事件结构重要度大。

若事故树有 3 个最小割集：

$$G_1 = \{x_1, x_2\}, G_2 = \{x_2, x_3\}, G_3 = \{x_4, x_5, x_6\}$$

则，根据这一判断准则可以得到：$I_{\Phi(1)} > I_{\Phi(4)}$。

② 同一个最小割(径)集中出现的基本事件，若在其他最小割(径)集中不再出现，则所有基本事件结构重要度相等。

对于上述的 3 个最小割集，可以得到：$I_{\Phi(4)} = I_{\Phi(5)} = I_{\Phi(6)}$。

③ 当最小割(径)集中事件数相等时，在多个最小割(径)集中重复出现的事件，重复次数越多，结构重要度越大。

对于上述的 3 个最小割集，可以得到：$I_{\Phi(2)} > I_{\Phi(1)} = I_{\Phi(3)}$。

综合三条准则的判断结果，可以得到最终的结构重要度排序为：

$$I_{\Phi(2)} > I_{\Phi(1)} = I_{\Phi(3)} > I_{\Phi(4)} = I_{\Phi(5)} = I_{\Phi(6)}$$

④ 若基本事件出现次数相同，则少事件最小割(径)集中出现的基本事件结构重要度大。

如，有一事故树有 4 个最小割集：

$$G_1 = \{x_1, x_2\}, G_2 = \{x_2, x_3\}, G_3 = \{x_4, x_5, x_6\}, G_4 = \{x_4, x_5, x_7\}$$

其中，x_2 和 x_4 都出现了 2 次，但 x_2 出现的最小割集中事件数目都为 2 个，而 x_4 出现的最小割集中事件数目都为 3 个，所以 $I_{\Phi(2)} > I_{\Phi(4)}$。

⑤ 对于在少事件最小割(径)集中出现次数少和多事件最小割(径)集中出现次数多的基本事件，一般前者大于后者。

如，有一事故树有 4 个最小割集：

$$G_1 = \{x_1\}, G_2 = \{x_2, x_3\}, G_3 = \{x_2, x_4\}, G_4 = \{x_2, x_5\}$$

其中，x_1 在单事件最小割集中出现一次，而 x_2 在两事件最小割集中出现 3 次，可近似认为 $I_{\Phi(1)} > I_{\Phi(2)}$。

当最小割集(最小径集)数目较多时，还可以用式(5-13)、式(5-14)或式(5-15)计算得到各基本事件的结构重要度排序。

$$I_{\Phi(i)} = \frac{1}{k}\sum_{r=1}^{k}\frac{1}{n_j(x_i \in G_r)} \tag{5-13}$$

$$I_{\Phi(i)} = \sum_{x_i \in G_r}\frac{1}{2_j^n - 1} \tag{5-14}$$

$$I_{\Phi(i)} = 1 - \prod_{x_i \in G_r}(1 - \frac{1}{2_j^n - 1}) \tag{5-15}$$

式中　k——最小割集/最小径集个数；

n_j——最小割集/最小径集中事件个数。

【例 5-4】 已知某事故树的最小割集 $G_1=\{x_1,x_2,x_3\}$,$G_2=\{x_1,x_2,x_4\}$。利用 3 个近似式判断各基本事件的结构重要度。

解　利用式(5-13)求解,得到:

$$I_{\Phi(1)} = 1/2 \times (1/3 + 1/3) = 1/3$$
$$I_{\Phi(2)} = 1/2 \times (1/3 + 1/3) = 1/3$$
$$I_{\Phi(3)} = 1/2 \times (1/3 + 0) = 1/6$$
$$I_{\Phi(4)} = 1/2 \times (0 + 1/3) = 1/6$$

则各基本事件结构重要度序数排列如下:

$$I_{\Phi(1)} = I_{\Phi(2)} > I_{\Phi(3)} = I_{\Phi(4)}$$

利用式(5-14)求解,得到:

$$I_{\Phi(1)} = 1/2^2 + 1/2^2 = 1/2$$
$$I_{\Phi(2)} = 1/4 + 1/4 = 1/2$$
$$I_{\Phi(3)} = 1/2^2 = 1/4$$
$$I_{\Phi(4)} = 1/4$$

故
$$I_{\Phi(1)}=I_{\Phi(2)}>I_{\Phi(3)}=I_{\Phi(4)}$$

利用式(5-15)求解,得到:

$$I_{\Phi(1)} = I_{\Phi(2)} = 1-(1-1/2^2)(1-1/2^2) = 7/16$$
$$I_{\Phi(3)} = I_{\Phi(4)} = 1-(1-1/2^2) = 1/4$$

故

$$I_{\Phi(1)}=I_{\Phi(2)}>I_{\Phi(3)}=I_{\Phi(4)}$$

对于此题中的最小割集,用 3 个近似式进行判断和用判断准则进行判断的结果相同。

【例 5-5】 已知某事故树的最小割集 $G_1=\{x_1,x_2\}$,$G_2=\{x_3,x_4,x_5\}$,$G_3=\{x_3,x_4,x_6\}$。利用 3 个近似式求 $I_{\Phi(i)}$。

解　利用式(5-13)求解,得到:

$$I_{\Phi(1)} = I_{\Phi(2)} = 1/3 \times 1/2 = 1/6$$
$$I_{\Phi(3)} = I_{\Phi(4)} = 1/3 \times (1/3 + 1/3) = 2/9$$
$$I_{\Phi(5)} = I_{\Phi(6)} = 1/3 \times 1/3 = 1/9$$

则各基本事件结构重要度序数排列如下:

$$I_{\Phi(3)} = I_{\Phi(4)} > I_{\Phi(1)} = I_{\Phi(2)} > I_{\Phi(5)} = I_{\Phi(6)}$$

利用式(5-14)求解,得到:

$$I_{\Phi(1)} = I_{\Phi(2)} = 1/2 = 1/2$$

$$I_{\Phi(3)} = I_{\Phi(4)} = 1/4 + 1/4 = 1/2$$
$$I_{\Phi(5)} = I_{\Phi(6)} = 1/4$$

故

$$I_{\Phi(3)}=I_{\Phi(4)}=I_{\Phi(1)}=I_{\Phi(2)}>I_{\Phi(5)}=I_{\Phi(6)}$$

利用式(5-15)求解，得到：

$$I_{\Phi(1)} = I_{\Phi(2)} = 1-(1-1/2) = 1/2$$
$$I_{\Phi(3)} = I_{\Phi(4)} = 1-(1-1/4)(1-1/4) = 7/16$$
$$I_{\Phi(5)} = I_{\Phi(6)} = 1-(1-1/4) = 1/4$$

故

$$I_{\Phi(1)}=I_{\Phi(2)}>I_{\Phi(3)}=I_{\Phi(4)}>I_{\Phi(5)}=I_{\Phi(6)}$$

在此例中，由于 x_1 和 x_2 属于在少事件最小割集中出现的次数少的事件，而 x_3 和 x_4 属于在多事件最小割集中出现的次数多的事件，所以 3 个公式对于这 4 个事件的排序结果有差异。

由上面两个例题可以看出，当最小割集或最小径集中未出现判断准则 5 中所述的情况(存在在少事件最小割(径)集中出现次数少和多事件最小割(径)集中出现次数多的基本事件)时，用前 4 条判断准则或 3 个近似式计算得到的结果相同。若出现了判断准则 5 中所述的情况，则 4 种方法判断的结果可能出现差异。此时，采用式(5-15)计算得到的结果相对更为准确。

5.2.7　事故树定量分析

事故树定量分析是在定性分析的基础上进行的。定量分析有两个目的，首先是在求出各基本事件发生概率的情况下，计算顶上事件的发生概率，并根据所取得的结果与预定的目标值进行比较。如果事故的发生概率及其造成的损失为社会所认可，则不必投入更多的人力、物力进一步治理。如果超出了目标值，就应采取必要的系统改进措施，使其降至目标值以下。

定量分析的另一个目的是，计算出概率重要度和临界重要度。从而根据基本事件的重要程度的不同，按轻重缓急，安排人力、物力，分别采取对策，或按主次顺序编制安全检查表，使系统处于最佳安全状态。

为方便进行事故树定量分析，通常需要做两个简化假设：

假设 1：各基本事件间相互独立，则基本事件的积的概率等于概率的乘积；

假设 2：基本事件和顶事件都只有两种状态，1 代表事件发生，0 代表事件不发生，不存在中间状态。

1) 求取基本事件发生概率

事故树的基本事件即导致事故发生的基本原因事件。按照事故致因理论，事故的原因主要包含人的不安全行为(人失误)和物的不安全状态(物的故障)两大类。因此，求取基本事件发生概率即求取人失误概率和物的故障概率。

(1) 物的故障概率。对于可修复系统，其故障概率 q 为：

$$q = \frac{\lambda}{\lambda + \mu} \tag{5-16}$$

式中　λ——故障率，即设备或系统单位时间(周期)内发生故障的频率(概率)。

对于绝大多数设备或元件，其故障率是时间的函数，且服从图 5-41 所示的变化曲线。

故障率曲线呈两头高、中间低的形状，因此又称为“浴盆曲线”。从图 5-41 可以看出，元件的故障率随时间变化有 3 个时期：

① 早期故障期，也称为幼年故障期。在该阶段，开始时设备故障率很高，但随时间的推移，故障率迅速下降。此期间发生的故障主要是设计、制造上的缺陷所致，或使用不当所造成的。

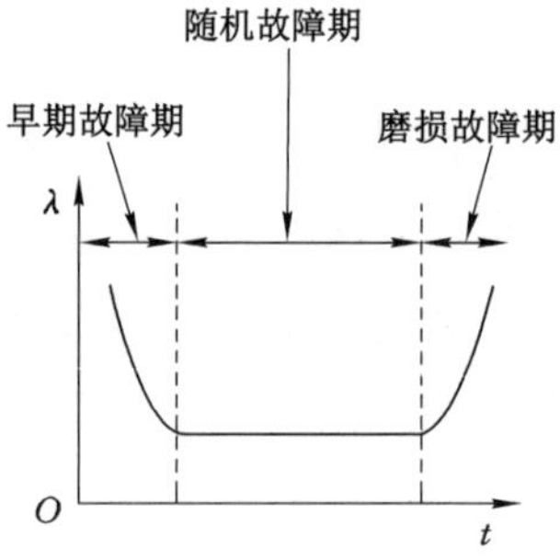

图 5-41　故障率曲线

② 随机故障期，也称为偶发故障期。在该阶段，设备故障率大致处于稳定状态。在此期间，故障发生是随机的，其故障率最低，而且稳定，这是设备的正常工作期或最佳状态期。

③ 磨损故障期，也称为老年故障期。在此阶段，由于设备零部件的磨损、疲劳、老化、腐蚀等，故障率不断上升。

在故障率曲线的三个阶段中，随机故障期所占的时间最长，而早期故障期和磨损故障期的时间均很短。因此，可以用随机故障期的故障率来代表元件的故障率。在随机故障期内，故障率近似为常数，即：

$$\lambda=\frac{1}{\mathrm{MTBF}} \tag{5-17}$$

式中，MTBF(mean time between failure)称为平均故障间隔期，是元件从开始运行到发生故障的间隔时间的算术平均值。

$$\mathrm{MTBF}=\frac{1}{n}\sum_{i=1}^{n}t_i$$

式中　n——元件个数；

t_i——第 i 个元件到故障发生时的运行时间。

MTBF 一般由设备的生产厂家给出，或通过实验室获得。我们将在实验条件下测得的故障率记为 λ_0。在实际使用时，考虑到使用环境比实验室恶劣，需要按下式对故障率进行修正。

$$\lambda=K\lambda_0 \tag{5-18}$$

式中　K——严重系数，见表 5-3。

表 5-3　严重系数 K 值举例

使用场所	K 值	使用场所	K 值
实验室	1	火箭实验台	60
普通室内	1.1～10	飞机	80～150
船舶	10～18	火箭	400～1 000
铁路车辆，牵引式公共汽车	18～30		

式(5-16)中的 μ 称为可维修度，用于反映元件维修的难易程度，即：

$$\mu=\frac{1}{\mathrm{MTTR}} \tag{5-19}$$

式中，MTTR(mean time to repair)称为平均修复时间，是指设备或元件从开始维修到重新投入使用所需的平均时间。

一般地，MTBF≫MTTR，即 $\lambda \ll \mu$。因此，可将式(5-16)近似简化，即：

$$q \approx \lambda / \mu \tag{5-20}$$

式(5-20)即为可修复系统故障概率的近似计算式。

对于不可修复系统，其故障概率为：

$$q = 1 - e^{-\lambda t} \tag{5-21}$$

若将 $e^{-\lambda t}$ 按无穷级数展开，并忽略后面的高阶无穷小项，可以得到：

$$q \approx \lambda t$$

现在许多工业发达国家都建立了故障率数据库，常见设备/元件的故障率见表 5-4 所列。

表 5-4　故障率数据举例

项目	故障率/h^{-1}	
	现测值	建议值
机械杠杆、链条、托架等	$10^{-6} \sim 10^{-9}$	10^{-6}
电阻、电容、线圈等	$10^{-6} \sim 10^{-9}$	10^{-6}
固体晶体管、半导体	$10^{-6} \sim 10^{-9}$	10^{-6}
电气焊接连接	$10^{-7} \sim 10^{-9}$	10^{-8}
电气螺纹连接	$10^{-4} \sim 10^{-6}$	10^{-5}
电子管	$10^{-4} \sim 10^{-6}$	10^{-5}
热电偶	—	10^{-6}
三角皮带	$10^{-4} \sim 10^{-6}$	10^{-4}
摩擦制动器	$10^{-4} \sim 10^{-5}$	10^{-4}
管路焊接连接破裂	—	10^{-9}
管路法兰连接爆裂	—	10^{-7}
管路螺口连接破裂	—	10^{-5}
管路胀接破裂	—	10^{-5}
冷标准容器破裂	—	10^{-9}
电(气)动调节阀等	$10^{-4} \sim 10^{-7}$	10^{-5}
继电器、开关等	$10^{-4} \sim 10^{-7}$	10^{-5}
断路器(自动防止故障)	$10^{-5} \sim 10^{-6}$	10^{-5}
配电变压器	$10^{-5} \sim 10^{-8}$	10^{-5}
安全阀(自动防止故障)	—	10^{-6}
安全阀(每次过压)	—	10^{-4}
仪表传感器	$10^{-4} \sim 10^{-7}$	10^{-5}
离心泵、压缩机、循环机	$10^{-3} \sim 10^{-6}$	10^{-4}
往复泵、比例泵	$10^{-3} \sim 10^{-6}$	10^{-4}

表 5-4(续)

项目	故障率/h^{-1}	
	现测值	建议值
柴油内燃机	$10^{-3}\sim10^{-6}$	10^{-4}
汽油内燃机	$10^{-3}\sim10^{-4}$	10^{-4}
蒸气透平机	$10^{-3}\sim10^{-6}$	10^{-4}
电动机、发电机	$10^{-3}\sim10^{-6}$	10^{-4}
气动仪表指示器、记录器、控制器等	$10^{-2}\sim10^{-5}$	10^{-4}
电动仪表指示器、记录器、控制器等	$10^{-4}\sim10^{-6}$	10^{-5}
真空阀未能启动	$10^{-4}\sim10^{-5}$	10^{-5}
溢流阀未能打开	$3\times10^{-5}\sim3\times10^{-6}$	10^{-5}
熔断器未能断开	$3\times10^{-5}\sim3\times10^{-6}$	10^{-5}

(2) 人失误概率。人的失误是另一种基本事件，系统运行中人的失误是导致事故发生的一个重要原因。人的失误通常是指作业者实际完成的功能与系统所要求的功能之间的偏差。人的失误概率通常是指作业者在一定条件下和规定时间内完成某项规定功能时出现偏差或失误的概率，它表示人的失误的可能性大小。因此，人的失误概率也就是人的不可靠度。一般根据人的不可靠度与人的可靠度互补的规则，获得人的失误概率。

影响人失误的因素很复杂，很多专家、学者对此做过专门研究，提出了不少关于人的失误概率估算方法，但都不很完善。现在能被大多数人接受的是 1961 年斯温 (Swda) 和罗克 (Rock) 提出的“人的失误率预测方法”(T-HERP)。这种方法的分析步骤如下：

① 调查被分析者的作业程序。

② 把整个程序分解成单个作业。

③ 把每一单个作业分解成单个动作。

④ 根据经验和实验，适当选择每个动作的可靠度。常见的人的行为可靠度见表 5-5。

表 5-5 人的行为可靠度举例

人的行为类型	可靠度	人的行为类型	可靠度
阅读技术说明书	0.991 8	上紧螺母、螺钉和销子	0.997 0
读取时间(扫描记录仪)	0.992 1	连接电缆(安装螺钉)	0.997 2
读取电流计或流量计	0.994 5	阅读记录	0.996 6
确定多位置电气开关的位置	0.995 7	确定双位置开关	0.998 5
在元件位置上标注符号	0.995 8	关闭手动阀门	0.998 3
分析缓变电压或电平	0.995 5	开启手动阀门	0.998 5
安装垫圈	0.996 2	拆除螺母、螺钉和销子	0.998 8

表 5-5(续)

人的行为类型	可靠度	人的行为类型	可靠度
分析锈蚀	0.996 3	对一个报警器的响应能力	0.999 9
把阅读信息记录下来	0.996 6	读取数字显示器	0.999 0
分析凹陷、裂纹或划伤	0.996 7	读取大量参数的打印记录	0.950 0
读取压力表	0.996 9	安装安全锁线	0.996 1
安装 O 形环状物	0.996 5	安装鱼形夹	0.996 1
分析老化的防护罩	0.996 9		

⑤ 用单个动作的可靠度之积表示每个操作步骤的可靠度。如果各个动作中存在非独立事件，则用条件概率计算。

⑥ 用各操作步骤可靠度之积表示整个程序的可靠度。

⑦ 用可靠度之补数(1 减去可靠度)表示每个程序的不可靠度，这就是该程序人的失误概率。

人在人机系统中的功能主要是接受信息(输入)、处理信息(判断)和操纵控制机器将信息输出。因此，就某一动作而言，作业者的基本可靠度为：

$$R = R_1 R_2 R_3$$

式中　R_1——与输入有关的可靠度；

R_2——与判断有关的可靠度；

R_3——与输出有关的可靠度。

R_1，R_2，R_3 的取值见表 5-6。

表 5-6　R_1，R_2，R_3 的取值范围

类别	影响因素	R_1	R_2	R_3
简单	变量不超过几个； 人机工程上考虑全面	0.999 5～0.999 9	0.999 0	0.999 5～0.999 9
一般	变量不超过 10 个	0.999 0～0.999 5	0.995 0	0.999 0～0.999 5
复杂	变量超过 10 个； 人机工程上考虑不全面	0.990 0～0.999 0	0.990 0	0.990 0～0.999 0

由于受作业条件、作业者自身因素及作业环境的影响，基本可靠度还会降低。例如，有研究表明，人的舒适温度一般是 19～22 ℃。当人在作业时，环境温度超过 27 ℃时，人体失误概率大约会上升 40%。因此，还需要用修正系数 k 加以修正，从而得到作业者单个动作的失误概率，即：

$$q = k(1 - R)$$

式中　k——修正系数，$k=abcde$；

a——作业时间系数；

b——操作频率系数；

c——危险状况系数；

d——心理、生理条件系数；

e——环境条件系数。

a,b,c,d,e 的取值见表 5-7。

表 5-7　a,b,c,d,e 的取值范围

符号	项目	内容	取值范围
a	作业时间	有充足的富余时间	1.0
		没有充足的富余时间	1.0～3.0
		完全没有富余时间	3.0～10.0
b	操作频率	频率适当	1.0
		连续操作	1.0～3.0
		很少操作	3.0～10.0
c	危险状况	即使误操作也安全	1.0
		误操作时危险性大	1.0～3.0
		误操作时产生重大灾害的危险	3.0～10.0
d	心理、生理条件	教育、训练、健康状况、疲劳、愿望等综合条件较好	1.0
		综合条件不好	1.0～3.0
		综合条件很差	3.0～10.0
e	环境条件	综合条件较好	1.0
		综合条件不好	1.0～3.0
		综合条件很差	3.0～10.0

布朗宁经过大量的观测研究认为，人员进行重复操作时，失误率为 10^{-3}～10^{-2}，建议取 10^{-2}。

2）计算顶事件发生概率

事故树定量分析的核心内容就是在已知基本事件发生概率的前提条件下，定量地计算出在一定时间内发生事故的可能性大小，即计算顶事件发生的概率。顶事件的概率有多种计算方法，这里仅介绍较为常用的 3 种。

（1）求基本事件概率积之和。这种方法的依据是：顶事件 T 的概率等于使 T 发生（状态为值 1）的所有状态组合的概率之和。因此，列出基本事件的状态组合表并计算相应的顶事件状态值，即：

$$Q=\sum\Phi(X)\prod_{i=1}^{n}q_i^{X_i}(1-q_i)^{1-X_i} \tag{5-22}$$

【例 5-6】 对于图 5-40 所示的事故树，已知基本事件 x_1，x_2，x_3 的发生概率为 $q_1=q_2=q_3=0.1$，试用求基本事件概率积之和的方法计算顶事件概率。

解　首先，列出基本事件和顶事件的状态表，见表 5-2。在表 5-2 中，共有 3 种状态组合使得顶事件 T 的状态 $\Phi(X)=1$，见表 5-8。

表 5-8　使顶事件 T 的状态为 1 的状态组合

X_1	X_2	X_3	$\Phi(X)$
1	0	1	1
1	1	0	1
1	1	1	1

将表 5-8 中的三种状态组合发生的概率相加，即可得到顶事件发生概率 $P(T)$。即：

$$P(T)=q_1(1-q_2)q_3+q_1q_2(1-q_3)+q_1q_2q_3=0.019$$

从以上例题可以看出，求基本事件概率积之和需要首先列出基本事件的状态组合表。随着基本事件数量的增多，其状态组合数也将迅速增加。因此，这种方法只适用于基本事件数目较少，事故树比较简单的场合。

(2) 直接分步计算。假设各基本事件 x_1，x_2，…，x_n 相互独立，其概率分别为 q_1，q_2，…，q_n。若这 n 个事件用或门连接，则或门的结果事件即 n 个事件的和事件的概率为：

$$P(x_1+x_2+\cdots+x_n)=1-(1-q_1)(1-q_2)\cdots(1-q_n) \tag{5-23}$$

若这 n 个事件用与门连接，则与门的结果事件即 n 个事件的积事件的概率为：

$$P(x_1x_2\cdots x_n)=q_1q_2\cdots q_n \tag{5-24}$$

根据式(5-23)和式(5-24)，可以从底部的门事件算起，逐层向上推移计算到顶上事件。

【例 5-7】 对于图 5-40 所示的事故树，已知基本事件 x_1，x_2，x_3 的发生概率为 $q_1=q_2=q_3=0.1$，试用直接分步计算法计算顶事件概率。

解　从底部的或门开始，首先计算事件 A 的概率：

$$P(A)=1-(1-q_2)(1-q_3)=0.19$$

由于 x_1 与 A 相互独立，则顶部的与门的结果事件，即事故树顶事件 T 的概率为：

$$P(T)=q_1P(A)=0.019$$

这一计算方法明显比求基本事件的概率和更为简单，但使用这一方法的前提是所有逻辑门的输入事件(包括基本事件和中间事件)都必须相互独立，这就要求事故树中必须没有重复事件。此外，当事故树比较庞大、事件和逻辑门比较多时，采用这种方法的工作量也非常大。

综上所述，直接分步计算法只适用于事故树规模不大，且事故树中没有重复事件的场合。

(3) 利用最小割集或最小径集计算顶事件概率。在采用布尔代数法求取事故树的最小割集时，首先需要将事故树的布尔表达式化为最简析取标准式。假设有一事故树，其最简析取标准式为：

$$T=E_1+E_2+\cdots+E_k$$

则该事故树有 k 个最小割集。根据和事件的概率计算式,可以得到顶事件发生概率:

$$P(T)=\sum_{r=1}^{k}P(E_r)-\sum_{1\leqslant r<s\leqslant k}P(E_rE_s)+\cdots+(-1)^{k-1}P(\prod_{r=1}^{k}E_r)$$

将上式展开可以得到:

$$P(T)=\sum_{r=1}^{k}\prod_{x_i\in G_r}q_i-\sum_{1\leqslant r<s\leqslant k}\prod_{x_i\in G_r\cup G_s}q_i+\cdots+(-1)^{k-1}\prod_{\substack{r=1\\x_i\in G_r}}^{k}q_i \tag{5-25}$$

式(5-25)即用最小割集法求顶事件概率的计算式。令

$$\sum_{r=1}^{k}\prod_{x_i\in G_r}q_i=F_1,\ \sum_{1\leqslant r<s<t\leqslant k}\prod_{x_i\in G_r\cup G_s}q_i=F_2,\ \prod_{\substack{r=1\\x_i\in G_r}}^{k}q_i=F_k$$

则式(5-25)可改写为:

$$P(T)=F_1-F_2+\cdots+(-1)^{k-1}F_k$$

通常情况下,$F_1\geqslant F_2,F_2\geqslant F_3,\cdots$在精度要求不高时,可以用 F_1 近似代替顶事件的概率,从而大大简化计算过程,即:

$$P(T)\approx F_1=\sum_{r=1}^{k}\prod_{x_i\in G_r}q_i \tag{5-26}$$

式(5-26)为首项近似法求顶事件概率的计算式。

有时为了提高计算精度,可取首项与第二项 F_2 的差作为近似值:

$$P(T)\approx F_1-\frac{1}{2}F_2 \tag{5-27}$$

式(5-27)为平均近似法求顶事件概率的计算式。

【例 5-8】 某事故树最小割集为:$\{x_1,x_2\},\{x_1,x_3\},\{x_2,x_4,x_5\}$,各基本事件发生概率:$q_1=0.01,q_2=0.02,q_3=0.03,q_4=0.04,q_5=0.05$,求顶事件发生概率。

解 根据式(5-25),可以得到顶事件概率为:

$$\begin{aligned}P(T)&=(q_1q_2+q_1q_3+q_2q_4q_5)-(q_1q_2q_3+q_1q_2q_4q_5+q_1q_2q_3q_4q_5)+q_1q_2q_3q_4q_5\\&=q_1q_2+q_1q_3+q_2q_4q_5-q_1q_2q_3-q_1q_2q_4q_5\\&=0.000\ 533\ 6\end{aligned}$$

若采用首项近似法,按式(5-26)可以得到:

$$P(T)=F_1=q_1q_2+q_1q_3+q_2q_4q_5=0.000\ 54$$

其相对误差为:

$$\varepsilon=\frac{0.000\ 54-0.000\ 533\ 6}{0.000\ 533\ 6}=1.2\%$$

若采用平均近似法,则:

$$F_1=q_1q_2+q_1q_3+q_2q_4q_5=0.000\ 54$$

$$F_2=q_1q_2q_3+q_1q_2q_4q_5+q_1q_2q_3q_4q_5=0.000\ 006\ 412$$

按式(5-27)可以得到:

$$P(T)=F_1-\frac{1}{2}F_2=0.000\ 536\ 794$$

其相对误差为:

$$\varepsilon=\frac{0.000\ 536\ 794-0.000\ 533\ 6}{0.000\ 533\ 6}=0.6\%$$

由此可以看出，由于基本事件的概率较小，采用首项近似法即可得到较为精确的结果。若采用平均近似法，则计算误差更小。

与最小割集法类似，也可以采用最小径集求取顶事件概率。在采用对偶树求取事故树的最小径集时，首先需要求得事故树的对偶树的最简析取标准式。假设有一事故树，其对偶树的最简析取标准式为：

$$T' = D_1 + D_2 + \cdots + D_l$$

则该事故树有 l 个最小径集。根据和事件的概率计算式，可以得到顶事件发生概率：

$$P(T') = \sum_{r=1}^{l} P(D_r) - \sum_{1 \leqslant r < s \leqslant l} P(D_r D_s) + \cdots + (-1)^{l-1} P\left(\prod_{r=1}^{l} D_r\right)$$

则：

$$P(T) = 1 - P(T') = 1 - \left[\sum_{r=1}^{l} P(D_r) - \sum_{1 \leqslant r < s \leqslant l} P(D_r D_s) + \cdots + (-1)^{l-1} P\left(\prod_{r=1}^{l} D_r\right)\right]$$

将上式展开可以得到：

$$P(T) = 1 - \left[\sum_{r=1}^{l} \prod_{x_i \in P_r} (1 - q_i) - \sum_{1 \leqslant r < s \leqslant l} \prod_{x_i \in P_r \cup P_s} (1 - q_i) + \cdots + (-1)^{l-1} \prod_{\substack{r=1 \\ x \in P}}^{l} (1 - q_i)\right] \tag{5-28}$$

式(5-28)即为最小径集法求顶事件概率的计算式。

【例 5-9】 某事故树最小径集为：$\{x_1, x_4\}$，$\{x_2, x_3\}$，$\{x_1, x_5\}$，各基本事件发生概率：$q_1 = 0.01$，$q_2 = 0.02$，$q_3 = 0.03$，$q_4 = 0.04$，$q_5 = 0.05$，求顶事件发生概率。

解　根据式(5-28)，可以得到顶事件概率为：

$$\begin{aligned} P(T) = 1 - \{ & [(1-q_1)(1-q_4) + (1-q_2)(1-q_3) + (1-q_1)(1-q_5)] - \\ & [(1-q_1)(1-q_2)(1-q_3)(1-q_4) + (1-q_1)(1-q_4)(1-q_5) + \\ & (1-q_1)(1-q_2)(1-q_3)(1-q_5)] + \\ & (1-q_1)(1-q_2)(1-q_3)(1-q_4)(1-q_5)\} \\ = {} & 0.000\,591\,812 \end{aligned}$$

将式(5-25)和式(5-28)相比较可以发现，若最小割集有 k 个，则最小割集法项数为 2^{k-1}；若最小径集有 l 个，则最小径集法项数为 2^l。原则上，若最小割集数少，则用最小割集法求取；反之，用最小径集法求取。

3）概率重要度及临界重要度分析

(1) 概率重要度分析。所谓概率重要度，是指基本事件概率变化量对顶事件概率的影响，可用式(5-29)计算，即：

$$I_{q(i)} = \lim_{\Delta q_i \to 0} \frac{\Delta P(T)}{\Delta q_i} = \frac{\partial P(T)}{\partial q_i} \tag{5-29}$$

假设所有事件发生概率为 1/2，则计算得到的概率重要度即为基本事件的结构重要度。

【例 5-10】 按式(5-29)求图 5-40 所示事故树中各基本事件的结构重要度系数。

解　根据其布尔表达式 $T = x_1(x_2 + x_3)$，可以得到该事故树有两个最小割集 $\{x_1, x_2\}$，$\{x_1, x_3\}$。

按式(5-25)求得该事故树的概率表达式：

$$P(T)=q_1q_2+q_1q_3-q_1q_2q_3$$

设 $q_1=q_2=q_3=1/2$，按式(5-29)求各基本事件的结构重要度系数：

$$I_{\Phi(1)}=\frac{\partial P(T)}{\partial q_1}=q_2+q_3-q_2q_3=\frac{3}{4}$$

$$I_{\Phi(2)}=\frac{\partial P(T)}{\partial q_2}=q_1-q_1q_3=\frac{1}{4}$$

$$I_{\Phi(3)}=\frac{\partial P(T)}{\partial q_3}=q_1-q_1q_2=\frac{1}{4}$$

其计算结果与结构重要度系数法的计算结果完全一致。利用这一性质，我们可以用定量化的手段准确求出结构重要度系数，并且其计算过程与结构重要度系数法相比更为简单。

(2) 临界重要度分析。临界重要度则是指基本事件概率变化率对顶事件概率变化率的影响，可用式(5-30)计算，即：

$$I_{Ci}=\lim_{\Delta q_i\to 0}\frac{\Delta P(T)/P(T)}{\Delta q_i/q_i}=\frac{q_i}{P(T)}I_{q(i)} \tag{5-30}$$

【例 5-11】 有一事故树如图 5-42 所示，求最小割集和最小径集，分析基本事件的结构重要度；设各基本事件发生概率分别为 $q_1=0.01$，$q_2=0.02$，$q_3=0.03$，$q_4=0.04$，$q_5=0.05$，采用首项近似法求顶事件概率；分析各基本事件的概率重要度和临界重要度。

解 将事故树布尔表达式化为最简析取标准式

$$T=x_1(x_3+x_5)+(x_2x_5+x_3)x_4=x_1x_3+x_1x_5+x_3x_4+x_2x_4x_5$$

所以，该事故树有 4 个最小割集：

$$G_1=\{x_1,x_3\},G_2=\{x_1,x_5\},G_3=\{x_3,x_4\},G_4=\{x_2,x_4,x_5\}$$

最小割集等效树，如图 5-43 所示。将事故树的布尔表达式化为最简合取标准式：

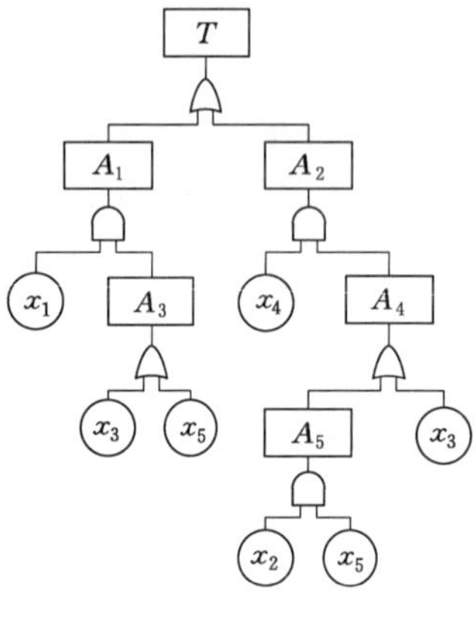

图 5-42 事故树结构图

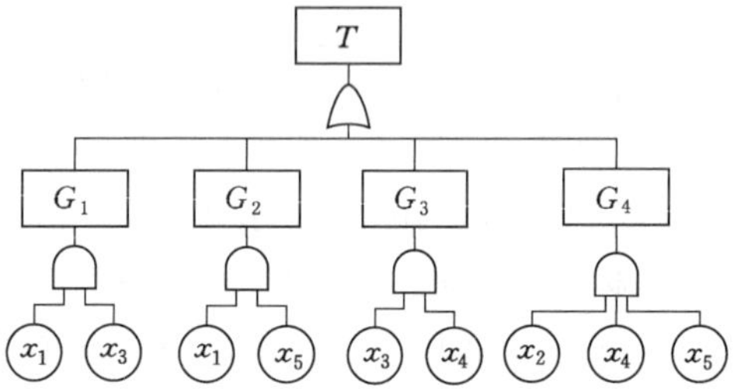

图 5-43 最小割集等效树

$$T=x_1(x_3+x_5)+(x_2x_5+x_3)x_4(x_1+x_4)(x_3+x_5)(x_1+x_2+x_3)$$

所以，该事故树有 3 个最小径集：

$$P_1\{x_1,x_4\},P_2=\{x_3,x_5\},P_3=\{x_1,x_2,x_3\}$$

最小径集等效树：

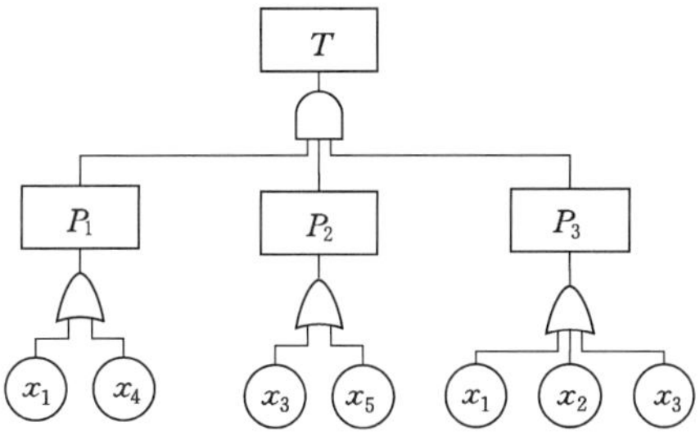

图 5-44　最小径集等效树

根据最小割集,按式(5-13)求各基本事件的结构重要度:

$$I_{\Phi(1)}=\frac{1}{4}\times(\frac{1}{2}+\frac{1}{2})=\frac{1}{4}$$

$$I_{\Phi(2)}=\frac{1}{4}\times\frac{1}{3}=\frac{1}{12}$$

$$I_{\Phi(3)}=\frac{1}{4}\times(\frac{1}{2}+\frac{1}{2})=\frac{1}{4}$$

$$I_{\Phi(4)}=\frac{1}{4}\times(\frac{1}{2}+\frac{1}{3})=\frac{5}{24}$$

$$I_{\Phi(5)}=\frac{1}{4}\times(\frac{1}{2}+\frac{1}{3})=\frac{5}{24}$$

所以,各基本事件的结构重要度排序为:

$$I_{\Phi(1)}=I_{\Phi(3)}>I_{\Phi(4)}=I_{\Phi(5)}>I_{\Phi(2)}$$

按式(5-26)采用首项近似法求得顶事件概率:

$$P(T)=q_1q_3+q_1q_5+q_3q_4+q_2q_4q_5=0.002$$

按式(5-29)求得各基本事件的概率重要度:

$$I_{q(1)}=\frac{\partial P(T)}{\partial q_1}=q_3+q_5=0.08$$

$$I_{q(2)}=\frac{\partial P(T)}{\partial q_2}=q_4q_5=0.002$$

$$I_{q(3)}=\frac{\partial P(T)}{\partial q_3}=q_1+q_4=0.05$$

$$I_{q(4)}=\frac{\partial P(T)}{\partial q_4}=q_3+q_2q_5=0.031$$

$$I_{q(5)}=\frac{\partial P(T)}{\partial q_5}=q_1+q_2q_4=0.010\,8$$

概率重要度排序为:

$$I_{q(1)}>I_{q(3)}>I_{q(4)}>I_{q(5)}>I_{q(2)}$$

各基本事件的临界重要度:

$$I_{C1}=\frac{q_1}{P(T)}I_{q(1)}=\frac{0.01}{0.002}\times0.08=0.4$$

$$I_{C2}=\frac{q_2}{P(T)}I_{q(2)}=\frac{0.02}{0.002}\times0.002=0.02$$

$$I_{C3}=\frac{q_3}{P(T)}I_{q(3)}=\frac{0.03}{0.002}\times 0.05=0.75$$

$$I_{C4}=\frac{q_4}{P(T)}I_{q(4)}=\frac{0.04}{0.002}\times 0.031=0.62$$

$$I_{C5}=\frac{q_5}{P(T)}I_{q(5)}=\frac{0.05}{0.002}\times 0.0108=0.27$$

临界重要度排序为：

$$I_{C3}>I_{C4}>I_{C1}>I_{C5}>I_{C2}$$

将三种重要度相比较，结构重要度反映了基本事件在事故树结构中的地位；概率重要度反映了基本事件概率增减对顶事件的影响；临界重要度从敏感度和基本事件发生概率大小两方面反映了基本事件的重要程度，其分析结果最能反映实际情况。

5.2.8 事故树分析的优缺点及适用范围

1）事故树分析的优点

（1）事故树以图形的方式直观、形象、全面地描述导致事故的各种因素及其逻辑关系。

（2）事故树不仅可以分析元部件故障、人的误操作、环境因素等对系统的影响，还可以针对多个原因共同作用所导致的结果进行分析。

（3）事故树最小割集可以确定事故发生的途径，最小径集可以确定避免事故发生的最低限度的措施，从而为安全决策提供依据。

（4）事故树既可做定性分析，也可定量计算系统的故障概率及可靠性，为改善系统安全性和可靠性提供定量分析依据。

2）事故树分析的缺点

（1）事故树的编制质量是决定定性、定量分析有效性的关键，这就要求分析人员具有丰富的经验，能够准确识别事故原因及原因间的逻辑关系。

（2）对复杂大系统进行事故树分析时，事故树会非常庞大，其最小割集可能有数十个，甚至上百个，定性、定量分析难度较大。

（3）事故树定量分析时，需确定基本事件概率，且要求基本事件相互独立。而在实际分析过程中，设备故障概率和人失误概率均难以获取，且各基本事件间存在相互影响关系，因而定量分析很难真正实现。

3）事故树分析的适用范围

事故树分析可以应用于系统的各个层次，对系统、子系统、组件等都可以采用这种分析方法。在系统的设计、研发阶段，可以利用事故树预测系统事故模式，采取必要措施；在系统运行阶段，可以利用事故树分析可能事故原因，制订预防措施，确定安全检查重点；在事故分析、调查阶段，也可以利用事故树快速查找事故原因。因此，事故树分析的应用范围涵盖了系统生命周期的各个阶段，在航天、矿山、化工、机械、建筑等多个行业均得到了广泛应用。

复习思考题

1. 当事件树用于系统安全分析时，通常将哪些事件作为中间事件？当事件树用于系统可靠性分析时，通常将哪些事件作为中间事件？

2. 简述事件树分析的基本原理。

3. 某储罐中存有大量易燃物质，若可燃物泄漏，则可能引起火灾，设火灾事故过程如下：有可燃物泄漏、遇到火源、着火、报警、灭火、人员脱离。试以可燃物泄漏为初始事件绘制事件树，并分析如何避免火灾导致的人员伤亡。

4. 某企业建有乙炔站房，站房内设置可燃气体检测探头和事故排风联锁控制装置。一旦检测到气体浓度超标，立即自动启动风机进行事故排风，同时发送声光信号至值班室报警，值班室操控人员接警后会关闭泄漏源，避免乙炔继续泄漏。若无法关闭泄漏源，则泄漏的乙炔遇火源会发生火灾、爆炸事故。试以乙炔泄漏为初始事件，编制事件树，并分析可能的结果和预防措施。

5. 最小割集和最小径集在事故树分析中有何作用？

6. 事故树基本事件结构重要度、概率重要度、临界重要度有何区别和联系？

7. 高处坠落事故为建筑行业最为常见的事故类型，以高处坠落为顶事件编制了下图所示的事故树。其中，事故树图中的事件编号如下所示：

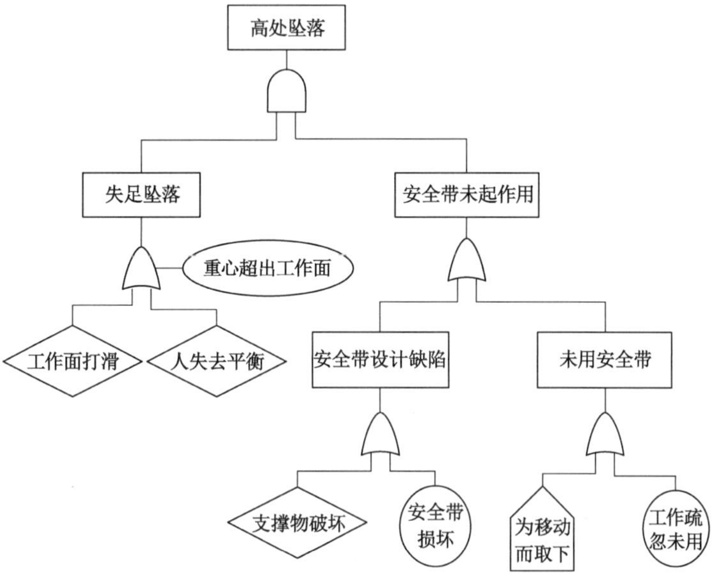

T：高处坠落	E_1：失足坠落
E_2：安全带未起作用	E_3：安全带设计缺陷
E_4：未用安全带	a：重心超出工作面
x_1：工作面打滑	x_2：人失去平衡
x_3：支撑物破坏	x_4：安全带损坏
x_5：为移动而取下	x_6：工作疏忽未用

(1) 求该事故树的最小割集和最小径集,分析各基本事件的结构重要度;

(2) 根据以上结果,分析事故的预防措施。

8. 有一事故树如右图所示:

(1) 求最小割集和最小径集,画出等效树,分析基本事件的结构重要度;

(2) 设各基本事件发生概率分别为:$q_1=0.01$,$q_2=0.02$,$q_3=0.03$,$q_4=0.04$,$q_5=0.05$,求顶事件概率 $P(T)$;

(3) 分析各基本事件的概率重要度和临界重要度。

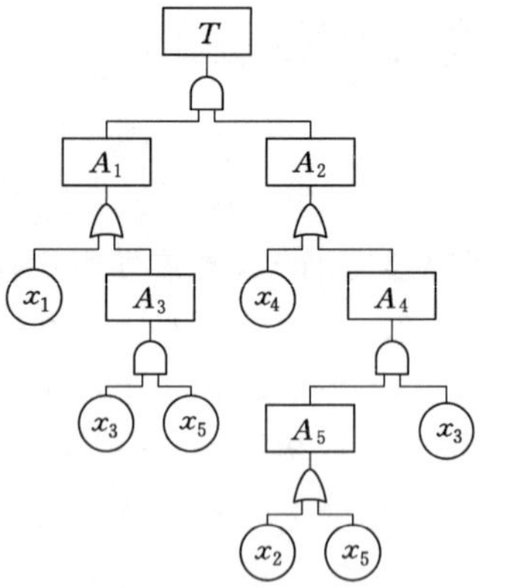

题 8 图

9. 已知某事故树如右图所示:

(1) 试计算此事故树的最小割集、最小径集,并进行分析;

(2) 已知各基本事件的概率 $q_1=0.01$,$q_2=0.02$,$q_3=0.03$,$q_4=0.04$,分别用精确计算法和首项近似法求顶事件概率,计算相对误差;

(3) 请分析各基本事件的结构重要度、概率重要度和临界重要度。

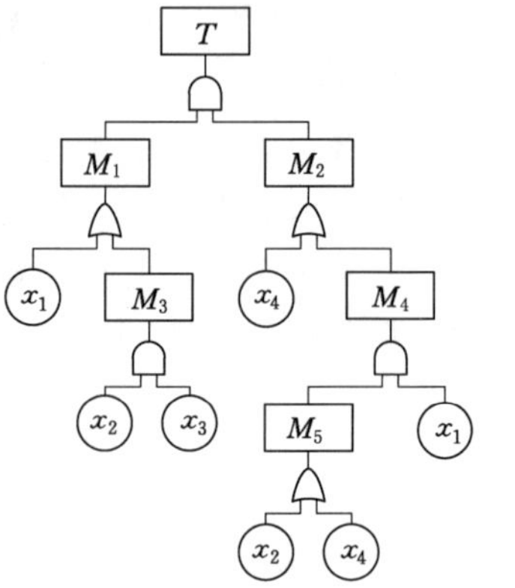

题 9 图

第 6 章

风险评价方法

风险评价，又称为风险评估，是指在危险辨识的基础上对事故/事件给人们的生活、生命、财产、环境等各个方面造成的影响和损失的可能性进行量化评估，并将量化的风险值与公认的安全指标做对比，根据其风险程度的不同判断采取应对措施的必要程度的过程。

6.1　风险矩阵法

根据风险的定义，要对风险值进行量化就必须得到风险的可能性（概率）以及风险的严重度的确切值。在安全生产领域，风险评估的对象主要为各类事故。而事件的概率理论上需要进行大量的随机试验才能得到，由于事故的危险性较高，对事故进行随机试验以求得其概率是不现实的。同样，受企业类型、自动化程度、工作制度、地理位置等各种因素影响，即使是同一类型的事故，其后果也千差万别。综上所述，对事故可能性和后果进行精确度量以实现事故风险的定量评估可行性不高。

一般地，可采用矩阵的形式来表达事故风险大小，分别以事故发生的可能性 $L(L_1, L_2, L_3, \cdots, L_m)$ 和事故后果的严重程度 $S(S_1, S_2, S_3, \cdots, S_n)$ 为行和列，构建一个 $m \times n$ 的矩阵，则由行列的交叉点即可确定相应的风险值 R。这种由事故可能性 L 和后果严重程度 S 构建而成的矩阵即称为风险矩阵。风险矩阵的形式随着对事故发生的可能性和严重度的划分等级的不同而有所不同，如最简单的 3×3 矩阵、国际标准化组织提供的 5×5 矩阵、美国化学工程师协会化学过程安全中心（CCPS）应用的 5×7 矩阵等。下面以图 6-1所示的 5×5 矩阵为例加以说明。

风险概率等级 S						
	5	Ⅰ 5	Ⅲ 10	Ⅳ 15	Ⅳ 20	Ⅳ 25
	4	Ⅰ 4	Ⅱ 8	Ⅳ 12	Ⅳ 16	Ⅳ 20
	3	Ⅰ 3	Ⅱ 6	Ⅱ 9	Ⅲ 12	Ⅳ 15
	2	Ⅰ 2	Ⅰ 4	Ⅱ 6	Ⅱ 8	Ⅲ 10
	1	Ⅰ 1	Ⅰ 2	Ⅰ 3	Ⅰ 4	Ⅱ 5
风险等级 R		1	2	3	4	5
		后果严重程度 S				

图 6-1　风险矩阵

在5×5矩阵中,事故后果的危害可以从4个方面考虑,即对职员、公众、环境和设施的危害,见表6-1。

表6-1 事故后果分析

等级	严重程度	说明
1	很低后果	职员——无伤害,无时间损失
		公众——无伤害、危险或可厌之事
		环境——事件不会带来工作场所和环境的危害
		设施——最小的设施损害,估计损失低于1万美元,没有产品损失
2	低后果	职员——很小伤害或无伤害,无时间损失
		公众——无伤害、危险或可厌之事
		环境——事件不会受到管理处的通告或违反允许条件
		设施——很小的设施损害,估计损失低于10万美元,没有产品损失
3	中后果	职员——1人受到伤害,不是特别严重,可能会损失时间
		公众——因气味或噪声等引起公众的抱怨
		环境——释放事件受到管理处的通告或违反允许条件
		设施——有些设施受到损害,估计损失大于10万美元或有小量的产品损失
4	高后果	职员——1人或多人严重受伤
		公众——1人或多人受伤
		环境——重大泄漏,给工作场所外带来严重影响
		设施——生产过程设施受到损害,估计损失大于100万美元或损失部分产品
5	很高后果	职员——人员死亡或永久性失去劳动能力的伤害
		公众——1人或多人严重受伤
		环境——重大泄漏,给工作场所外带来严重的环境影响,且会导致直接或潜在的健康危害
		设施——生产设施严重或全部损害,估计损失大于1 000万美元或产品严重损失

也可以从人员伤亡、经济损失、对生产以及企业形象的影响等角度考虑事故的危害,见表6-2。

表6-2 事故后果分级(按人员伤亡和财产损失)

后果等级	人员伤亡	直接经济损失/万元	对生产的影响	企业形象
1	无伤亡	无损失	没有停工	形象没有受损
2	轻微受伤、间歇不舒服	<1	受影响不大,几乎不停工	公司及周边范围
3	截肢、骨折、听力丧失、慢性病	1~50	1套装置停工或设备停工	地区影响
4	丧失劳动能力	50~100	2套装置停工或设备停工	行业内、省内影响
5	死亡	>100	部分装置(>2套)或设备停工	重大国际影响

企业在应用风险矩阵时,应根据自身的承受能力来确定事故后果等级。例如,对一小型

企业来讲，100 万元的损失可能就称得上重大事故；而对一大型企业来讲，这一数值可能为 1 000 万元。所以在应用风险矩阵时，首先应是根据实际情况确定事故等级划分准则，而不要机械地套用。

同样，对事故可能性进行分级的方式也有多种。由于事故概率的确切值很难得到，所以在风险评估过程中最常用的方法就是用频率代替概率，并根据事故发生的频率对事故可能性进行分级，分级方法见表 6-3。

表 6-3　事故可能性分级(按频率)

可能性等级	发生频率/(次・a^{-1})	描述
1	$<1.0\times10^{-6}$	不可能发生
2	$1.0\times10^{-6}\sim1.0\times10^{-3}$	很少发生
3	$1.0\times10^{-3}\sim1.0\times10^{-2}$	偶尔发生
4	$1.0\times10^{-2}\sim1.0\times10^{-1}$	很可能发生
5	$>1.0\times10^{-1}$	经常发生

以上事故频率可根据本企业的事故经验或同行业事故数据来得到。然而，对于新开发的系统，由于没有事故经验，无法确定事故发生的频率，则无法用表 6-3 中的分级标准对事故可能性进行分级。

对于这类系统，可以从风险的来源(事故致因)出发，对事故发生的频率做出定性判断。在生产企业中，风险的来源主要有以下两个方面：

(1) 固有风险：设备、设施、场所等本身固有(赋存、带有)的能量(电能、势能、机械能、热能等等)；危险物质(氢气、煤气、油品、液氨等)燃烧、爆炸等产生能量或有害物质。

(2) 现实风险：人员的不安全行为、物的不安全状态、环境的不安全因素及安全管理缺陷。

其中，能量和危险物质等固有风险是影响事故严重度的重要因素，而人、机、环境、管理等方面存在的现实风险以及相应的预防控制措施的有效性则是影响事故可能性的主要因素。因此，对于没有事故经验的新系统，可以使用表 6-4 所示的判断准则对事故可能性进行分级。

表 6-4　事故可能性分级(按事故致因)

可能性等级	安全检查	操作规程	员工胜任程度	监控措施(监测、联锁、报警)及应急措施
1	标准完善、按标准进行检查	操作规程齐全，严格执行并有记录	高度胜任(有上岗资格证、接受有效培训、经验丰富，技能、安全意识强)	监控措施能满足控制要求，供电、联锁从未失电或误动作；有应急措施每年至少演练两次

表 6-4(续)

可能性等级	安全检查	操作规程	员工胜任程度	监控措施(监测、联锁、报警)及应急措施
2	标准完善但偶尔不按标准检查	操作规程齐全,但偶尔不执行	胜任(有上岗资格证、接受有效培训、经验、技能较好,但偶尔出错)	监控措施能满足控制要求,但供电、联锁偶尔失电或误动作;有应急措施但每年只演练一次
3	发生变更后检查标准未及时修订或多数时候不按标准检查	发生变更后未及时修订操作规程或多数操作不执行操作规程	一般胜任(有上岗资格证、接受培训、但经验、技能不足,曾多次出错)	监控措施能满足控制要求,但经常被停用或发生变更后不能及时恢复;有应急措施但未根据变更及时修订或作业人员不清楚
4	检查标准不全或很少按标准检查	操作规程不全或很少执行操作规程	不够胜任(有上岗资格证、但没有接受有效培训、操作技能差)	有监控措施但不能满足控制要求,措施部分投用或有时投用;有应急措施但不完善或没演练
5	无检查标准或不按标准检查	无操作规程或从不执行操作规程	不胜任(无上岗资格证、无任何培训、无操作技能)	无任何监控措施或有措施从未投用;无应急措施

根据事故后果和可能性等级,找到二者在风险矩阵中的交叉点,则可得到该事故的风险等级。一般可将风险划分为 4 个等级:可接受的风险(蓝色)、中度风险(绿色)、高度风险(黄色)、严重风险(红色),分别对应图 6-1 中的不同区域。对不同级别的风险可采取不同的控制措施,见表 6-5。

表 6-5　风险等级划分

风险等级	描述	需要采取的行动
Ⅰ级	可以接受	可能或者不需要采取措施进一步降低风险
Ⅱ级	中度风险(在落实好控制措施的情况下可以接受)	依据成本情况,遵守程序采取措施,强调落实情况
Ⅲ级	高度风险(难以接受)	在规定时间内,采取工程或者管理措施将风险降低到可接受的范围内
Ⅳ级	严重风险(绝对零容忍)	在规定的时间内,通过工程或者管理上的专门的措施,限期(6 个月内)将风险降低到可接受的范围内

针对评价对象中所有潜在的事故风险,都需要用该表进行核查。只有当所有事故风险的计算结果都落在风险矩阵中的“可接受”区域内,才能认为该评价对象目前处于可接受的安全水平。

6.2　作业条件危险性评价法

6.2.1　基本原理

美国的格雷厄姆(Graham)和金尼(Kinney)研究了人们在具有潜在危险环境中作业的危险性。他们认为,对于一个具有潜在危险性的作业条件,影响其危险性的主要因素有3个:

(1) 危险作业条件发生事故的可能性,记作 L。

(2) 人员暴露于这种危险环境的频率,记作 E。

(3) 事故一旦发生可能产生的后果,记作 C。

将作业条件的危险性 D 作为因变量,事故或危险事件发生的可能性(L)、暴露于危险环境的频率(E)及危险严重程度(C)为自变量,确定了它们之间的函数式,即:

$$D=L\times E\times C \tag{6-1}$$

根据实际经验他们给出了3个自变量在不同情况下的分值,根据评价对象的实际情况分别对 L,E,C 进行"打分",即可根据式(6-1)计算出其危险性分数值,这种方法被称为作业条件危险性评价法(LEC)。

1) 危险作业条件发生事故的可能性 L

事故或危险事件发生的可能性与其实际发生的概率相关。用概率表示时,绝对不可能发生的概率为0;而必然发生的事件,其概率为1。但在考察一个系统的危险性时,绝对不可能发生事故是不确切的,即概率为0的情况不确切。所以,将实际上不可能发生的情况作为"打分"的参考点,定其分值为0.1。

此外,在实际生产条件中,事故或危险事件发生的可能性范围非常广泛,因而人为地将完全出乎意料、极少可能发生的情况规定为1;能预料将来某个时候会发生事故的分值规定为10;在这二者之间再根据可能性的大小相应地确定几个中间值,如将"不常见,但仍然可能"的分值定为3,"相当可能发生"的分值规定为6。同样,在0.1~1之间也插入了与某种可能性对应的分值。于是,将事故或危险事件发生可能性的分值从实际上不可能的事件为0.1,经过完全意外有极少可能的分值1,确定到完全会被预料到的分值10为止,见表6-6。

表 6-6　事故或危险事件发生可能性分值

分值	事故或危险情况发生可能性	分值	事故或危险情况发生可能性
<u>10</u>	完全会被预料到	0.5	可以设想,但高度不可能
6	相当可能	0.2	极不可能
3	不经常,但可能	<u>0.1</u>	实际上不可能
<u>1</u>	完全意外,极少可能		

注:带下画线的数值为"打分"的参考点。

2) 暴露于危险环境的频率

众所周知,作业人员暴露于危险作业条件的次数越多、时间越长,则受到伤害的可能性也就越大。因此,K.J·格雷厄姆和G.F·金尼规定了连续出现在潜在危险环境的暴露频率分值为10,一年仅出现几次非常稀少的暴露频率分值为1。以10和1为参考点,再在其区间根据在潜在危险作业条件中暴露情况进行划分,并对应地确定其分值。例如,每月暴露一次的分定为2,每周一次或偶然暴露的分值为3。当然,根本不暴露的分值应为0,但这种情况实际上是不存在的,是没有意义的,因此无须列出。关于暴露于潜在危险环境的分值见表6-7。

表6-7　暴露于潜在危险环境的分值

分值	暴露于危险环境的情况	分值	暴露于危险环境的情况
<u>10</u>	连续暴露于潜在危险环境	2	每月暴露1次
6	逐日在工作时间内暴露	<u>1</u>	每年几次出现在潜在危险环境
3	每周一次或偶然地暴露	0.5	非常罕见地暴露

注:带下画线的数值为"打分"的参考点。

3)发生事故或危险事件的可能结果

造成事故或危险事故的人身伤害或物质损失可在很大范围内变化,以工伤事故而言,可以从轻微伤害到许多人死亡,其范围非常宽广。因此,把需要救护的轻微伤害的可能结果的分规定为分值1,以此为一个基准点;而将造成许多人死亡的可能结果规定为分值100,作为另一个参考点。在两个参考点1～100之间,插入相应的中间值,列出如表6-8所列的可能结果的分值。

表6-8　发生事故或危险事件可能结果的分值

分值	可能结果	分值	可能结果
<u>100</u>	大灾难,许多人死亡	7	严重,严重伤害
40	灾难,数人死亡	3	重大,致残
15	非常严重,一人死亡	<u>1</u>	引人注目,需要救护

注:带下画线的数值为"打分"参考点。

4)作业条件危险性

确定了上述3个具有潜在危险性的作业条件的分值,并按式(6-1)进行计算,即可得危险性分值D。据此,要确定其危险性程度时,则按表6-9中的标准进行评定。

表6-9　危险性分值

分值	危险程度	分值	危险程度
>320	极其危险,不能继续作业	20～70	可能危险,需要注意
160～320	高度危险,需要立即整改	<20	稍有危险,或许可以接受
70～160	显著危险,需要整改		

危险性分值在20以下的环境属低危险性，一般可以被人们接受，这样的危险性比骑自行车通过拥挤的马路去上班之类的日常生活活动的危险性还要低。当危险性分值在20～70时，则需要加以注意；危险性分值70～160的情况时，则有明显的危险，需要采取措施进行整改；同样，根据经验，危险性分值在160～320的作业条件属高度危险的作业条件，必须立即采取措施进行整改；危险性分值在320分以上时，则表示该作业条件极其危险，应该立即停止作业直到作业条件得到改善为止。

6.2.2 LEC分析实例

1）某工厂车床作业LEC评价

某工厂工人每天都需要操作一台车床，该车床既未设置安全防护罩，也无钩、夹等辅助工具，有时不注意就会把手挤伤，以往曾经发生过这类事故，造成某工人一只手残废，没有人员死亡。对其作业条件进行安全评价如下：

事故发生的可能性属于“相当可能”，所以选取$L=6$；

人员暴露情况属于“逐日在工作时间内暴露”，所以选取$E=6$；

发生事故后果的严重度属于“致残”，所以选取$C=3$。

于是，此种生产作业条件的危险性分值为：

$$D=L\times E\times C=6\times 6\times 3=108$$

对照表6-9可知，危险等级属于“显著危险，需要整改”的范畴。

2）某企业清洗工序LEC评价

某涤纶化纤厂在生产短丝过程中有一道组件清洗工序，为了评价这一操作条件的危险度，确定每种因素的分数值为：

事故发生的可能性(L)：组件清洗所使用的三甘醇，属四级可燃液体，如加热至沸点时，其蒸气爆炸极限范围为0.9%～9.2%，属一级可燃蒸气。而组件清洗时，需要将三甘醇加热后使用，致使三甘醇蒸气容易扩散至整个车间，如室内通风设备不良，具有一定的潜在危险，属“可能，但不经常”，其分数值$L=3$；

暴露于危险环境的频繁程度(E)：清洗人员每天在此环境中工作，取$E=6$。

发生事故产生的后果(C)：如果发生燃烧爆炸事故，后果将是非常严重的，可能造成人员的伤亡，取$C=15$。

$$D=L\times E\times C=3\times 6\times 15=270$$

D值处于160～320之间，危险等级属“高度危险，需要立即整改”的范畴。

3）某企业50 000 m^3原油罐区LEC评价

某企业厂区北侧有一原油罐区，存储能力为50 000 m^3。罐区与城市道路之间有一块村民的承包地，村民在此区域内建了大量房屋。这些建筑物或依墙而建，或拆墙重建，更有甚者，有些建筑物的门、窗就开在围墙上，村民进出原油罐区非常随意。对原油罐区进行LEC评价，其过程如下：

(1) 发生事故的可能性(L)。原油罐火灾爆炸事故在石油化工生产行业中发生是屡见不鲜的。由于自然因素、人的因素及设备因素等，均有可能引发原油罐火灾或爆炸。这虽属小概率事件，仍可能发生，但不经常，所以取$L=3$。

(2) 暴露于危险环境的频率程度(E)。罐区周边的建筑物向密集型发展，人员数目越来越多，出现在危险环境中的时间越来越长，村民每天暴露于此环境中，所以取$E=6$。

(3) 发生事故产生的后果(C)。原油罐一旦起火燃烧,具有燃烧温度高、辐射热量大、油料流动扩散快、容易发生沸溢等特点,给人员和建筑物均造成严重威胁,极易造成人员死亡,取 $C=15$。

综上所述,危险程度 $D=3\times6\times15=270$。

危险性分值 D 处于 160～320,其危险等级属于"高度危险,需要立即整改"的范畴。由此可见,50 000 m^3 原油罐区,已构成重大事故隐患,是必须立即采取措施进行整改的高度危险环境。

根据《石油化工企业设计防火规范》(GB 50160—2018),甲、乙类工艺装置或设施距相邻工厂(围墙)防火间距为 50 m;距居住区、公共福利设施、村庄防火间距为 100 m。由此可见,以原油罐罐壁为起点,周边 100 m 的区域是高度危险环境。因此,可将罐区周边 100 m 范围确定为高风险区域,该区域由公司征用,建立安全隔离区。

6.2.3 LEC 分析优缺点及适用范围

作业条件危险性评价法用于评价人们在某种具有潜在危险的作业环境中进行作业的危险程度。该方法采用打分法确定各项参数的分值,方法简单易行,危险等级划分清楚、明确。但是,由于各项分值需根据经验确定,因此具有一定的局限性,仅适用于作业环境局部评价。此外,在具体应用时,需根据经验、评价目的、评价对象等具体情况对各项分值进行修正。

6.3 道化学火灾、爆炸指数法

6.3.1 概述

1964 年美国道(DOW)化学公司根据化工生产的特点,开发出"火灾、爆炸危险指数评价法",用于对化工生产装置进行安全性评价。该方法经过多次修订,不断完善,在 1993 年推出了第七版,并一直沿用至今。

道化学火灾、爆炸指数法(DOW's fire&explosion index,F&EI)是一种对工艺单元和生产装置的火灾、爆炸危险性进行定量评价的方法。F&EI 以物质系数为基础,再考虑工艺过程中其他因素如操作方式、工艺条件、设备状况、物料处理等因素的影响,来计算每个单元的火灾爆炸指数,再结合以往事故统计资料及现行安全措施估算停工停产损失,并以此评估生产装置的安全性。该评价方法切合实际、科学合理,并提供了火灾、爆炸危险性的关键数据。因此,已经被世界化学工业及石油化学工业公认为最主要的危险指数评价法。

F&EI 的主要目的如下:

(1) 量化潜在火灾、爆炸和反应性事故的预期损失。

(2) 确定可能引起事故发生或使事故扩大的装置。

(3) 向有关部门通报潜在的火灾、爆炸危险性。

(4) 使有关人员及工程技术人员了解到各工艺部门可能造成的损失,以此确定减轻事故严重性和总损失的有效、经济的途径。

6.3.2 评价步骤

在评价之前首先要准备资料包括:① 准确的装置(生产单元)设计方案;② 工艺流程

图；③ 工艺设备及安装成本表；④ 道七版火灾、爆炸指数(F&EI)评价指南；⑤ 道七版火灾、爆炸指数计算表(表 6-10)；⑥ 安全措施补偿系数表(表 6-13)；⑦ 工艺单元风险分析汇总表(表 6-14)；⑧ 生产单元风险分析汇总表(表 6-15)。

随后，按图 6-2 所示的步骤开展评价。

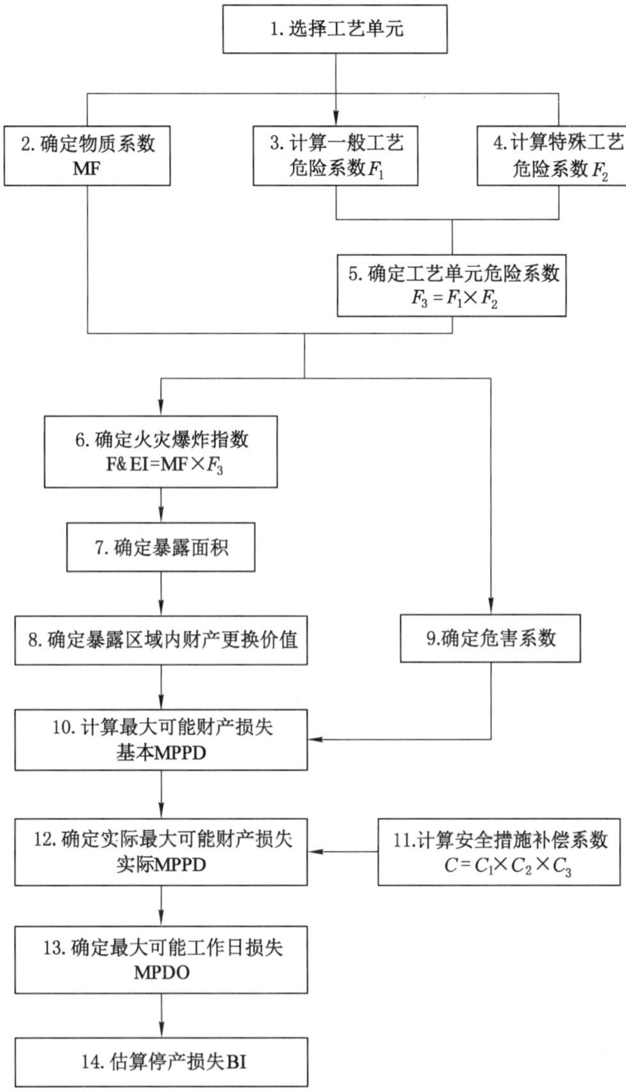

图 6-2　道化学火灾爆炸指数法评价步骤

1) 选择工艺(评价)单元

一套生产装置通常包括许多工艺单元，但计算火灾、爆炸指数时，只评价那些从损失预防角度来看影响比较大的工艺单元，这些单元可称为评价单元。工艺单元的划分要根据设备间的逻辑关系，如二氯乙烷裂解制取氯乙烯的生产过程可以划分为二氯乙烷预热器、二氯乙烷蒸发器、裂解炉、冷却塔、二氯乙烷吸热器和脱焦槽等单元。仓库的整个储存区不设防火墙，可作为一个单元。

选择评价单元时可以从以下几个方面考虑：

(1) 物质的潜在化学能(物质系数)。

(2) 工艺单元中危险物质的数量。

(3) 资金密度(每平方米美元数)。

(4) 操作压力和操作温度。

(5) 导致火灾、爆炸事故的历史资料。

(6) 对装置操作起关键作用的单元。

一般情况下，这些方面的数值越大，该工艺单元越需要评价。工艺单元确定后，需将单元名称填写在表 6-10 中"工艺单元"后的空格内。

需要说明的是，火灾、爆炸危险指数体系是假定工艺单元中所处理的易燃、可燃或化学活性物质的最低量为 2 268 kg 或 2.27 m^3。因此，若单元内物料量较少，则评价结果就有可能被夸大。一般地，所处理的易燃、可燃或化学活性物质的量至少为 454 kg 或 0.454 m^3，评价结果才有意义。

2）确定物质系数

在火灾、爆炸指数的计算和其他危险性评价时，物质系数(MF)是最基础的数值，它是表述物质由燃烧或其他化学反应引起的火灾、爆炸中释放能量大小的内在特性。

物质系数根据美国消防协会规定的物质可燃性 H_f 和化学活性(或不稳定性) N_r，从表 6-11中求取。

表 6-10 火灾、爆炸指数计算表

<table>
<tr><td>地区/国家：</td><td>部门：</td><td>场所：</td><td>日期：</td></tr>
<tr><td>位置：</td><td>生产单元：</td><td>工艺单元：</td><td></td></tr>
<tr><td>评价人：</td><td colspan="2">审定人(负责人)：</td><td>建筑物：</td></tr>
<tr><td>检查人(管理部)：</td><td colspan="2">检查人(技术中心)：</td><td>检查人(安全和损失预防)：</td></tr>
<tr><td colspan="4">工艺设备中的物料：</td></tr>
<tr><td colspan="2">操作状态：□设计□开车□正常作业□停车</td><td colspan="2">确定 MF 的物质：</td></tr>
<tr><td colspan="2">物质系数：</td><td colspan="2">温度：</td></tr>
<tr><td colspan="2">1. 一般工艺危险</td><td>危险系数范围</td><td>采用危险系数</td></tr>
<tr><td colspan="2">基本系数</td><td>1.00</td><td>1.00</td></tr>
<tr><td colspan="2">A. 放热化学反应</td><td>0.3～1.25</td><td></td></tr>
<tr><td colspan="2">B. 吸热反应</td><td>0.2～0.4</td><td></td></tr>
<tr><td colspan="2">C. 物料处理与输送</td><td>0.25～1.05</td><td></td></tr>
<tr><td colspan="2">D. 封闭单元或室内单元</td><td>0.25～0.9</td><td></td></tr>
<tr><td colspan="2">E. 通道</td><td>0.2～0.35</td><td></td></tr>
<tr><td colspan="2">F. 排放和泄漏控制</td><td>0.25～0.5</td><td></td></tr>
<tr><td colspan="3">一般工艺危险性系数 F_1：</td><td></td></tr>
<tr><td colspan="2">2. 特殊工艺危险性</td><td></td><td></td></tr>
<tr><td colspan="2">基本系数</td><td>1.00</td><td>1.00</td></tr>
</table>

表 6-10(续)

A. 毒性物质	0.2～0.8	
B. 负压(<66.5 kPa)	0.5	
C. 易燃范围内及接近易燃范围内的操作		
a. 罐装可燃性液体	0.5	
b. 过程失常或吹扫故障	0.3	
c. 一直在燃烧范围内	0.8	
D. 粉尘爆炸	0.25～2	
E. 压力(由道七版技术资料查得)		
F. 低温	0.2～0.3	
G. 易燃及化学活泼性物质的质量		
a. 工艺中的液体及气体(由道七版技术资料查得)		
b. 储存中的液体和气体(由道七版技术资料查得)		
c. 储存中的可燃性固体及工艺中的粉尘(由道七版技术资料查得)		
H. 腐蚀	0.1～0.75	
I. 泄漏(接头与密封)	0.1～1.5	
J. 使用明火设备(由道七版技术资料查得)		
K. 热油交换系统	0.15～1.15	
L. 转动设备	0.5	
特殊工艺危险性系数 F_2：		
单元工艺危险性系数($F_3=F_1\times F_2$)：		
火灾、爆炸指数(F&EI=$F_3\times$MF)：		

注：各项无危险时，对应系数记为0。

表 6-11 物质系数确定表

物质		NFPA325M 及 NFPA49	反应性分级 N_r				
			0	1	2	3	4
液体、气体(包括挥发固体)的易燃性或可燃性	不燃物	$N_f=0$	1	14	24	29	40
	FP>93.3 ℃	$N_f=1$	4	14	24	29	40
	37.8 ℃<FP≤93.3 ℃	$N_f=2$	10	14	24	29	40
	22.8℃≤FP<37.8 ℃ 或 FP<22.8 ℃且 BP≥37.8 ℃	$N_f=3$	16	16	24	29	40
	FP<22.8 ℃且 BP<37.8 ℃	$N_f=4$	21	21	24	29	40

表 6-11(续)

物质		NFPA325M 及 NFPA49	反应性分级 N_r				
			0	1	2	3	4
可燃性粉尘或烟雾	$S_t-1(K_{st}\leqslant 200$ bar·m/s)	16	16	24	29	40	
	$S_t-2(K_{st}=201\sim300$ bar·m/s)	21	21	24	29	40	
	$S_t-3(K_{st}>300$ bar·m/s)	24	24	24	29	40	
可燃性固体	厚度>40 mm(木板、镁锭、纸卷)		4	14	24	29	
	厚度<40 mm(粒状非粉尘物质)		10	14	24	29	
	多孔物、纤维、粉状物		16	16	24	29	

注:表中 FP 为闭杯闪点;BP 为标准温度和压力下的沸点;1bar=10^5 Pa。

表中的 N_r 值可按下述原则确定:

$N_r=0$:在燃烧条件下仍保持稳定的物质。

$N_r=1$:稳定,但在加温加压条件下成为不稳定的物质。

$N_r=2$:在加温加压条件下发生剧烈化学变化的物质。

$N_r=3$:本身能发生爆炸分解或爆炸反应,但需要强引发源或引发前必须在密封状态下加热的物质。

$N_r=4$:在常温常压下易于引爆分解或发生爆炸反应的物质。

道七版评价标准附录中提供了许多物质的物质系数,见附录。可通过该表直接查得常见物质的物质系数 MF,但当温度超过 60 ℃时,MF 值需修正。

若工艺单元中的物质为混合物,则其物质系数可按以下原则确定:

① 若混合物中各组分含量基本相同,如果其中物质系数最大的物质浓度在5%以上(质量浓度),可将最大物质系数作为工艺单元的物质系数。

② 若某组分含量非常高,混合物的性质与高浓度物质的性质十分相似,可以用该高浓度物质的物质系数作为工艺单元的物质系数。

③ 若工艺单元中进行的是化学反应:A+B→C,其中 A、B 物质系数大,C 不易燃,稳定。

若反应速度很快,A、B 在反应器中存在时间很短,则物质系数可按 C 确定。反之,则应按照"在实际操作过程中存在最危险物质"的原则确定 MF 值。

以 ABS 树脂生产过程为例,原料苯乙烯(MF=24)64.9%,丙烯腈(MF=24)20.8%,乙苯(MF=16)12.7%,以及少量的添加剂在聚合釜中发生聚合反应,生成 ABS 树脂,ABS 树脂本身危险性极小。由于苯乙烯含量最高,且物质系数最大,则对该单元进行 F&EI 评价时,其物质系数按苯乙烯确定,即 MF=24。

将最终用于确定工艺单元物质系数的物质填写在表 6-10"确定 MF 的物质"后的空格内,并将对应的物质系数以及温度值分别填写在"物质系数"和"温度"后的空格内。若实际操作温度超过 60 ℃,则需要对物质系数进行修正。

3）计算一般工艺危险系数 F_1

一般工艺危险性是决定火灾爆炸事故损害大小的主要因素，这些因素被分为6个方面，每个方面均有各自的取值范围。它们包括：

A. 放热化学反应，取值范围：0.3～1.25；

B. 吸热反应，取值范围：0.2～0.4；

C. 物料处理与输送，取值范围：0.25～1.05；

D. 封闭单元或室内单元，取值范围：0.25～0.9；

E. 通道，取值范围：0.2～0.35；

F. 排放或泄漏控制，取值范围：0.25～0.5。

根据工艺单元的实际情况对上述6个因素赋值，以第一项放热化学反应为例，其取值原则为：

① 轻微放热反应的危险系数为0.30；② 中等放热反应系数为0.50；③ 剧烈放热反应系数为1.00；④ 特别剧烈的放热反应，系数为1.25。

将上述6个方面的实际取值填入表6-10中，求和，再加上基本系数1，即可得到一般工艺危险系数值 F_1。

4）计算特殊工艺危险系数 F_2

特殊工艺危险性是影响事故发生概率的主要因素，共包括12项内容，即毒性物质、负压物质、在爆炸极限范围内或其附近的操作、粉尘爆炸、释放压力、低温、易燃和不稳定物质的数量、腐蚀、泄漏、明火设备、热油交换系统、转动设备。

每一个评价单元不一定每项都要取值，有关各项按规定求取危险系数。例如，“易燃和不稳定物质的数量”分三种情况确定危险系数：

(1) 工艺过程中的液体和气体，求出评价单元中可燃或不稳定物质总量后乘以燃烧热 H_c(J/kg)，得到总热量，然后从道化学公司技术手册中查得危险系数。

(2) 储存中的液体和气体，求得总燃烧热，然后从道化学公司技术手册中查得危险系数。

(3) 储存中的可燃固体和工艺过程中的粉尘，则用储存固体总量(kg)或工艺单元中粉尘总量(kg)从道化学公司技术手册中查得危险系数。

将上述12个方面的实际取值填入表6-10中，求和，再加上基本系数1，即可得到特殊工艺危险系数值 F_2。

5）确定工艺单元危险系数

工艺单元危险系数 F_3 等于一般工艺危险系数 F_1 和特殊工艺危险系数 F_2 的乘积。在正常情况下，F_3 的值一般在1～8之间，当 $F_3>8$ 时，仍按8计算。

6）计算火灾、爆炸指数(F&EI)

火灾、爆炸指数用来估算生产过程中事故可能造成的破坏情况，它等于物质系数MF和工艺单元危险系数 F_3 的乘积。

在计算出F&EI后，可按表6-12给出的危险性等级，确定发生火灾爆炸的危险程度。

表 6-12　F&EI 与危险等级的对应关系

F&EI 值	危险等级	F&EI 值	危险等级
1～60	最轻	128～158	很大
61～96	较轻	>159	非常大
97～127	中等		

7）确定暴露面积

一般认为，当工艺单元发生火灾/爆炸事故时，可能受影响的区域为以工艺单元关键装置为圆心，以 R 为半径的圆形区域。

其半径称为暴露半径，用下式计算：

$$R=0.84\times F\&EI, ft$$

$$R=0.256\times F\&EI, m$$

暴露半径决定了暴露区域的大小。如果被评价工艺单元是一个小设备，则暴露区域为以该设备的中心为圆心，以 R 为半径的圆形区域。如果设备较大，则应从设备表面向外量取暴露半径，暴露区域加上评价单元的面积才是实际暴露区域的面积。在实际中，暴露区域的中心常常是泄漏点，经常发生泄漏的点是排气口、膨胀节和装卸料连接处等部位，它们均可作为暴露区域的圆心。

根据暴露半径可计算出暴露区域面积 $S=\pi R^2$，该面积表明其内的设备将暴露在评价单元发生的火灾或爆炸环境中。在实际应用过程中，为评价设备在火灾、爆炸中的损失，通常要考虑暴露区域的立体范围，即暴露区域体积。一般认为，暴露区域体积为以暴露面积为底面，高度等于暴露半径 R 的圆柱形范围。有时用球体的体积来表示也是合理的，具体情况可查阅《道化学火灾、爆炸指数评价法技术手册》。

8）确定暴露区域内财产的更换价值

更换价值是假设暴露区域内所有设备基本完全被破坏，更换设备所需的费用，可用下式计算：

$$更换价值=原来成本\times 0.82\times 价格增长系数$$

式中，系数 0.82 是考虑事故时有些成本不会被破坏或无需更换，如场地平整、道路、地下管线和地基、工程费等。如果更换价值有更精确的计算方法，则这个系数可以改变。

9）确定危害系数

危害系数取值为 0～1，它表达了当工艺单元发生火灾/爆炸事故时，在暴露区域范围内，实际上百分之多少区域会受到破坏。危害系数由单元危险系数 F_3 和物质系数 MF 按图 6-3 来确定。

10）计算最大可能财产损失（基本 MPPD）

确定了暴露区域面积（实际为体积）和危害系数后，就可以计算事故造成的最大可能财产损失。

$$基本 MPPD=暴露区域的更换价值\times 危害系数$$

基本 MPPD 表示忽略所有安全措施，事故发生后暴露区域范围内的最大可能财产损失。

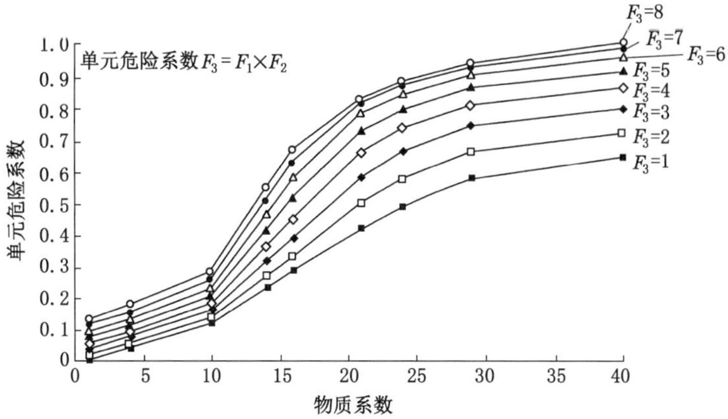

图 6-3 危害系数计算图

11）计算安全措施补偿系数(C)

事实上，由于各类安全措施的存在，使得单元发生火灾/爆炸事故时的实际损失要远远小于基本 MPPD。因此，在计算可能的财产损失时，必须考虑安全措施的效果。在道化学火灾爆炸指数法中，通常将安全措施分成三类：工艺控制(C_1)、物质隔离(C_2)、防火措施(C_3)。每一类的具体内容及相应补偿系数取值见表 6-13。每一类安全措施补偿系数等于该类中所有项目补偿系数的乘积，总补偿系数 C 为三类补偿措施系数的乘积。

表 6-13 安全措施补偿系数表

项目	补偿系数范围	采用系数
1. 工艺控制(C_1)		
a. 应急电源	0.98	
b. 冷却装置	0.97～0.99	
c. 抑爆装置	0.84～0.98	
d. 紧急切断装置	0.96～0.99	
e. 计算机控制	0.93～0.99	
f. 惰性气体保护系统	0.94～0.96	
g. 操作规程/程序	0.91～0.99	
h. 化学活泼性物质检查	0.91～0.98	
i. 其他工艺危险分析	0.91～0.98	
C_1=		
2. 物质隔离(C_2)		
a. 远距离控制阀	0.96～0.98	
b. 备用卸料装置	0.96～0.98	
c. 排放系统	0.91～0.97	
d. 联锁装置	0.98	

表 6-13(续)

项目	补偿系数范围	采用系数
$C_2=$		
3. 防火措施(C_3)		
a. 泄漏气体检测装置	0.94～0.98	
b. 钢质结构	0.95～0.98	
c. 消防水供应系统	0.94～0.91	
d. 特殊灭火系统	0.91	
e. 自动洒水灭火系统	0.74～0.97	
f. 水幕	0.97～0.98	
g. 泡沫灭火装置	0.92～0.97	
h. 手提式灭火器/水枪	0.95	
i. 电缆防护	0.94～0.98	
$C_3=$		
安全措施补偿系数 $C_1 \times C_2 \times C_3$：		

注：无该项安全措施时，对应补偿系数取 1。

12）确定实际最大可能财产损失(实际 MPPD)

基本最大可能财产损失与安全措施补偿系数的乘积就是实际最大可能财产损失。它表示采取适当的(但不完全理想)防护措施后事故造成的财产损失。

13）确定最大可能工作日损失(MPDO)

估算最大可能工作日损失是为了评价停产损失(BI)。在道化学相关技术手册中，通过对以往火灾、爆炸事故的历史数据进行推算，得到了 MPDO 与实际 MPPD 之间的关系曲线。但仅用该曲线估算 MPDO 是不够精确的，在确定 MPDO 时要做恰当的判断，如果不能作出精确的判断，MPDO 的值可能在 70%上下范围内波动。如果有确凿的证据，MPDO 值也可远远偏离 70%；如果能够根据供应时间和工程进度较精确地确定停产时间，就可采用它来确定 MPDO 值。

14）估算停产损失(BI)

工艺单元发生火灾爆炸事故所导致的停产损失用下式估算：

$$BI=\frac{MPDO}{30}\times VPM\times 0.7$$

式中 VPM——月产值；

0.7——固定成本和利润。

至此，即完成了所选工艺单元的火灾、爆炸指数评价，通常将结果记录在工艺单元危险分析汇总表中，如表 6-14 所列。

表 6-14 工艺单元危险分析汇总表

序号	内容	数值	单位
1	火灾、爆炸指数(F&EI)		
2	暴露半径		m
3	暴露面积		m^2
4	暴露区内财产价值		万元
5	危害系数		
6	基本最大可能财产损失(基本 MPPD)		万元
7	安全措施补偿系数 C		
8	实际最大可能财产损失(实际 MPPD)		万元
9	最大可能停产天数(MPDO)		d
10	停产损失(BI)		万元

生产单元内所有工艺单元的分析结果汇总于表 6-15 中。

表 6-15 生产单元危险分析汇总表

<table>
<tr><td colspan="2">国家/地区：</td><td colspan="3">部门：</td><td colspan="3">场所：</td></tr>
<tr><td colspan="2">位置：</td><td colspan="3">生产单元：</td><td colspan="3">操作类型：</td></tr>
<tr><td colspan="2">评价人：</td><td colspan="3">生产单元当前价值：</td><td colspan="3">日期：</td></tr>
<tr><td>工艺单元
主要物质</td><td>物质系数</td><td>火灾、爆炸
指数 F&EI</td><td>影响区内
财产价值</td><td>基本 MPPD</td><td>实际 MPPD</td><td>停工天数
MPDO</td><td>停产损失
BI</td></tr>
<tr><td></td><td></td><td></td><td></td><td></td><td></td><td></td><td></td></tr>
</table>

6.3.3 火灾、爆炸指数评价实例

1）两个工艺单元火灾、爆炸指数评价结果对比分析

采用道化学火灾爆炸指数法分别对两个工艺单元进行评价，其基础数据如表 6-16 所列。

表 6-16 两个工艺单元 F&EI 评价数据

参数取值	单元	
	A	B
物质系数 MF	16	24
一般工艺危险系数 F_1	1	2
特殊工艺危险系数 F_2	4	2

首先，计算工艺单元危险系数：

$$F_{3A} = F_{1A} \times F_{2A} = 1 \times 4 = 4$$

$$F_{3B} = F_{1B} \times F_{2B} = 2 \times 2 = 4$$

这一计算结果说明，从生产工艺、操作条件等方面考虑，A 和 B 两个单元的危险性大小相同。

根据单元危险系数 F_3 的值，可进一步求得火灾爆炸指数：

$$\text{F\&EI}_A = F_{3A} \times \text{MF}_A = 4 \times 16 = 64$$

$$\text{F\&EI}_B = F_{3B} \times \text{MF}_B = 4 \times 24 = 96$$

而两个单元的暴露半径和暴露面积计算如下：

$$R_A = 0.256 \times \text{F\&EI}_A = 16.4\ \text{m}$$

$$R_B = 0.256 \times \text{F\&EI}_B = 24.6\ \text{m}$$

$$S_A = \pi {R_A}^2 = 845\ \text{m}^2$$

$$S_B = \pi {R_B}^2 = 1\ 900\ \text{m}^2$$

根据 F_3 和 MF 的值，查图 6-3，可得到两个单元的危害系数分别为 0.45 和 0.71。

上述计算结果表明，A 单元发生火灾、爆炸的后果是 845 m^2 的区域将有 45%遭到破坏；而单元 B 发生火灾、爆炸的后果是 1 900 m^2 的区域将有 71%遭到破坏。也就是说，即使两个单元的工艺危险性相同，但由于其中处理的物料危险性不同，造成的火灾、爆炸后果将具有非常大的差异。

2）某原油储罐 F&EI 评价

某油库原油罐区新建了一座 50 000 m^3 的外浮顶原油储罐，企业采用道化学火灾爆炸指数法对该原油储罐进行了评价。

选取该储罐作为 F&EI 的评价单元，原因在于：① 该油罐所储物料物质系数较大；② 该油罐容积大，易燃、不稳定物料储存量大；③ 该油罐是整个油库区的重要设备。

（1）确定评价单元的物质系数

该单元中主要介质为原油，通过查询附录一，得到其物质系数为 MF＝16。

（2）计算一般工艺危险 F_1（基本系数为 1.0）

① 此油罐用于储存易燃液体原油，不存在放热化学反应，“放热化学反应”系数取 $F_{1A}=0$。

② 本单元亦不存在煅烧、电解、热解或裂化等吸热反应，“吸热反应”系数取 $F_{1B}=0$。

③ 根据道化学公司技术手册：可燃性物质存放于库房或露天时，对 $N_f=3$ 或 $N_f=4$ 的易燃液体或气体，“物料处理与输送”系数取 0.85，包括桶装、罐装、可移动挠性容器和气溶胶罐装。

本单元物料为 $N_f=3$ 的原油，露天罐装，有潜在火灾爆炸危险性，符合此条件，“物料处理与输送”系数取 $F_{1C}=0.85$。

④ 油罐为露天布置，且该油罐体积很大，未放置于封闭场所或室内，因此“封闭单元或室内单元”系数取 $F_{1D}=0$。

⑤ 库区总占地面积约 $2\times10^5\ \text{m}^2$，油库东、西两侧各设有 1 个出入口，与库外公路相通。整个库区面积大于 2 315 m^2，且通道符合“至少有一条通道必须是通向公路”的要求，“通道”系数取 $F_{1E}=0$。

⑥“排放和泄漏控制系数”仅适用与工艺单元内物料闪点小于 60 ℃或操作温度大于其闪点的场合。该油罐中储存的介质为轻质原油，其闪点在 28 ℃以下，因此适用于本系数。

根据该系数选取原则：该油罐有堤坝防止泄漏液流入其他区域，但堤坝内设备露天放置，因此系数应取 $F_{1F}=0.5$。

因此，可得到：$F_1=1.0+F_{1A}+F_{1B}+\cdots+F_{1F}=2.35$。

(3) 计算特殊工艺危险 F_2(基本系数为 1.0)

① 查《物质系数和特性表》(附录)得，原油为低毒物质，$N_h=1.0$，则“毒性物质危险”系数取 $F_{2A}=0.2N_h=0.2$。

② 该油罐内原油为常压储存，绝对压力约为 0.1 MPa>66.5 kPa，不存在负压操作的情况，因此“负压操作”系数取 $F_{2B}=0$。

③ 罐中储存的原油属于易燃液体，且在罐装时可能吸入空气，因此“易燃范围内及接近易燃范围内的操作”系数取 $F_{2C}=0.5$。

④ 本单元储存的是液体原油，不存在易爆性粉尘，“粉尘爆炸”系数取 $F_{2D}=0$。

⑤ 虽然该油罐为常压操作，但其容量非常大，当罐内油位较高时，若罐体出现泄漏点，原油将加速泄漏，因此应采用“压力”危险系数。根据道化学公司技术手册中的《易燃、可燃液体的压力危险系数图》得 $F_{2E}=0.16$。

⑥ 该油罐内原油为常温储存，不存在低温情况，“低温”系数取 $F_{2F}=0$。

⑦ 确定本单元易燃及不稳定物质的数量。

该油罐容积为 50 000 m^3，充装系数为 0.85，所储原油密度为 836.35 kg/m^3，该原油的燃烧热为 49 497 kJ/kg。因此，总能量为：

$$Q=50\,000\ \text{m}^3\times0.85\times836.35\ \text{kg/m}^3\times49\,497\ \text{kJ/kg}=1.76\times10^{12}\ \text{kJ}$$

换算为英热单位为：

$$Q=\frac{1.76\times10^{12}}{1.055}\text{Btu}=1.67\times10^{12}\,\text{Btu}$$

根据总能量 Q 值，查询道化学公司技术手册中的“贮存中的液体和气体的危险系数图”。图中给出的最大 Q 值为 100×10^9 Btu(105.5×10^9 kJ)，因而取此最大值对应的系数 $F_{2G}=1.2$。

⑧ 原油罐外壁采用带锈防腐漆做防腐涂层，内壁(包括内附件)采用环氧导静电防腐涂料做防腐涂层。其腐蚀速率(包括点腐蚀和局部腐蚀)小于 0.127 mm/a，故“腐蚀与磨蚀”系数取 $F_{2H}=0.1$。

⑨ 该油罐在正常情况下是不允许有任何泄漏的，但在垫片、接头或法兰连接处可能产生轻微泄漏，所以“泄漏”系数取 $F_{2I}=0.1$。

⑩ 虽然油库内有明火设备加热炉，但其距离该油罐非常远，且油罐所在单元内无明火设备，因此“使用明火设备”系数取 $F_{2J}=0$。

⑪ 油罐内采用热水盘管进行原油伴热，水为不可燃物，因此“热油交换系统”系数应取 $F_{2K}=0$。

⑫ 该油罐为储存设备，无泵或压缩机等转动设备，因此“转动设备”系数取 $F_{2L}=0$。

根据以上 12 项数据可得出：$F_2=1.0+F_{2A}+\cdots+F_{2L}=3.26$。

(4) 计算工艺单元危险系数

$$F_3=F_1\times F_2=2.35\times3.26=7.66$$

(5) 计算火灾、爆炸指数

$$F\&EI = MF \times F_3 = 16 \times 7.66 = 122.6$$

查表 6-12 可得到本单元的危险等级为“中等”。

(6) 确定暴露面积

$$R = 0.256 \times F\&EI = 0.256 \times 122.6\ \text{m} = 31.39\ \text{m}$$

$$S = \pi R^2 = 3.14 \times 31.39^2\ \text{m}^2 = 3\ 093.94\ \text{m}^2$$

(7) 确定暴露区域内财产更换价值

在以该储罐为圆心，半径为 31.39 m 的圆形范围内，所有设备的成本为 5 000 万元，价格增长系数为 1.5，则财产更换价值为：

$$5\ 000\ \text{万元} \times 0.82 \times 1.5 = 6\ 150\ \text{万元}$$

(8) 确定危害系数

$F_3 = 7.66$，$MF = 16$，由图 6-3 可知危害系数为 0.65。

(9) 计算最大可能财产损失

基本 MPPD＝暴露区域的更换价值×危害系数＝6 150 万元×0.65＝3 997.5 万元

(10) 计算安全措施补偿系数

① 工艺控制安全补偿系数 C_1

a. 本单元无应急电源，该项补偿系数取 $C_{1a}=1.0$。

b. 根据罐区设计，敷设有 2 条冷却水干管到油罐区，且一旦发生火灾危险，将有泡沫混合液和冷却水进入着火罐区消防管网进行灭火。因此，“冷却”补偿系数取 $C_{1b}=0.97$。

c. 本单元无抑爆装置，该项补偿系数取 $C_{1c}=1.0$。

d. 本单元无紧急停车装置，该项补偿系数应 $C_{1d}=1.0$。

e. 该油罐采用液位测量系统，液位信号有配套显示仪表显示，且进出口设置电动开关阀，开关控制可就地完成。“计算机控制”补偿系数取 $C_{1e}=0.99$。

f. 本单元未采取惰性气体保护，该项补偿系数取 $C_{1f}=1.0$。

g. 本单元有操作规程，根据操作规程的完善程度，该项补偿系数取 $C_{1g}=0.93$。

h. 本单元有活性化学物质的检查，取系数 $C_{1h}=0.98$。

i. 本单元采用了“详尽的后果分析”，取补偿系数 $C_{1i}=0.93$。

根据以上数据可得到：$C_1 = C_{1a}C_{1b}\cdots C_{1i} = 0.81$。

② 物质隔离安全补偿系数 C_2

a. 本单元无远距离控制阀，该项补偿系数取 $C_{2a}=1.0$。

b. 本单元无备用卸料装置，该项补偿系数取 $C_{2b}=1.0$。

c. 该油罐底水排污进入油库含油污水处理装置，经处理达到国家二级外排标准排入库区东侧的一座 1 700 m^3 的蒸发场，“排放系统”补偿系数应取 $C_{2c}=0.97$。

d. 本单元无联锁装置，该项系数取 $C_{2d}=1.0$。

根据以上数据可得到：$C_2 = C_{2a} \times C_{2b} \times C_{2c} \times C_{2d} = 0.97$。

③ 防火措施安全补偿系数 C_3

a. 本单元有可燃气体报警器，但只能报警和确定危险范围，因此该项补偿系数取 $C_{3a}=0.98$。

b. 该油罐为钢制结构，但未涂覆防火层，因此不予补偿，取 $C_{3b}=1.0$。

c. 本单元消防水为稳高压系统，消防水压力大于 690 kPa(表压)，因此该项补偿系数取

$C_{3c}=0.94$。

d. 本单元无特殊灭火系统，不予补偿，取 $C_{3d}=1.0$。

e. 本单元无自动洒水系统，不予补偿，取 $C_{3e}=1.0$。

f. 本单元无自动防火水幕，不予补偿，取 $C_{3f}=1.0$。

g. 本单元采用固定式消防，配套设置空气泡沫产生器、环状泡沫液管网等，但发生火灾时需手动启动，因此"泡沫装置"补偿系数取 $C_{3g}=0.97$。

h. 本单元配置有手提式灭火器若干，但没有配置水枪，因而该项补偿系数取 $C_{3h}=0.98$。

i. 本单元电缆有防火保护，"电缆保护"补偿系数取 $C_{3i}=0.98$。

根据以上数据可得到：$C_3=C_{3a}C_{3b}\cdots C_{3i}=0.86$。

综合以上 3 项补偿系数，可得到总补偿系数：$C=C_1C_2C_3=0.68$。

(10) 确定实际最大可能财产损失

实际 MPPD＝基本 MPPD×C＝3 997.5×0.68＝2 718.3(万元)

6.3.4 F&EI 优缺点及适用范围

道化学火灾、爆炸指数法(F&EI)采用指数表达评价单元的危险性，评价指数中包含了事故发生可能性和后果严重度的信息，从而避免了事故概率和严重度难以确定的困难。

在该方法中，选取和确定 F_1，F_2，C_1，C_2，C_3 的各有关数值时，需要根据实践经验进行判断，而不同的人对同一种情况给出的各数值可能是不同的。因此，火灾、爆炸指数虽然被认为是定量的评价方法，但也包含了相当多的主观因素。此外，各因素之间均以相乘或相加的方式处理，忽视了各因素之间重要性的差别。部分指标值的确定只和指标的设置与否有关，而与指标因素的客观状态无关，致使危险物质的种类、含量、空间布置相似，而实际安全水平相差较远的系统，其评价结果相似，导致该方法的灵活性和敏感性较差。

道化学火灾、爆炸指数法适用于评价储存、处理、生产易燃、可燃、活性物质的操作过程，目前在石油、化工行业应用较为广泛。

6.4 蒙德火灾、爆炸、毒性指数法

道化学火灾、爆炸指数法推出以后，各国竞相研究，推动了这项技术的发展，其中以英国帝国化学公司(ICI)蒙德(Mond)分部最具特色。

英国 ICI Mond 工厂，在美国道化学公司安全评价法的基础上，提出了一个更加系统的安全评价方法——蒙德火灾、爆炸、毒性指数法，简称蒙德法，或 ICI/Mond 法。

该方法与道化学公司的方法原理相同，都是基于物质系数法。在肯定道化学公司的火灾、爆炸危险指数评价法的同时，引入了毒性指标，增加了几个特殊工程类型的危险性并发展了某些补偿系数，在考虑对系统安全的影响因素方面更加全面和完善。

蒙德火灾、爆炸、毒性指数法评价步骤如图 6-4 所示。相关参数的取值可查询蒙德法更详尽的技术资料。

蒙德法的评价指标主要有：综合指数 D(也称为全体指标)、火灾负荷系数 F、爆炸指数(包括装置内部爆炸指数 E 和气体爆炸指数 A)、毒性指数(包括单元毒性指数 U、主毒性事

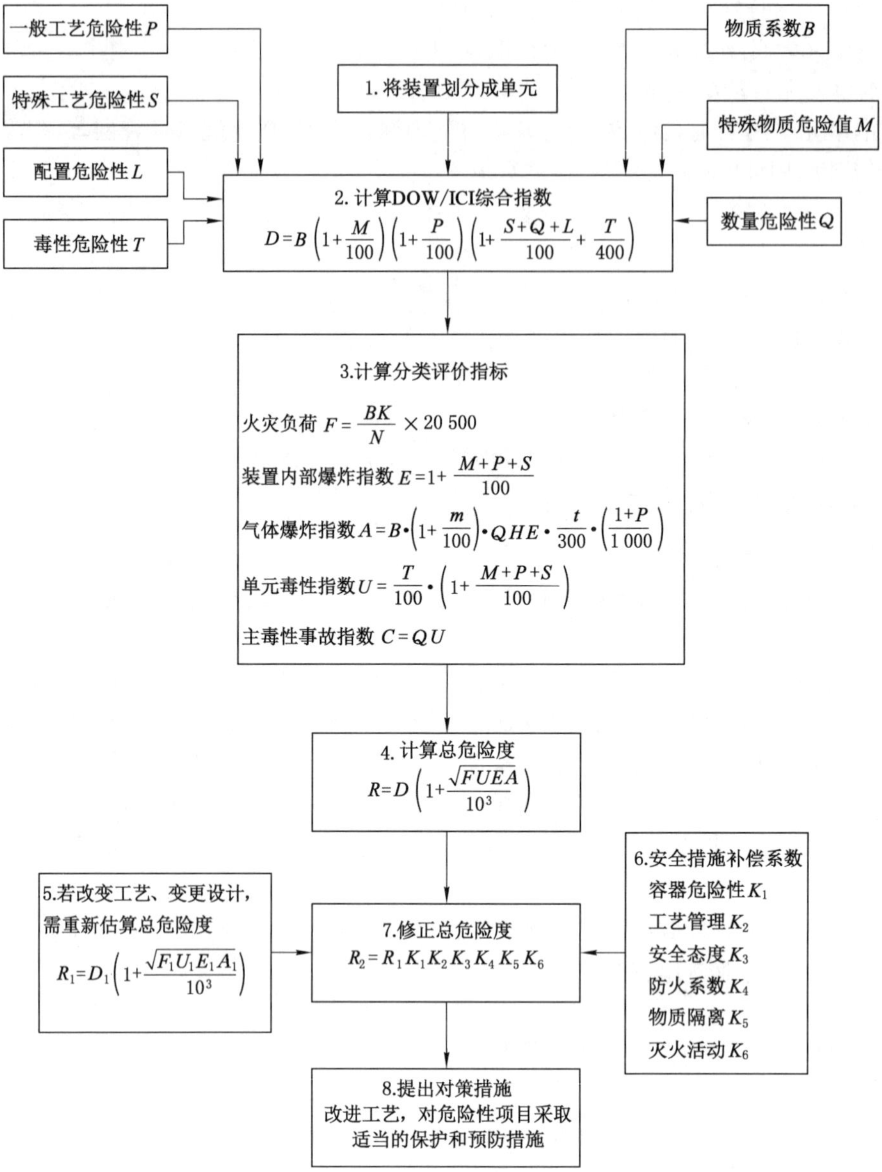

图 6-4　蒙德法评价步骤

故指数 C)以及总危险度 R。各指标的评价标准分别见表 6-17～表 6-23。

表 6-17　DOW/ICI 综合指数 D 的范围及危险性分级

D 值	0～20	20～40	40～60	60～75	75～90	90～115	115～150	150～200	>200
危险程度	缓和	轻微	中等	稍重	重	极端	非常极端	潜在灾难性的	高度灾难性的

表 6-18　火灾负荷系数 F 及火灾持续时间

火灾负荷 $F/(Btu \cdot ft^{-2})$	危险性程度	预计火灾持续时间/h
$0 \sim 5\times10^4$	轻	1/4～1/2
$5\times10^4 \sim 10^5$	低	1/4～1
$10^5 \sim 2\times10^5$	中等	1～2
$2\times10^5 \sim 4\times10^5$	高	2～4
$4\times10^5 \sim 10^6$	非常高	4～10
$10^6 \sim 2\times10^6$	强的	10～20
$2\times10^6 \sim 5\times10^6$	极端的	20～50
$5\times10^6 \sim 10^7$	非常极端的	50～100

注：$1\ Btu/ft^2 = 11.36\ kJ/m^2$。

表 6-19　装置内部爆炸指数 E 的范围及危险性分级

E 值	0～1	1～2.5	2.5～4	4～6	>6
危险性	轻微	低	中等	高	非常高

表 6-20　气体爆炸指数 A 的范围及危险性分级

A 值	0～10	10～30	30～100	100～500	>500
危险性	轻微	低	中等	高	非常高

表 6-21　单元毒性指数 U 的范围及危险性分级

U 值	0～1	1～3	3～6	6～10	>10
危险性	轻微	低	中等	高	非常高

表 6-22　主毒性事故指数 C 的范围及危险性分级

C 值	0～20	20～50	50～200	200～500	>500
危险性	轻微	低	中等	高	非常高

表 6-23　总危险度 R 的范围及危险性分级

R 值	总危险性	*R* 值	总危险性
0～20	缓和	1 100～2 500	高(2 类)
20～100	低	2 500～12 500	非常高
100～500	中等	12 500～65 000	极端
500～1 100	高(1 类)	>65 000	非常极端

复习思考题

1. 在风险矩阵分析中，要求对事故发生可能性进行分级，对于大多数事故，其概率、频率均难以得到，则应以何为依据对事故可能性分级？

2. 作业条件危险性评价法(LEC)的基本原理是什么？

3. 某施工场地每天均需进行高处焊接作业，使用JHA分析法对高处焊接作业进行分析，结果如下表所示。试应用LEC分析法确定每种危险因素的L,E,C值，并计算危险性分值D，确定其危险程度。

序号	作业活动	危险因素	可能导致的事故	风险评价(LEC法)			
				L	E	C	D
1	高处焊接	未穿工作服	灼烫				
2		未戴绝缘手套	触电				
3		未系安全带	高处坠落				
4		未戴安全帽	物体打击				
5		无工作平台	高处坠落				
7		焊接时产生有毒气体、粉尘，未戴口罩	尘肺病、锰中毒				
8		电焊火花	火灾、灼烫				

4. 简要说明道化学火灾、爆炸指数法的评价程序。

5. 采用道化学火灾、爆炸指数法对某化工企业8万t/a精密分馏装置脱重塔进行定量评价，相关参数取值如下表所示。

参数	取值	参数	取值
物质系数MF	10	工艺控制安全补偿系数C_1	0.95
一般工艺危险系数F_1	4	物质隔离安全补偿系数C_2	0.88
特殊工艺危险系数F_2	3.5	防火设施安全补偿系数C_3	0.91
暴露区域内财产更换价值	8 500万元		

试根据表中数据：

(1) 计算该单元的火灾爆炸指数F&EI；

(2) 计算暴露面积，并说明该单元一旦爆炸可能波及的区域范围；

(3) 估算该单元发生火灾爆炸后的实际最大可能财产损失(实际MPPD)。

第 7 章

安全预测与决策

“安全第一，预防为主，综合治理”是我国的安全生产方针。预测是预防的前提，也是决策的基础。同时，决策又是实现预防和治理的重要手段。安全预测与决策是安全管理的两个重要组成部分。在环境日益复杂多变的情况下，运用现代的理论和方法对安全生产领域的问题进行科学的预测，进而合理地作出决策已成为当今安全管理人员必须具备的能力。

7.1 安全预测

7.1.1 安全预测概述

1）预测

预测就是从过去和现在已知的情况出发，利用一定的方法或技术去探索或模拟不可知的、未出现的或复杂的中间过程，推断出未来的结果的过程。简单来说，预测就是由过去和现在推测未来，由已知推测未知。这一过程可以用图 7-1 表示。

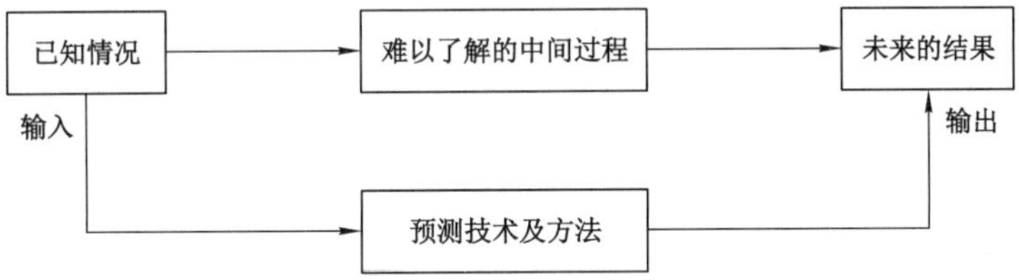

图 7-1　预测过程

“预测”一词主要包括以下两个方面的含义：

(1) 预言：如果不涉及预言所产生的根据，可以认为它是明确地断言某个时期后将会出现的事物。它相当明确地声称将会发生什么，预言经常被认为是所期望的预测，甚至是唯一有用的预测，其实并非如此。

(2) 推测：在一定条件下描述未来形势的预测。预测者分析过去的情况，确定变化的规律和环境的特点，由此推测未来的状态。这种预测并不确切指明某种状态一定产生，仅仅主张，如果给出模型和输入数据，就会获得未来的状态。如果模型和输入数据不同，未来的状态也就不同。预测者通常并不指出哪种情况会发生，而仅仅指出可能性的范围。

预测是对未来的探索。人们所关心的是与人本身有密切关系的未来，而未来往往与人在目前的行为有关。正确地估计未来，根据未来决定现在的行为，可以使人能够在未来获得一定的好处，或避免不利的结果。

预测由 4 部分组成：预测信息、预测分析、预测技术和预测结果。

（1）预测信息：在调查研究的基础上所掌握的反映过去、揭示未来的有关情报、数据和资料为预测信息。

（2）预测分析：将各方面的信息资料经过比较核对、筛选和综合，进行科学的分析、预算。

（3）预测技术：预测分析所用的科学方法和手段。

（4）预测结果：在预测分析的基础上最后提出的事物发展的趋势、程度、特点以及各种可能性结论。

2）安全预测

安全预测，即预测技术和手段在安全领域的应用，是运用各种知识和科学手段，分析研究历史资料，对安全生产发展的趋势或可能的结果进行事先的推测和估计。具体来说，安全预测就是要根据造成事故后果的许多前级事件，预测会产生什么样的新危险、新的不安全因素；随着科学技术的发展，预测未来的安全生产面貌（事故情况）及采取的安全对策。

安全预测的目的是控制系统的危险增长，保证系统处于安全状态。安全预测的应用非常广泛，按照不同应用场合，有不同的分类方式。

（1）按预测对象的范围进行分类

① 宏观预测：对整个行业、一个地区或一个企业的安全状况的预测。

② 微观预测：对一个企业的生产系统或对其子系统的安全状况的预测。

（2）按时间长短进行分类

① 长期预测：对五年以上的安全状况的预测。它为安全管理方面的重大决策提供科学依据。

② 中期预测：指对一年以上五年以下的安全生产状态的预测。它是制订五年计划和任务的依据。

③ 短期预测：指对一年以内的安全状态的预测。它是制订年度计划、季度计划以及规定短期发展任务的依据。

3）安全预测的原则

为确保预测结果的有效性，在安全预测过程中，应遵循以下原则：

（1）系统原则。安全预测的对象是各种生产系统。因此，应当从系统的观点出发，以全局的观点、更大的范围、更长的时间、更大的空间、更高的层次来考虑系统安全预测问题，并把系统中影响安全的因素用集合性、相关性和阶层性协调起来。

（2）类推和概率推断原则。如果已经知道两个不同事件之间的相互制约关系或共同的有联系的规律，则可利用先导事件的发展规律来预测迟发事件的发展趋势，这就是所谓的类推原则。

根据小概率事件推断准则，若某系统评价结果其发生事故的概率为小概率事件，则推断系统是安全的；反之，若其概率很大，则认为系统是不安全的。

（3）惯性（连贯性）原则。对于同一个事物，可以根据事物的发展都带有一定的延续性，即所谓的惯性，来推断系统未来发展趋势。所以，惯性原理也可以称为趋势外推原理。

应该注意的是，应用此原理进行安全预测是有条件的，它是以系统的稳定性为前提，也就是说，只有在系统稳定时，事物之间的内在联系及其基本特征才有可能延续下去。

但是,绝对稳定的系统是不存在的,这就要根据系统某些因素的偏离程度对预测结果进行修正。

(4) 实事求是的原则。实事求是的原则就是在预测过程中,从客观实际出发,尊重历史资料,认真分析研究现状,如实反映可能出现的问题和结果。只有从客观事物的实际情况出发,参照以往安全状况变化的规律性,分析未来的变化趋势,才能获得比较准确的预测结果。

4) 安全预测方法

对于任何事物,如果只有情况和数据,而没有采用科学的方法进行分析,就不能揭示事物演变的规律及其发展的趋势,也就不能开展预测。目前,预测方法有150种以上,常用的有20~30种,主要分为三大类:

(1) 经验推断预测法。经验推断预测法是预测者凭借个人或群体的直觉、主观经验与综合判断能力,对某种现象未来发展趋势进行预测的方法,主要包括头脑风暴法、特尔斐法、主观概率法、试验预测法、相关树法、形态分析法、未来脚本法等。

(2) 时间序列预测法。时间序列预测法是将某种统计指标的数值,按时间先后顺序排成数列。根据时间序列所反映出来的规律,预测下一段时间或以后若干年内可能达到的水平,主要包括滑动平均法、趋势分析法、周期变动分析法、线性趋势分析法、非线性趋势分析法等。

(3) 计量模型预测法。计量模型预测法是将相互联系的各种变量表现为一组联立方程式,利用历史数据对联立方程式的参数值进行估计,根据建立的模型来预测变量的未来数值,主要包括回归分析法、马尔柯夫链预测法、灰色预测法、投入产出分析法、宏观经济模型等。

其中,回归分析法、马尔柯夫链预测法、灰色预测法为比较常用的预测方法,本章对这三种预测方法进行重点介绍。

7.1.2 回归分析法

"回归"一词是英国遗传学家弗兰西斯·盖尔顿(Francis Galton)和他的朋友卡尔·皮尔逊(Karl Person)在研究父亲身高与儿子身高的关系时引入的。他们研究发现:个子高的父母倾向于生相对矮的孩子,个子矮的父母倾向于生个子相对高的孩子,从而使得后代的身高朝向某一个中间水平回归。此后,回归的应用领域不断扩展。在统计学中,回归分析指的是确定两种或两种以上变量间相互依赖的定量关系的一种统计分析方法。

1) 变量间的关系

现实世界中,每一事物都与它周围的事物相互联系、相互影响,反映客观事物运动的各种变量之间也就存在着一定的关系。变量之间的关系可以分成两类:函数关系和相关关系。

(1) 函数关系。函数关系又称为确定性关系,是指由某种确定的原因,必然导致确定的结果的因果关系。函数关系反映客观事物之间存在着严格的依存关系,即当其他条件不变时,对于某一自变量或几个自变量的每一数值,都有因变量的一个的确定值与之相对应,并且这种关系可以用一个确定的数学表达式反映出来。例如,圆的面积与半径之间的关系可以用公式 $S=\pi R^2$ 明确地表达出来,说明二者之间有着确定的函数关系。在数学、物理、化学等自然科学领域中存在大量函数关系。

(2) 相关关系。相关关系又称为非确定性关系,是指变量之间不存在数值一一对应的依存关系。它有两个显著的特点：一是变量之间确实存在数量上的客观内在关系，表现为一个变量发生数量上的变化，会影响另一个变量也相应地发生数量上的变化；二是变量之间的关系不是确定的，具有一定的随机性，表现为给定一个自变量值，因变量存在若干个数值与之相对应。例如，安全生产投入与事故起数的关系，职业病发病人数与安全培训次数的关系，都属于这种相关关系。

在安全生产领域，绝大多数变量间的关系都属于相关关系。对于这种问题，需要在大量统计资料的基础上找出相关关系变量之间的规律性，并借助相应的函数来表达这种规律性，这一过程就称为回归分析，而相应的函数称为回归方程或回归模型，利用回归方程即可预测未来的安全生产趋势。

2）回归分析方法分类

回归分析法的种类很多，可以从不同角度对其进行分类，如图 7-2 所示。

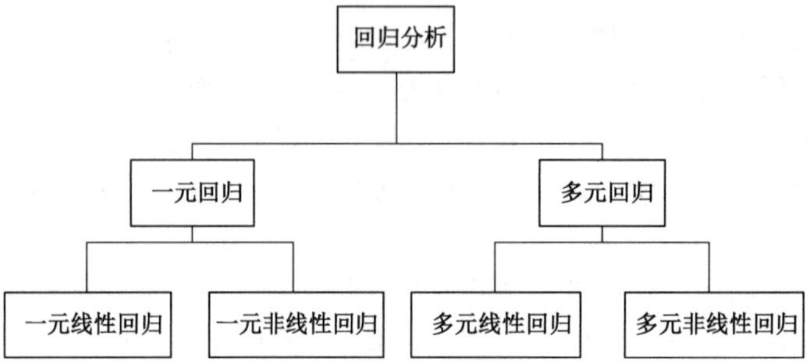

图 7-2　回归分析方法分类

(1) 按照相关关系中自变量的个数不同，可分为一元回归分析和多元回归分析。一元回归分析，又称为单相关回归分析，是对一个自变量与一个因变量之间的相关关系进行分析，建立一元回归方程作为预测模型并进行预测的方法。多元相关回归分析，又称为复相关回归分析，是用相关回归分析法对多个自变量与一个因变量之间的相关关系进行分析，建立多元回归方程作为预测模型并进行预测的方法。

(2) 按照相关的形式不同，可分为线性回归分析和非线性回归分析。线性回归分析，又称为直线相关回归分析，是指将相互依存的变量之间的关系近似地表现为一条直线方程的方法。非线性回归分析，又称为曲线回归分析，是指将相互依存的变量之间的关系近似地表现为一条曲线方程的方法。

具体分析时，可以将自变量和因变量作为横纵坐标，将历史数据对应的点绘制在坐标图上形成散点图，根据坐标点的分布情况选择相应的回归模型。就两个变量而言，如果变量之间的关系近似地表现为一条直线，则称为线性相关，如图 7-3(a)和 7-3(b)所示。在线性相关中，若两个变量的变动方向相同，即一个变量的数值增大时，另一个变量也随之增大，则称为正相关，如图 7-3(a)所示；若两个变量的变动方向相反，即一个变量的数值增大时，另一个变量随之减小，则称为负相关，如图 7-3(b)所示。如果一个变量的取值完全依赖于另一个变量，各观察点落在一条线上，称为完全相关，如图 7-3(c)和 7-3(d)所示，这实际上就是函数关系。如果变量之间的关系近似地表现为一条曲线，则称为非线性相关或曲线相关，如图 7-3(e)所示，此时需要根据曲线的形状选择相应的回归方程。

如果散点图中的坐标点很分散，无任何规律，则表示变量之间没有相关关系，如图 7-3(f)所示。

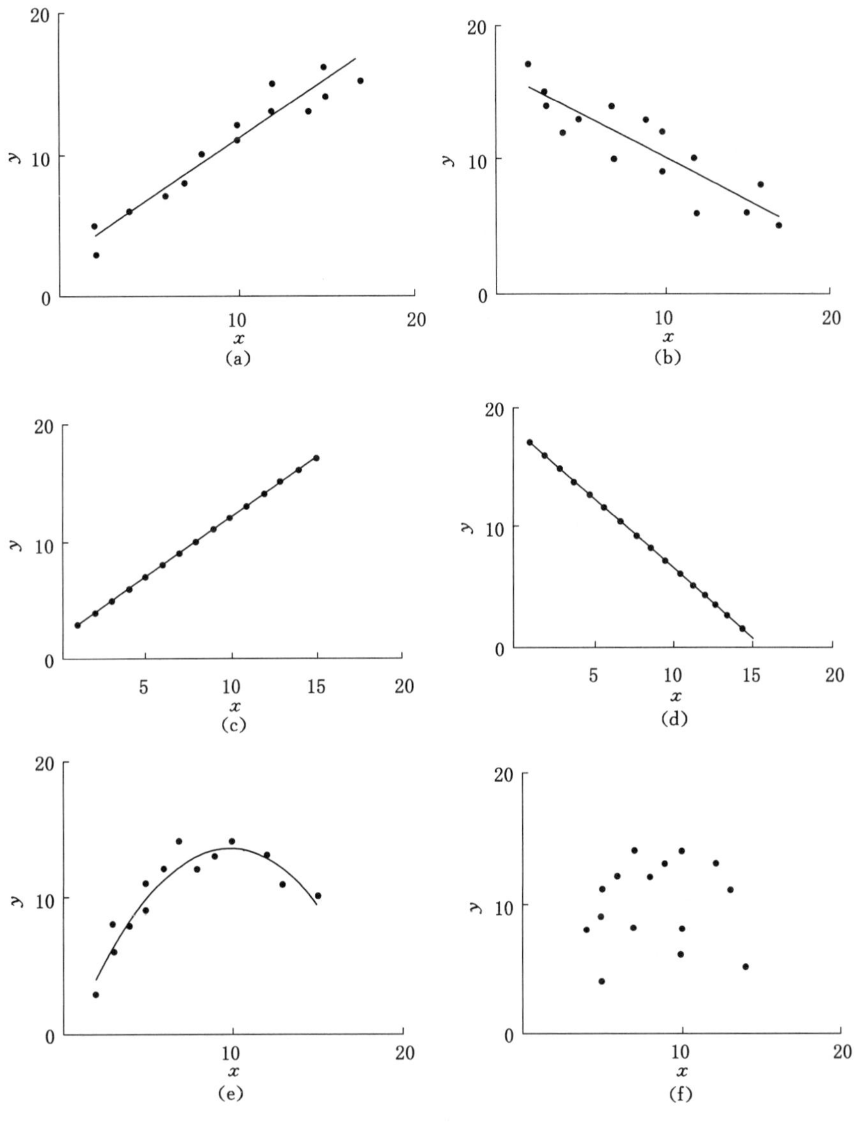

图 7-3　回归模型选择

多元回归分析求解过程烦琐，计算量极大，一般用软件进行分析。常用的回归分析软件有 SPSS 和 Excel 等。而一元回归分析是回归分析的基础，本章重点介绍一元线性回归和一元非线性回归两种方法。

3）一元线性回归分析

一元线性回归分析预测法，是根据一个自变量去预测一个因变量的预测方法。由于安全生产问题一般是受多种因素影响的，而并不是仅仅受一个因素的影响。所以，运用一元线性回归分析预测法，必须对影响安全生产的多种因素进行全面的分析。只有在众多的影响因素中，确实存在一个对因变量影响作用明显高于其他因素的变量，才能将这个因素作为自变量，运用一元线性回归分析法进行安全预测。

使用一元线性回归分析法进行预测，首先要建立自变量 x 与因变量 y（预测对象）的线性相关关系式，再运用统计回归分析法求解关系式中的参数，从而确定一元线性回归方程。

一元线性回归方程的一般形式为：

$$y = a + bx \tag{7-1}$$

式中，a 和 b 称为回归系数。

根据自变量和因变量的历史数据，采用最小二乘法进行拟合，可得到 a 和 b 的估计值。

$$\hat{a} = \frac{\sum x \sum xy - \sum x^2 \sum y}{\left(\sum x\right)^2 - n\sum x^2} \tag{7-2}$$

$$\hat{b} = \frac{\sum x \sum xy - n\sum xy}{\left(\sum x\right)^2 - n\sum x^2} \tag{7-3}$$

式中，n 为历史数据的个数。

a 和 b 的值确定后，即可在坐标系中画出回归直线。在回归分析中，为了解回归直线与实际数据变化趋势的符合程度，还应求取相关系数 r，其计算公式为：

$$r = \frac{L_{xy}}{\sqrt{L_{xx}L_{yy}}}$$

其中：

$$L_{xy} = \sum xy - \frac{1}{n}\sum x \sum y$$

$$L_{xx} = \sum x^2 - \frac{1}{n}\left(\sum x\right)^2$$

$$L_{yy} = \sum y^2 - \frac{1}{n}\left(\sum y\right)^2$$

相关系数取不同的数值时，分别表示实际数据和回归直线之间符合的不同情况。

① $r=0$，表示回归直线不符合实际数据的变化情况，即 x 和 y 不是线性相关关系；

② $0<|r|<1$，表示回归直线在一定程度上符合实际数据的变化趋势。其中，$r>0$ 代表 x 和 y 正相关；$r<0$，代表 x 和 y 负相关。$|r|$ 值越大，说明回归直线与实际数据变化趋势的符合程度越好；$|r|$ 值越小，则符合程度越差。

③ $|r|=1$ 时，表示回归直线完全符合实际数据的变化情况，即 x 和 y 为严格的一元线性函数关系。

利用估计的回归方程，对于自变量 x 的一个给定值 x_0，求出因变量 y 的估计值 y_0，即为 y 的预测值。

【例 7-1】 表 7-1 是某企业近十年的事故死亡人数统计数据，试用一元线性回归方法建立其预测方程，并预测该企业 2019 年的事故死亡人数。

表 7-1　某企业事故死亡人数统计数据

年份	2009	2010	2011	2012	2013	2014	2015	2016	2017	2018
死亡人数	15	12	7	6	4	5	6	7	4	4

解　为方便计算，将年度表示为时间序号 x，并将 x 作为自变量，将死亡人数 y 作为因变量，分别计算 $\sum x$，$\sum y$，$\sum x^2$，$\sum xy$，$\sum y^2$ 的值，如表 7-2 所列。

表 7-2　回归分析数据计算

年份序号 x	y(死亡人数)	x^2	xy	y^2
1	30	1	30	900
2	24	4	48	576
3	18	9	54	324
4	4	16	16	16
5	12	25	60	144
6	8	36	48	64
7	22	49	154	484
8	10	64	80	100
9	13	81	117	169
10	5	100	50	25
$\sum x=55$	$\sum y=146$	$\sum x^2=385$	$\sum xy=657$	$\sum y^2=2802$

将以上数值代入式(7-2)和式(7-3)中，求得：

$$\begin{cases} \hat{a}=\dfrac{\sum x\sum xy-\sum x^2 y}{\left(\sum x\right)^2-n\sum x^2}=\dfrac{55\times 657-385\times 146}{55^2-10\times 385}=24.3 \\ \hat{b}=\dfrac{\sum x\sum y-n\sum xy}{\left(\sum x\right)^2-n\sum x^2}=\dfrac{55\times 146-10\times 657}{55^2-10\times 385}=-1.77 \end{cases}$$

故回归直线方程为：

$$y=24.3-1.77x$$

代入相关数据，得到：

$$L_{xy}=657-\frac{1}{10}\times 55\times 146=-146$$

$$L_{xx}=385-\frac{1}{10}\times 55^2=82.5$$

$$L_{yy}=2802-\frac{1}{10}\times 146^2=670.4$$

$$r=\frac{-146}{\sqrt{82.5\times 670.4}}=-0.62$$

$|r|=0.62$，说明回归直线与实际数据的变化趋势相关程度较好，可以根据所建立的回归方程对下一年度的死亡人数进行预测。将表 7-1 对应的数据输入 Excel 中，利用 Excel 软件的回归分析功能进行分析，拟合出的直线及回归方程如图 7-4 所示。

可以看出，其回归方程与人工计算结果基本一致。而 R^2 称为判定系数，或拟合优度系数、样本决定系数等，它反映了样本观测值聚集在样本回归线周围的紧密程度。判定系数

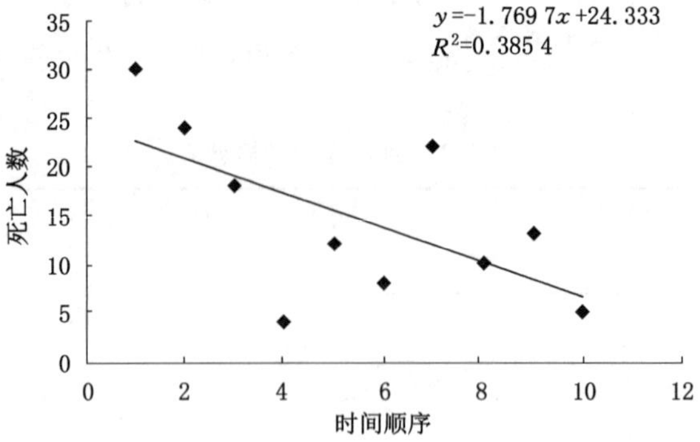

图 7-4　Excel 分析结果

R^2 与相关系数 r 的关系为：

$$R^2 = r^2$$

将 $x=11$ 代入回归方程，得：

$$y=24.3-1.77\times 11\approx 5(\text{人})$$

即按回归方程预测 2019 年的事故死亡人数约为 5 人。

4）一元非线性回归分析

一元线性回归模型和多元线性回归模型，都是假定因变量与自变量之间的相关关系可以用线性方程来近似表现。然而在安全生产领域，非线性关系大量存在，非线性回归模型往往比线性回归模型更能反映客观现象的真实情况。

非线性回归的回归曲线有多种，选用哪一种曲线作为回归曲线，则要看实际数据在坐标系中的变化分布形状，也可以根据专业知识确定分析曲线。一般地，对于非线性回归问题，需要通过一定的变换将其转化为线性回归问题，利用线性回归的方法进行分析。典型的非线性模型及其线性化方法如表 7-3 所列。

表 7-3　典型非线性模型及其线性化方法

函数名称	函数表达式	线性化方法
双曲线函数	$\frac{1}{y}=a+\frac{b}{x}$	$v=\frac{1}{y},u=\frac{1}{x}$
幂函数	$y=ax^b$	$v=\ln y,u=\ln x$
指数函数	$y=ae^{bx}$	$v=\ln y,u=x$
对数函数	$y=a+b\ln x$	$v=y,u=\ln x$
S 型函数	$y=\frac{1}{a+be^{-x}}$	$v=\frac{1}{y},u=e^{-x}$

以指数函数为例，假设针对某一问题，其回归曲线为：

$$y = ae^{bx}$$

令 $y'=\ln y,a'=\ln a$，则：

$$y' = a' + bx$$

【例 7-2】　某企业 2018 年各月份工伤人数统计数据见表 7-4，试用指数函数 $y=ae^{bx}$ 进行回归分析。

表 7-4　某企业 2018 年工伤人数统计数据

月份	1	2	3	4	5	6	7	8	9	10	11	12
工伤人数	15	12	7	6	4	5	6	7	4	4	2	1

解　对 $y=ae^{bx}$ 两边取自然对数，得：

$$\ln y = \ln a + bx$$

令 $y'=\ln y, a'=\ln a$

则

$$y'=a'+bx$$

将月份表示为时间序号 x，并将 x 作为自变量，y' 作为因变量，分别计算 $\sum x$，$\sum y'$，$\sum x^2$，$\sum xy'$，$\sum y'^2$ 的值，如表 7-5 所列。

表 7-5　回归分析数据计算

时间序号 x	y(工伤人数)	$y'=\ln y$	x^2	xy'	y'^2
1	15	2.708	1	2.708	7.333
2	12	2.485	4	4.970	6.175
3	7	1.946	9	5.838	3.787
4	6	1.792	16	7.168	3.211
5	4	1.386	25	6.930	1.921
6	5	1.609	36	9.654	2.589
7	6	1.792	49	12.544	3.211
8	7	1.946	64	15.568	3.787
9	4	1.386	81	12.474	1.921
10	4	1.386	100	13.86	1.921
11	2	0.693	121	7.623	0.480
12	1	0.000	144	0	0
$\sum x=78$		$\sum y'=19.129$	$\sum x^2=650$	$\sum xy'=99.337$	$\sum y'^2=36.336$

将表中数据代入式(7-2)和式(7-3)，得：

$$\hat{a}'=\frac{\sum x\sum xy'-\sum x^2\sum y'}{\left(\sum x\right)^2-n\sum x^2}=2.73$$

$$\hat{b}=\frac{\sum x\sum y'-n\sum xy'}{\left(\sum x\right)^2-n\sum x^2}=-0.175$$

因 $a'=\ln a$，所以 $a=e^{a'}=e^{2.73}=15.33$

故指数回归方程为：

$$y=15.33e^{-0.175x}$$

对于非线性回归问题，仍需通过相关系数判断回归直线与实际数据变化趋势的符合程度。但此时求取的是线性回归方程中的自变量和因变量的相关系数。对于此例中的指数回归问题而言，应求取 y' 和 x 的相关系数。

将表 7-5 中的相关数据代入，得列：

$$L_{xy'} = \sum xy' - \frac{1}{n}\sum x \sum y' = -25$$

$$L_{xx} = \sum x^2 - \frac{1}{n}(\sum x)^2 = 143$$

$$L_{y'y'} = \sum y'^2 - \frac{1}{n}(\sum y')^2 = 5.84$$

$$r = \frac{L_{xy'}}{\sqrt{L_{xx}L_{yy'}}} = -0.87$$

$r=-0.87$，说明用指数曲线进行回归分析，在一定程度上反映了该矿工伤人数的趋势。所以，可根据建立的回归方程对以后工伤人数发展趋势进行预测。

将表 7-4 对应的数据输入 Excel 中，利用 Excel 软件的回归分析功能进行分析，拟合出的指数曲线及回归方程如图 7-5 所示。其回归方程与人工计算结果一致，且数据点在曲线附近分布较为密集，说明拟合效果较好。

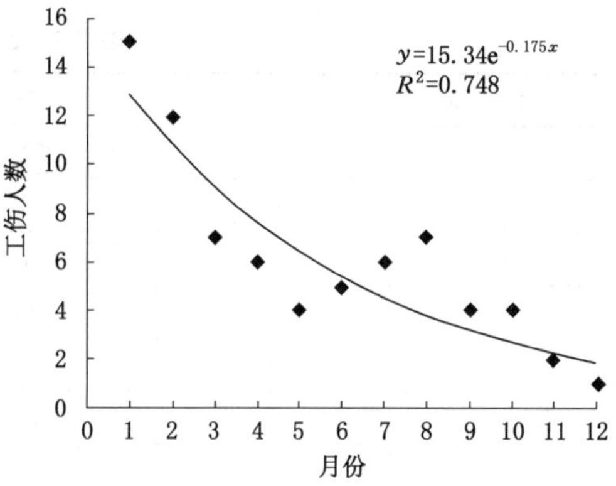

图 7-5　Excel 分析结果

7.1.3　马尔柯夫链预测法

如果事物下一个时间点的状态仅取决于当前的状态，而与过去的状态无关，则这种过程称为马尔柯夫过程。马尔柯夫过程的时间可以是无限连续的，但在实际问题中，时间一般取离散值，在某一时间的状态也是离散的，我们称这样的马尔柯夫过程为马尔柯夫链。它表示事物前一时期的状态转移到现在的状态，由现在的状态转移为将来的状态，一环接一环，像一根链条。如果系统的安全状况具有马尔柯夫性质，且一种状态转变为另一种状态的规律又是可知的，则可以利用马尔柯夫链来分析和预测未来某一时刻的安全状况。

在马尔柯夫过程中，将从某一个状态出发，下一时刻转变为其他状态的可能性称为状态转移概率。以图 7-6 中的天气变化为例，在夏季，天气的常见状态有多云、雨天、晴天三种，三种状态之间可以相互转化，而且下一时刻的天气状态仅与当前时刻的状态有关，与过去的状态无关。因此，可以把天气序列看成状态离散、时间离散的马尔柯夫链。图中由多云指向雨天的箭头表示多云可以向雨天转化，而数字 0.5 则表示多云向雨天转化的状态转移概率为 0.5。

将第 i 个状态向第 j 个状态转移的概率记为 P_{ij}，以 P_{ij} 为元素构成的 $n\times n$ 矩阵就称为状态转移概率矩阵，记为 $\boldsymbol{P}$，则：

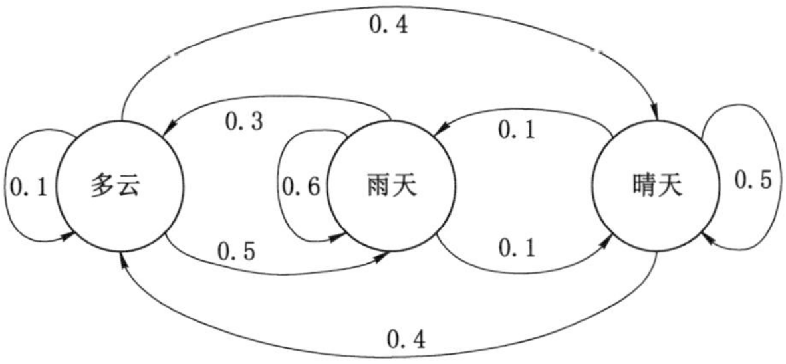

图 7-6　马尔柯夫过程

$$P=\begin{pmatrix} P_{11} & P_{12} & \cdots & P_{1n} \\ P_{21} & P_{22} & \cdots & P_{2n} \\ \vdots & \vdots & & \vdots \\ P_{n1} & P_{n2} & \cdots & P_{nn} \end{pmatrix}$$

转移概率矩阵有以下特征：

(1) $0<P_{ij}<1$；

(2) $\sum_{j=1}^{n} P_{ij} = 1$ 。

以图 7-6 中的天气变化为例，其状态转移概率矩阵为：

$$\begin{array}{cc} & \begin{array}{ccc} 多云 & 雨天 & 晴天 \end{array} \\ P=\begin{array}{c} 多云 \\ 雨天 \\ 晴天 \end{array} & \begin{pmatrix} 0.1 & 0.5 & 0.4 \\ 0.3 & 0.6 & 0.1 \\ 0.4 & 0.1 & 0.5 \end{pmatrix} \end{array}$$

假定系统的初始状态可用状态向量表示为：

$$S^{(0)} = (S_1^{(0)}, S_2^{(0)}, \cdots, S_n^{(0)})$$

则系统在下一时刻的状态为：

$$S^{(1)} = S^{(0)} P$$

依此类推，可以得到系统在任意时刻 k 的状态：

$$S^{(k)} = S^{(0)} P^k$$

【例 7-3】 某单位对 1 250 名接触硅尘人员进行健康检查时，发现职工的健康状况分布见表 7-6。

表 7-6　接尘职工健康状况

健康状况	健康	疑似硅肺	硅肺
人数	1 000	200	50

根据统计资料，一年后接触硅尘人员的健康变化规律为：原健康人员继续保持健康者为 70%，有 20%变为疑似硅肺者，10%的人被确定为硅肺患者；原有疑似硅肺者一般不可能恢复为健康者，仍保持原状者为 80%，有 20%被正式确定为硅肺；硅肺患者一般不可能恢复为

健康或返回为疑似硅肺患者。

试用马尔柯夫链预测法预测该单位一年后接触硅尘人员的健康状况。

解　将健康、疑似硅肺和硅肺三种状态分别记为 S_1, S_2, S_3。根据已知条件，可以得到：

$S_1^{(0)}=1000, S_2^{(0)}=200, S_3^{(0)}=50$

$P_{11}=0.7, P_{12}=0.2, P_{13}=0.1$

$P_{21}=0, P_{22}=0.8, P_{23}=0.2$

$P_{31}=0, P_{32}=0, P_{33}=1$

即，初始状态向量 $\boldsymbol{S}^{(0)}=(1\ 000, 200, 50)$，

状态转移概率矩阵：

$$\boldsymbol{P}=\begin{pmatrix}0.7 & 0.2 & 0.1\\ 0 & 0.8 & 0.2\\ 0 & 0 & 1\end{pmatrix}$$

预测一年后接尘人员的健康状况为：

$$\boldsymbol{S}^{(1)}=\boldsymbol{S}^{(0)}\boldsymbol{P}=(1\ 000, 200, 50)\begin{pmatrix}0.7 & 0.2 & 0.1\\ 0 & 0.8 & 0.2\\ 0 & 0 & 1\end{pmatrix}=(700, 360, 190)$$

即一年后，仍然健康者为 700 人，疑似硅肺者为 360 人，被定为硅肺患者为 190 人。预测结果表明，该单位硅肺发展速度很快，必须加强防尘工作和医疗卫生工作。

7.1.4　灰色预测法

1）灰色系统的定义

灰色系统是相对白色系统和黑色系统而言的。所谓白色系统，是指一个系统的内部特征是完全已知的，即系统的信息是完全充分的。如：存取款系统，存款金额明确，利息固定则最终取款金额就已知。而黑色系统是指一个系统的内部信息对外界来说是一无所知的，只能通过它与外界的联系来加以观测研究，如观测到的星体。而在实际生产、生活过程中，绝大多数系统都是部分信息已知而部分信息未知的，这种系统介于白色系统和黑色系统之间，称为灰色系统。

灰色系统理论是我国著名学者邓聚龙教授于 1982 年创立的一门新兴横断学科。它以“部分信息已知，部分信息未知”的“小样本”“贫信息”不确定系统为研究对象，并依据信息覆盖，通过序列生成寻求现实规律。

30 多年来，灰色系统理论引起了不少国内外学者的关注，得到了长足的发展。目前，在我国已经成为社会、经济、科学技术等诸多领域进行预测、决策、评估、规划控制、系统分析与建模的重要方法之一。特别是它对时间序列短、统计数据少、信息不完全系统的分析与建模，具有独特的功效，因此得到了广泛的应用。

2）安全系统的灰色特征

安全系统具有典型的灰色特征，主要表现在以下几个方面：

(1) 表征系统安全的参数是灰数。事故伤亡率、职业病人数、事故与职业病造成的经济损失等数据，由于统计数据不完善，加上漏报、瞒报等人为干扰以及其他各种原因，而成为有一定误差的灰数，严重时甚至会失真。此外，由于外界干扰、仪器误差等原因，使得尘、毒浓

度、噪声与振动强度等实测数据在形式上是白数，实质上也是灰数。

(2) 影响系统安全的因素是灰元。各种影响因素中，有些不完全了解，有些难以量化，已经量化的又随机变化。比如对于某个企业而言，有许多因素影响着企业的安全生产，其中包括人员的生理和心理特征、机器的可靠性和人机适应性、环境中的噪声与振动等，但要确定全部影响因素是十分困难的。同时，许多已知的影响因素又难以量化，如企业领导对安全的重视程度、工人的安全意识、安全机构的业务能力等。此外，已经量化的许多因素也是灰色的，如机器的可靠性值、环境参数等均在变化，并且在很多情况下这种变化是随机的。

(3) 构成系统安全的各种关系是灰关系。首先，各种因素和系统安全主行为的关系是灰的。比如，影响某企业年均事故伤亡率的因素无疑包括人的安全意识、企业领导对安全生产的重视程度等，但这些因素是灰元，要找到这些因素和事故伤亡率的定量映射关系是不大可能的。其次，因素与因素之间的关系同样是灰的。比如说，人的安全意识影响人的安全行为，但这些因素本身就是灰元，其关系自然是灰关系。第三，人-机-环境系统中三个子系统之间的关系也是灰关系。比如，人的行为会影响设备的安全状况，而设备状况反过来又影响人的安全行为，这种相互影响呈现明显的不确定性。第四，系统和系统所处环境之间的关系无疑还是灰的。比如，一座核电站是一个局部人-机-环境系统，核辐射事故要破坏环境，而地震、洪水等环境因素则危及电站安全。这种相互作用具有随机、难定量的特性。

综上所述，安全系统是信息部分已知、部分未知的不具有物理原型的本征性灰色系统。可以用灰色系统的理论和模型对安全系统进行分析和预测。

3）灰色预测模型

一般的预测方法(如回归分析等)需要较大的样本。若样本较小，常造成较大误差，使预测目标失效。而灰色预测模型是通过少量的、不完全的信息，建立数学模型并对灰色系统做出预测的一种预测方法。

灰色预测法的主要优点是，它通过一系列数据生成方法将根本没有规律的、杂乱无章的或规律性不强的一组原始数据序列变得具有明显的规律性。灰色预测模型所需建模信息少，运算方便，建模精度高，在各种预测领域都有着广泛的应用，是处理小样本预测问题的有效工具。

灰色系统的数学模型一般记作 GM(n,h)，其中的 G 表示灰色(grey)，M 表示模型(model)，n 表示微分方程的阶数，h 表示变量的个数。不同的 n、h 表示不同的系统因素关系，其描述功能是相当强的。常用的灰色模型为 GM(1,1)，GM(2,1)，GM(0,2)，GM(1,2)，GM(2,2)，GM(1,h)等。将灰色系统理论用于厂矿企业事故预测，一般选用 GM(1,1)模型，是一阶的一个变量的微分方程模型。

建立灰色预测模型时，需要对原始数据做累加处理。设原始离散数据序列为：

$$x^{(0)}=\{x_1^{(0)},x_2^{(0)},\cdots,x_N^{(0)}\}$$

其中，N 为序列长度，对其进行一次累加生成处理，得到序列：

$$x^{(1)}=\{x_1^{(1)},x_2^{(1)},\cdots,x_N^{(1)}\}$$

其中，

$$x_k^{(1)} = \sum_{j=1}^{k} x_j^{(0)}, \qquad k = 1,2,\cdots,N$$

通过累加生成可以看出灰量积累过程的发展态势，使离乱的原始数据中蕴含的积分特性或规律加以显化。需要指出的是，建模时先要做一次累加，因此要求原始数据均为非负数。否则，累加时会正负抵消，达不到使数据序列随时间递增的目的。如果实际问题的原始数据列出现负数，可对原始数据列进行"数据整体提升"处理。

以生成序列 $x^{(1)}$ 为基础建立的灰色生成模型为：

$$\frac{\mathrm{d}x^{(1)}}{\mathrm{d}t} + ax^{(1)} = u \tag{7-4}$$

式(7-4)即为一阶灰色微分方程 GM(1,1)。其中，a，u 为待辨识参数。

设参数向量 $\boldsymbol{A}=(a,u)^{\mathrm{T}}$

$$\boldsymbol{y}_N = [x_2^{(0)}, x_3^{(0)}, \cdots, x_N^{(0)}]^{\mathrm{T}}$$

$$\boldsymbol{B} = \begin{pmatrix} -(x_2^{(1)} + x_1^{(1)})/2 & 1 \\ \vdots & \vdots \\ -(x_N^{(1)} + x_{N-1}^{(1)})/2 & 1 \end{pmatrix}$$

则由下式求得 $\boldsymbol{A}$ 的最小二乘解：

$$\hat{\boldsymbol{A}} = (\boldsymbol{B}^{\mathrm{T}}\boldsymbol{B})^{-1}\boldsymbol{B}^{\mathrm{T}}\boldsymbol{y}_N \tag{7-5}$$

得到响应方程为：

$$\hat{x}_{k+1}^{(1)} = \left(x_1^{(1)} - \frac{u}{a}\right)\mathrm{e}^{-ak} + \frac{u}{a}$$

为了得到原始序列的预测值，还需要将生成数列的预测值作累减还原为原始值，即：

$$\hat{x}_{k+1}^{(0)} = \hat{x}_{k+1}^{(1)} - \hat{x}_k^{(1)} \tag{7-6}$$

由预测模型得到预测值 $\hat{x}_{k+1}^{(0)}$，必须经过统计检验，才能确定其精度等级。

记 0 阶残差为：

$$\varepsilon_i^{(0)} = x_i^{(0)} - \hat{x}_i^{(0)} \qquad (i = 2,3,\cdots,N)$$

残差均值：

$$\bar{\varepsilon} = \frac{1}{N-1}\sum_{i=2}^{N}\varepsilon_i^{(0)}$$

残差方差：

$$s_1^2 = \frac{1}{N-1}\sum_{i=2}^{N}(\varepsilon_i^{(0)} - \bar{\varepsilon})^2$$

原始数据均值：

$$\bar{x} = \frac{1}{N}\sum_{i=1}^{N}x_i^{(0)}$$

原始数据方差：

$$s_2^2 = \frac{1}{N}\sum_{i=1}^{N}(x_i^{(0)} - \bar{x})^2$$

由此可计算后验差比值和小误差概率两个检验指标。其中，后验差比值：

$$c = S_1/S_2$$

小误差概率：

$$P = P\{|\varepsilon_i^{(0)} - \bar{\varepsilon}| < 0.6745S_2\}$$

按照上述两指标,可按照表 7-7 查得检验精度等级。

表 7-7 检验精度等级

P	C	预测精度
$P>0.95$	$C<0.35$	好
$P>0.80$	$C<0.50$	合格
$P>0.70$	$C<0.65$	勉强
$P\leqslant 0.70$	$C\geqslant 0.65$	不合格

【例 7-4】 某市 2014—2018 年火灾事故统计数据见表 7-8,试建立灰色预测模型,并对该市 2019 年的火灾发生状况做出预测。

表 7-8 某市火灾起数统计

年份	2014	2015	2016	2017	2018
火灾起数	87	97	120	166	161

解 本例中的原始数据数据序列为:

$$x^{(0)} = \{x_1^{(0)}, x_2^{(0)}, \cdots, x_5^{(0)}\} = \{87, 97, 120, 166, 161\}$$

对原始数据做一次累加处理:

$x_1^{(1)} = x_1^{(0)} = 87$

$x_2^{(1)} = x_1^{(0)} + x_2^{(0)} = 87 + 97 = 184$

$x_3^{(1)} = x_1^{(0)} + x_2^{(0)} + x_3^{(0)} = 87 + 97 + 120 = 304$

$x_4^{(1)} = x_1^{(0)} + x_2^{(0)} + x_3^{(0)} + x_4^{(0)} = 87 + 97 + 120 + 166 = 470$

$x_5^{(1)} = x_1^{(0)} + x_2^{(0)} + x_3^{(0)} + x_4^{(0)} + x_5^{(0)} = 87 + 97 + 120 + 166 + 161 = 631$

得到一次累加生成数列:

$$x^{(1)} = \{x_1^{(1)}, x_2^{(1)}, \cdots, x_5^{(1)}\} = \{87, 184, 304, 470, 631\}$$

将原始数据序列和一次累加生成数列对应的数据分别绘制在坐标图中,如图 7-7 所示。

由图 7-7 可见,原始数据对应的曲线有明显的摆动,而一次累加数据对应的曲线呈现逐渐递增的形式,说明原始数据的起伏已显著弱化。可以设想用一条指数曲线乃至一条直线来逼近累加生成数列。

构造数据向量 $\boldsymbol{y}_N$ 和数据矩阵 $\boldsymbol{B}$,即:

$$\boldsymbol{y}_N = (x_2^{(0)}, x_3^{(0)}, \cdots, x_5^{(0)})^{\mathrm{T}} = (97, 120, 166, 161)^{\mathrm{T}}$$

$$\boldsymbol{B} = \begin{pmatrix} -\frac{1}{2}(x_2^{(1)} + x_1^{(1)}) & 1 \\ -\frac{1}{2}(x_3^{(1)} + x_2^{(1)}) & 1 \\ -\frac{1}{2}(x_4^{(1)} + x_3^{(1)}) & 1 \\ -\frac{1}{2}(x_5^{(1)} + x_4^{(1)}) & 1 \end{pmatrix} = \begin{pmatrix} -\frac{(184+87)}{2} & 1 \\ -\frac{(304+184)}{2} & 1 \\ -\frac{(470+304)}{2} & 1 \\ -\frac{(631+470)}{2} & 1 \end{pmatrix} = \begin{pmatrix} -135.5 & 1 \\ -244 & 1 \\ -387 & 1 \\ -550.5 & 1 \end{pmatrix}$$

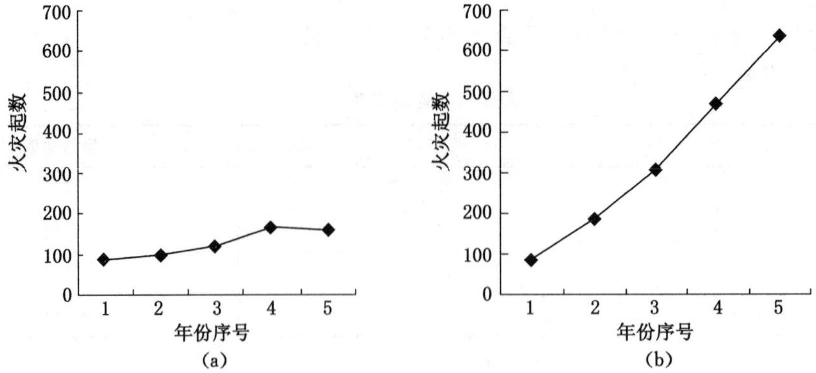

图 7-7　原始数据与一次累加数据对比

(a) 原始数据；(b) 一次累加数据

利用式(7-5)求 **A** 的最小二乘解：

$$\hat{\boldsymbol{A}} = (\boldsymbol{B}^{\mathrm{T}}\boldsymbol{B})^{-1}\boldsymbol{B}^{\mathrm{T}}\boldsymbol{y}_N = \begin{pmatrix} -0.1667 \\ 81.1189 \end{pmatrix}$$

即，参数 $a=-0.1667$，$u=81.1189$，

响应方程：

$$\hat{x}_{k+1}^{(1)} = \left(x_1^{(1)} - \frac{u}{a}\right)\mathrm{e}^{-ak} + \frac{u}{a} = 573.6597\mathrm{e}^{0.1667k} - 486.6597$$

再按式(7-6)进行累减处理，得到各个时期的火灾起数预测值及相应残差等数据见表 7-9。

表 7-9　计算结果

年份	序号	$x^{(0)}$	$x^{(1)}$	灰色预测		
				$\hat{x}^{(1)}$	$\hat{x}^{(0)}$	$\varepsilon_i^{(0)}$
2014	1	87	87	87	87	0
2015	2	97	184	191.051 659 2	104.051 659 2	−7.051 659 21
2016	3	120	304	313.976 438 6	122.924 779 4	−2.924 779 40
2017	4	166	470	459.197 586 5	145.221 147 9	20.778 852 11
2018	5	161	631	630.759 267 5	171.561 681	−10.561 681 04
2019	6			833.439 185 9	202.679 918 37	
平均值		$\bar{x}=126.2$				$\bar{\varepsilon}=0.06018312$

将有关数据代入，得到：

$$s_1^2=150.3938862$$

$$s_2^2=1\,044.56$$

后验差比值：

$$c=\sqrt{\frac{150.3938862}{1\,044.56}}=0.37944462$$

计算小误差概率时，应先计算 $0.6745s_2$ 和 $|\varepsilon_i^{(0)}-\bar{\varepsilon}|$，则：

$$0.6745s_2=0.6745\times\sqrt{1044.56}=21.79960626$$

$$|\varepsilon_1^{(0)}-\bar{\varepsilon}|=|-7.05165921-0.06018312|=7.111842325$$

$$|\varepsilon_2^{(0)}-\bar{\varepsilon}|=|-2.92477940-0.06018312|=2.984962515$$

$$|\varepsilon_3^{(0)}-\bar{\varepsilon}|=|20.77885211-0.06018312|=20.718669$$

$$|\varepsilon_4^{(0)}-\bar{\varepsilon}|=|-10.56168104-0.06018312|=10.62186416$$

因此，$P=P\{|\varepsilon_i^{(0)}-\bar{\varepsilon}|<0.6745S_2\}=1$。

对照表 7-7，$P>0.95$，但 $0.35<c<0.50$，所以预测精度为合格，可以用该模型进行火灾起数预测。根据表 7-9 可知，如果该市不采取更有效的防火措施，2006 年的火灾事故起数约为 203 次。

7.2 安全决策

7.2.1 安全决策概述

1）决策的定义

在汉语中，“决”是决定、决断、断定；“策”则是计谋、计策、主意等。因此，可以把决策理解为“作出决定”或“决定对策”。

通常讲的领导“拍板”指的就是决策，但绝不能把决策仅仅理解为一瞬间的“拍板”，它包括决策前的提出问题、搜集资料、确定目标、拟订方案、分析估计和优选以及实施中的控制和反馈、必要的追踪等全过程。

决策通常有广义、一般和狭义的三种解释。决策的广义解释包括抉择准备、方案优选和方案实施等全过程。一般含义的决策解释是人们按照某个(些)准则在若干备选方案中的选择，它只包括准备和选择两个阶段的活动。狭义的决策就是做决定，也就是从可达到同样目标的许多可行方案中选定最优方案的过程。

综上所述，决策是人们为了实现特定的目标，在占有大量调研预测资料的基础上，运用科学的理论和方法，充分发挥人的智慧，系统地分析主客观条件，围绕既定目标拟定各种实施预选方案，并从若干个有价值的目标方案、实施方案中选择和实施一个最佳的执行方案的人类社会的一项重要活动，它涉及人类生活的各个领域。

2）决策的分类

决策的分类方法很多。一般地，根据对情况的已知程度，可分为确定型决策和非确定型决策。

(1) 确定型决策。确定型决策是指在一种已知的完全确定的自然状态下，选择满足目标要求的最优方案。

确定型决策问题一般应具备 4 个条件：

① 存在着决策者希望达到的一个明确目标(收益大或损失小)；

② 只存在一个确定的自然状态；

③ 存在着决策者可选择的两个或两个以上的抉择方案；

④不同的抉择方案在确定的状态下的益损值可以计算。

(2) 非确定型决策。当决策问题有两种以上自然状态，哪种可能发生是不确定的，在此情况下的决策称为非确定型决策。在安全生产领域，绝大多数情况下可能出现的自然状态都不仅有一种。因此，大部分安全决策都属于非确定型决策。

非确定型决策又可分为两类：当决策问题自然状态的概率能确定，即是在概率基础上做决策，但要冒一定的风险，这种决策称为风险型决策；如果自然状态的概率不能确定，即没有任何有关每一自然状态可能发生的信息，在此情况下的决策就称为完全不确定型决策。

风险型决策问题通常要具备如下 5 个条件：

① 存在着决策者希望达到的一个明确目标；

② 存在着决策者无法控制的两种或两种以上的自然状态；

③ 存在着可供决策者选择的两个或两个以上的抉择方案；

④ 不同的抉择方案在不同的自然状态下的益损值可以计算出来；

⑤ 每种自然状态出现的概率可以估算出来。

此外，按决策目标多少，可分为单目标决策与多目标决策。单目标决策是指决策所要达到目标只有一个——只为获得最大利润而进行的决策。多目标决策是指决策目标有两个以上：既要达到利润目标，又要保障系统安全，同时又要污染少等而进行的决策。

3）决策的过程

决策是人们在为实现某个(些)准则而制订、分析、评价、选择行动方案，并组织实施的全部活动，也是人们提出、分析和解决问题的全部过程。要做出科学的、正确的决策，应遵循必要的程序和步骤，如图 7-8 所示。

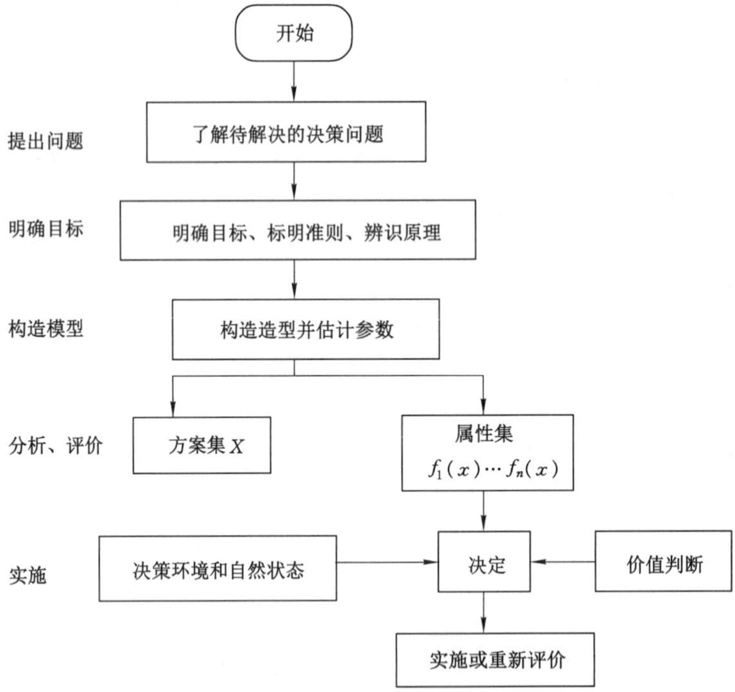

图 7-8　决策过程

在这种典型的决策过程中，系统分析、综合、评价是系统工程的基本方法，也是决策（评价）的主要阶段。

（1）分析。分析一般是指把一个事物、一种现象或一个概念分成较简单的组成部分，找出这些部分的本质属性和相互关系。系统分析是为了给决策者提供判断、评价和抉择满意方案所需的信息资料，系统分析人员使用科学的分析方法对系统的准则、功能、环境、费用、效益等进行充分的调查研究，并收集、分析和处理有关的资料和数据，对方案的效用进行计算、处理或仿真试验，把结果与既定准则体系进行比较和评价，作为抉择的主要依据。

（2）综合。综合一般是指把分析过的对象的各个部分、各种关系联合成一个整体。系统综合就是根据分析结果确定系统的组成部分及它们的构成方式和运作方式，进行系统设计，形成满足约束条件的可供优选的备选方案集。

（3）评价。评价是对分析、综合结果的鉴定。评价的主要目的是判别设计的系统（备选方案）是否达到了预定的各项准则要求，能否投入使用。这是决策过程中的评价，也是属于狭义评价。

最后，根据分析、综合评价的结果，再引入决策者的倾向性信息和酌情选定的决策规划，排列各备选方案的顺序，由决策者选择满意方案付诸实施。如果实施的结果不满意或不够满意，可根据反馈的信息，返回到上面4个阶段的任何一个阶段，重复地更深入地进行决策分析研究，以期获得尽可能满意的结果。

需要说明的是，在每个决策过程中，都包含有真实元素和价值元素。真实的元素能用科学的方法去检验，可经过科学的加工，变换为其他能被检验的元素。而价值元素却不同，它们不能直接用任何科学方法去检验和处理。“判断”、“倾向性意见”是在制订决策过程中的最常用到的价值元素。价值元素的集合构成价值系统。价值系统是属于社会科学研究的范畴。决策离不开主体的认识、判断、倾向性、评价、选择等价值元素，所以不能用纯自然科学的观念、方法来认识和处理决策问题。

4）决策的要素

能够影响决策结果的要素主要包括：决策单元和决策者、准则（指标）体系、决策结构和环境、决策规则等。

（1）决策单元和决策者。决策者指对所研究的问题有权力、有能力作出最终判断与选择的个人或集体。

决策单元常常包括决策者及共同完成决策分析研究的决策分析者以及用以进行信息处理的设备。它们的工作是接受任务、信息的加工和处理，从而产生决策。

（2）准则（指标）体系。准则，也称为指标，是指要比较的属性。在现实决策问题中，准则常具有层次结构，如图7-9所示。

最上层的总准则只有一个，一般比较宏观、抽象，不便于量化、比较。例如，某一安全决策要求方案安全性最高，则安全性即为总准则。为此要将总准则分解为各级子准则，直到相当具体、直观，并可以直接或间接地用备选方案本身的属性（性能、参数）来表征。例如，属性A为方案对应的人员伤亡数，属性B为方案对应的财产损失等。

在层次结构中，下层的准则比上层的准则更加明确具体并便于比较、判断和测算，它们可作为达到上层准则的某种手段。下层子准则集合一定要保证上层准则的实现，子准则之

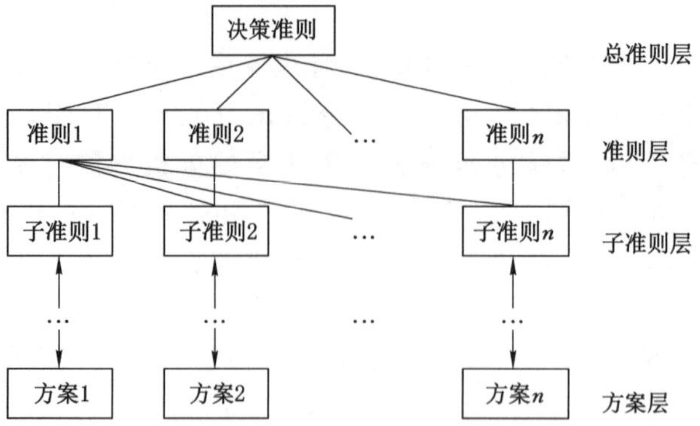

图 7-9　准则体系的层次结构

间可能一致，也可能相互矛盾，但要与总准则相协调，并尽量减少冗余。

设定准则体系是为了评价、选择备选方案，所以准则体系最低层是直接或间接表征方案性能、参数的属性层。应当尽量选择属性值能够直接表征方案性能的属性；否则，只好选用间接表征方案性能的代用属性。代用属性与相应目标之间的关系表现为间接关系，其中隐含有决策人的价值判断。例如，用武器系统操作人员的文化程度，与是否需要专门培训来表征武器系统的使用方便性（目标要求），就是一种代用属性。它隐含着下述价值判断：操作人员文化程度越低，武器系统使用方便性越好。

当将一个或一组属性与一个准则联系时，应该具备综合性和可度量性。如果属性的值可充分地表明满足与之联系准则的程度，则称该属性（集）是综合的；如果对于备选方案可以用某一种标度赋予这属性一定值，则称该属性是可度量的。常用来度量属性的标度有比例标度、区间标度和序标度。

(3) 决策结构和环境。决策的结构和环境属于决策的客观态势（情况）。为阐明决策态势，必须尽量清楚地识别决策问题（系统）的组成、结构、边界以及所处的环境条件。它需要标明：① 决策问题的输入类型和数量；② 决策变量（备选方案）集和属性集以及测量它们的标度类型；③ 决策变量（方案）和属性间以及属性与准则间的关系。

决策变量也称为可控（受控）变量，它是决策（评价）的客观对象。在自然系统中，决策变量集常以表征系统主要特征的一组性能、参数形式出现，由它们可以组合出无限多个备选方案。方案是连续型，其范围由一组约束条件所限制。而在实际（社会）系统中，如安全系统的因变量之间、变量与属性之间，其结构过于复杂，许多是半结构化甚至非结构化形式，尚难以给予形式化的表述，所以决策变量常以有限个离散的备选方案的形式出现。决策变量的这两种类型（连续、离散）导致了两类不同的决策方法，有人称前者为多目标决策，称后者为多属性决策，二者又统称为多准则决策。

决策的环境条件可区分为确定性和非确定性两大类。由于决策是面向未来发生事件所作的抉择，所以决策的环境条件都带有不确定性。在很多情况下，正常环境出现的概率很大，非正常条件发生的可能性很小（可近似认为是小概率事件），则认为环境条件是确定的。

(4) 决策规则。决策就是要从众多的备选方案中选择一个用以付诸实施的方案，作为最终的抉择。在作出最终抉择的过程中,要按照多准则问题方案的全部属性值的大小进行排序,从而依序择优。这种促使方案完全序列化的规则便称为决策规则。决策规则一般粗分为两大类:最优规则和满意规则。最优规则是使方案完全序列化的规则,只有在单准则决策问题中,方案集才是完全有序的,因而总能够从中选中最优方案。

然而在多准则决策问题中,方案集是不完全有序的,准则之间往往存在矛盾性和不可公度性(各准则的量纲不同),所以各个准则均最优的方案一般是不存在的。因此,只能在满意规则下寻求决策者满意的方案。在系统优化中,用"满意解"代替"最优解",就会使复杂问题大大简化。决策者的满意性一般通过所谓"倾向性结构(信息)"来表述,它是多准则决策不可缺少的重要组成部分。

5)决策的内容

安全决策就是针对生产活动中需要解决的特定安全问题,根据安全的法律法规、标准、规范等的要求,运用现代科学技术知识和安全科学的理论与方法,提出各种安全措施方案,经过分析、论证与评价,从中选择最优方案并予以实施的过程。

(1)安全决策的类型主要有:

① 以解决全局性重大问题为目的的高层决策,包括安全方针、政策、规划、法规等方面的决策。

② 为了保证新建、改建、扩建的工程项目能安全地投入生产,对工程项目建设进行安全论证、审核与安全评价方面的决策。

③ 为了健全、改善和加强企业的安全管理所进行的计划、组织、协调、控制以及预测和预防事故等方面的决策。

④ 事故发生后采取的调查、分析、处理及改善与改进的决策。

(2)安全决策与通常的决策过程一样,应按照一定的程序和步骤进行。不同的是,在进行安全决策时,应注意安全问题的特点,确定各个步骤的具体内容。

① 确定目标。决策过程首先需要明确目标,也就是要明确需要解决的问题。对安全而言,从大安全观出发,安全决策所涉及的主要问题就是保证人们的生产安全,生活安全和生存安全。但是这样的目标所涉及的范围和内容太大了,以至于无法操作,应进一步界定、分解和量化。例如:生产安全是一个总目标,它可以分解为预防事故发生,消除职业病和改善劳动条件。而且对已分解的目标,还应根据行业不同,现实条件不同(如经济保证、技术水平),边界约束条件不同区分目标的实现层次和内涵。

又如:生活安全可以分解为个人生活安全、家庭生活安全和社会生活安全,也可以分解为生命安全、财产安全和生活舒适与健康。生存安全可以分解为自然灾害、人为灾害,也可分解为生态环境安全、灾害、交通安全以及突发事件(战争、冲突等)。

另外,对于决策目标应有明确的指标要求。对于技术问题,应有风险率、严重度、一定可靠度下的安全系数以及事故率、时间域和空间域等具体量化指标。对于难于量化的定性目标,则应尽可能加以具体说明。

② 确定决策方案。在目标确定之后,决定人员应依据科学的决策理论,对要求达到的目标进行调查研究,进行详细的技术设计、预测分析,拟出几个可供选择的方案。

首先根据总目标和指标的要求将那些达不到目标基本要求的方案舍弃掉,然后再用加权法或其他数学方法对各个方案进行排序。排在第一位的方案也称为备选决策提案。备选决策提案不一定是最后决策方案，还需要经过技术评价和潜在问题分析，做进一步的慎重研究。

③ 潜在问题或后果分析。对备选决策方案，决策者要向自己提出“假如采用这个方案，将要产生什么样的结果；假如采用这个方案，可能导致哪些不良后果和错误”等问题，从这些可能产生的后果中进行比较，以决定方案的取舍。

对安全问题，考虑其决策方案后果，应特别注意以下潜在问题：

a. 人身安全方面：应特别注意有无生命危险，有无造成工伤的危险，有无职业病和后遗症的危险；

b. 人的精神和思想方面：是否会造成人的道德、思想观念的变化，是否会造成人的兴趣爱好和娱乐方式的变化，是否会造成人的情绪和感情方面的变化，是否会加重人的疲劳，带来精神紧张，是否会导致不安全感或束缚感的产生等。

c. 人的行为方面：能否造成人的生活规律，生活方式变化，以及生活时间的划分等。

④ 实施与反馈。决策方案在实施过程中应注意制订实施规划、落实实施机构、人员职责，并及时检查与反馈实施情况，使决策方案在实施过程中趋于完善并达到预期效果。

7.2.2 安全决策方法

1) ABC 分析法

ABC 分析法又叫作 ABC 分类法、主次图法、巴雷托分析法等，是项目管理中常用的一种方法。它是根据事物在技术或经济方面的主要特征，进行分类排队，分清重点和一般，从而有区别地确定管理方式的一种分析方法。由于它把被分析的对象分成 A、B、C 三类，所以又称为 ABC 分析法。

在 18 世纪，意大利经济学家巴雷托在一项对米兰财富分布的研究中，发现 20%的人控制了 80%的财富，而 80%的人却只占有 20%的财富，他将这一关系用图表的方式表示出来，就是著名的巴雷托定理。其核心思想是：在社会现象中，少数事物(10%～20%)对结果有 90%的决定作用，而大部分事物只对结果有 10%以下的决定作用，即“关键的少数与次要的多数”原理。ABC 分析法在企业中得到广泛应用，已成为提高经济效益的重要手段。

ABC 分析方法运用在安全管理上，就是应用“许多事故原因中的少数原因带来较大的损失”的法则，根据统计分析资料，按照不同的指标和风险率进行分类与排列，找出其中主要危险或管理薄弱环节，针对不同的危险特性，实行不同的管理方法和控制方法，以便集中力量解决主要问题。

ABC 分析法用图形表示即巴雷托图。该图是一个坐标曲线图，其横坐标为所要分析的对象，如某一系统中各组成部分的故障模式、某一失效部件的各种原因等，横坐标按影响大小从左向右排列；纵坐标为横坐标所标示的分析对象的量值，如失效系统中各组成部分事故累计频率、某一失效系统和部件的各种原因的时间或财产损失等。一般地，是将曲线的累计频率分为三级，与之相对应的因素分为三类：

A 类因素，发生累计频率为 0～80%，是主要影响因素。

B 类因素，发生累计频率为 80%～90%，是次要影响因素。

C 类因素，发生累计频率为 90%～100%，是一般影响因素。

【例 7-5】 某化工企业因安全管理不善导致的事故统计数据见表 7-10。试用 ABC 分析法对事故原因进行分类。

表 7-10 某化工企业因安全管理不善导致的事故统计

事故原因	事故起数/起	相对频率/%	累计频率/%
违反操作规程	6 258	67.02	67.02
现场缺乏检查	1 050	11.24	78.26
不懂操作技术	735	7.87	86.13
违反劳动纪律	329	3.53	89.66
劳动组织不合理	301	3.22	92.88
操作错误	272	2.91	95.79
指挥错误	143	1.53	97.32
规章制度不健全	137	1.47	98.79
没有安全规程	113	1.21	100
合计	9 338	100	

解 以表 7-10 中的事故原因为横坐标，并按其导致事故数的相对频率大小从左到右排列；以对应的累计频率为纵坐标，绘制巴雷托图，如图 7-10 所示。

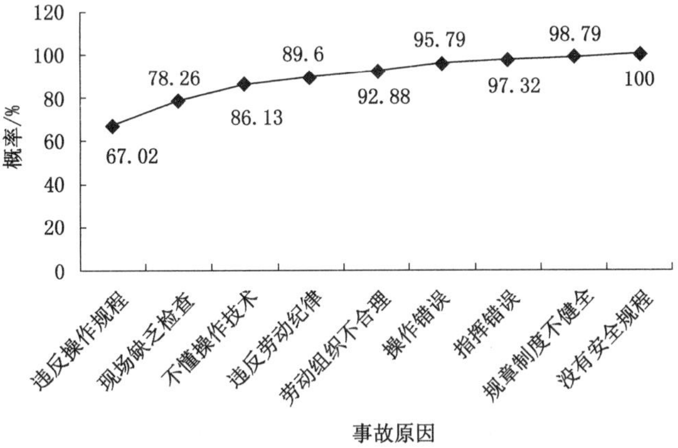

图 7-10 安全管理事故巴雷托图

根据图 7-10 对应的百分比，就可查出关键因素和部件。图中违反操作规程和现场缺乏检查两项的累计频率在 0～80%范围内，因此二者为关键因素，即 A 类；不懂操作技术和违反劳动纪律两项累计频率在 80%～90%范围内，划为 B 类；其余各因素均划为 C 类。

在安全管理上，也可参照表 7-11 来划分分析对象的级别。

表 7-11 划分 ABC 类别的参考因素

程度	类别		
	A	B	C
事故严重程度	可造成人员死亡	可能造成人员严重伤害、严重职业病	可能造成轻伤
对系统影响程度	整个系统或两个以上的子系统损坏	某子系统损坏或功能丧失	对系统无太大影响
财产损失	可能造成严重损失	可能造成较大损失	可能造成轻微损失
事故概率	容易发生	可能发生	不太可能发生
对策的难度	很难防止或投资很大、费时很多	能够防止、投资中等、费时较多	易于防止、投资不大、费时不多

2）评分法

评分法就是按照一定的评分标准对方案的各个指标(属性)进行打分,然后将分数按一定规则计算后得到各方案的总分,取总分最高者为首选方案。

(1) 评分标准。一般按 5 分制评分:优(5 分)、良(4 分)、中(3 分)、差(2 分)、最差(1 分)。也可按 7 个等级评分,这要视决策方案多少及其之间的差别大小和决策者的要求而定。

(2) 评分方法。评分方法多数是采用专家打分的办法,即以专家根据评价目标对各个抉择方案评分,然后取其平均值或除去最大、最小值后的平均值作为分值。

(3) 评价指标体系。评价指标一般应包括三个方面的内容:技术指标、经济指标和社会指标。对于安全问题决策,若有几个不同的技术抉择方案,则其评价指标体系技术指标大致有如下内容:技术先进性、可靠性、安全性、维修性、可操作性等;经济指标有成本、质量可靠性、原材料、周期、风险率等;社会指标有劳动条件、环境、精神习惯、道德伦理等。当然要注意指标因素不宜过多,否则不但难于突出主要因素,而且会造成评价结果不符合实际。

(4) 加权系数。由于各评价指标其重要性程度不一样,必须给每个评价指标一个加权系数。为了便于计算,一般取各个评价指标的加权系数 g_i 之和为 1。加权系数值可由经验确定或用判断表法计算。

判断表法是将评价目标的重要性两两比较,同等重要各给 2 分;某一项重要者则分别给 3 分和 1 分;某一项比另一项重要得多,则分别给 4 分和 0 分。将上述对比的得分填入表中,见表 7-12。

表 7-12 评价项目的重要性判断表

比较者	被比较者					
	A	B	C	D	k_i	g_i
A		1	0	1	2	0.083
B	3		1	2	6	0.250
C	4	3		3	10	0.417
D	3	2	1		6	0.250
重要程序排序 C>B=D>A					$\sum_{i=1}^{4} k_i = 24$	$\sum_{i=1}^{4} g_i = 1$

计算各评价指标的加权系数公式为：

$$g_i = k_i / \sum_{i=1}^{n} k_i$$

式中　k_i——各评价指标的总分；

n——评价指标数。

(5) 计算总分。计算总分也有多种方法，见表 7-13。可根据其适用范围选用，总分或有效值高者作为首选方案。

表 7-13　总分计算方法

序号	方法名称	公式	适用范围
1	分值相加法	$Q = \sum_{i=1}^{n} k_i$	计算简单直观
2	分值相乘法	$Q = \prod_{i=1}^{n} k_i$	各方案总分相差大，便于比较
3	均值法	$Q = \frac{1}{n}\sum_{i=1}^{n} k_i$	计算简单直观
4	相对值法	$Q = \frac{\sum_{i=1}^{n} k_i}{nQ_0}$	能看出与理想方案的差距
5	有效值法	$Q = \sum_{i=1}^{n} k_i g_i$	总分中考虑了各评价指标的重要程度

注：Q—方案总分值；n—方案指标数；k_i—各评价指标的评分值；g_i—各评价指标的加权系数；Q_0—理想方案总分值。

3) 决策树法

决策树是把方案的一系列因素按它们的相互关系用树状结构表示出来，再按一定程序进行优选和决策的技术方法。

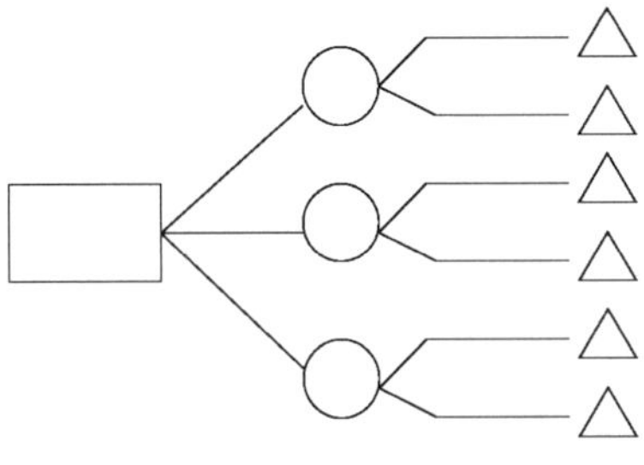

图 7-11　决策树示意图

(1) 决策树的结构

决策树的基本结构如图 7-11 所示。其中，各图形符号含义如下：

矩形符号□——决策点，从它引出的分支称为方案分支，分支数即为提出的方案数。

圆形符号○——方案节点(也称为自然状态点)，从它引出的分支称为概率分支，每条分支上面应注明自然状态(客观条件)及其概率值，分支数即为可能出现的自然状态数。

三角形符号△——结果节点(也称为末梢)，它旁边的数值是每一方案在相应状态下的收益值。

(2) 决策步骤

① 根据给定的已知条件，绘制决策树图。采用上述符号，根据已知条件，从左向右逐步展开画出决策树。

② 计算概率分枝的概率值和相应结点的收益值，并在决策树相应位置标出。

③ 计算各个方案的收益期望值。

④ 确定最优方案。比较各方案期望值的大小，保留期望值最大的方案，为最终决策方案，对复杂问题，决策树有若干层次，决策点有许多个，称为多级决策，此时应从右至左逐层逐级比较期望值，直至选出最后决策方案。

【例 7-6】 某厂因生产需要，考虑是否自行研制一个新的安全装置。首先，需要决定这个研制项目是否进行评审。如果决定评审，则需要评审费 5 000 元；如果决定不评审，则可省去评审费用。是否评审可以由决策者决定，这是一个主观抉择环节。如果决定评审，评审通过概率为 0.8，不通过的概率为 0.2，这种不能由决策者自身抉择的环节称为客观随机抉择环节。其次，需要决定是采取“本厂独立完成”还是“外厂协作完成”的形式来研制这一安全装置，这也是主观环节。

每种研制形式都有失败的可能，如果研制成功（无论哪一种形式），能有 6 万元收益；若采用“本厂独立完成”的形式，则研制费为 2.5 万元，成功概率为 0.7，失败概率为 0.3；若采用“外厂协作”形式（包括先评审），则支付研制费用为 4 万元，成功概率为 0.99，失败概率为 0.01。针对上述问题，需要进行决策。

解　首先画出决策树，如图 7-12 所示。根据上述数据计算各结果结点的收益（收益＝效益－费用）：

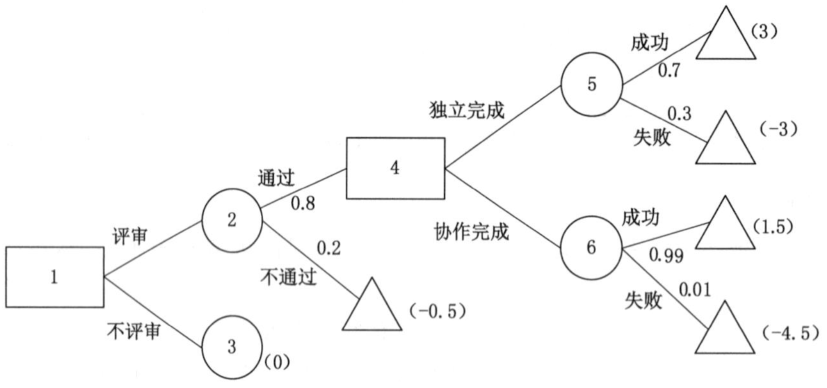

图 7-12　安全装置研制决策树

独立研制成功的收益：6－0.5－2.5＝3（万元）；

独立研制失败的收益：0－0.5－2.5＝－3（万元）；

协作研制成功的收益：6－0.5－4.0＝1.5（万元）；

协作研制失败的收益：0－0.5－4.0＝－4.5（万元）；

评审不通过的收益：－0.5（万元）。

将以上收益值标记在相应结果节点的后方，如图 7-12 所示。计算各方案的收益期望值，计算公式为：

$$E(V)=\sum_{i=1}^{n}P_iV_i$$

式中　V_i——自然状态 i 的收益值；

P_i——自然状态 i 发生的概率；

n——方案对应的自然状态总数。

独立研制的收益期望值：

$$E(V_5)=0.7\times3+0.3\times(-3)=1.2(\text{万元})$$

协作研制的收益期望值：

$$E(V_6)=0.99\times1.5+0.01\times(-4.5)=1.44(\text{万元})$$

根据期望值决策准则，如果决策目标是收益最大，则采用期望值最大的行为方案；如果决策目标是使损失最小，则选定期望值最小的方案。本例选用期望值最大者，即选用协作完成形式，则协作研制的收益期望值即为决策点4的收益。

相应地，上报评审环节的收益期望值为：

$$E(V_2)=0.8\times1.44+0.2\times(-0.5)=1.052(\text{万元})$$

而不评审的预期收益为0，因此在决策点1应选择上报评审。

(4) 决策树分析法的优点：

① 决策树能显示决策过程，形象具体，便于发现问题。

② 决策树能把风险决策的各个环节联系成一个统一的整体，有利于决策过程中的思考，易于比较各种方案的优劣。

③ 决策树法既可进行定性分析，也可进行定量分析。

复习思考题

1. 某一企业近10年事故伤亡人数如下表所列。

年度序号	1	2	3	4	5	6	7	8	9	10
死亡人数	66	75	73	94	68	34	35	32	53	58

试建立一元线性回归预测方程，分析回归直线与实际数据的符合情况，并预测下一年度的伤亡人数。

2. 某一企业近9年的千人负伤率如下表所列，用灰色系统预测GM(1,1)模型预测该企业未来两年的千人负伤率，并对拟合精度进行后验差检验。

序号	1	2	3	4	5	6	7	8	9
千人负伤率	56.165	55.65	49.525	34.585	14.405	9.525	8.97	6.475	4.11

3. 某一企业是一家生产消防器材的公司。该公司正在考虑扩大生产能力。它可以有以下几个选择：不扩建；建一个小厂；建一个中型厂；建一个大厂。三种扩建模式的预期收益值如下表所列。

扩建方式	市场状况	预期收益/万元
建大厂	市场好	10
	市场不好	−9
建中型厂	市场好	6
	市场不好	−1
建小厂	市场好	4
	市场不好	−0.5
不扩建		0

市场研究表明，市场好的概率是0.4，即市场不好的概率是0.6，试用决策树法确定该企业应选择哪种方案。

4. 某一单位检查消防工作时，发现储存一般物品库房与危险品库房位置相距过近，一旦发生火灾，将会造成巨大损失和危害。若另建危险品库房需要40万元；若不重建，可增加消防设备来降低危险性，需要投资2万元；若听其自然，当发生大、中、小型火灾时，造成的损失分别为50万元、10万元和2万元；若增加设备，使扑救能力加强，可以降低火灾损失，则损失分别降为5万元、2万元和0.5万元。

从历年火灾统计数量看，发生大、中、小型火灾的概率分别为0.1、0.3、0.6，问：该单位如何用较少资金取得良好的防火效果？试用决策树方法来选择。

附录

物质系数和特性表

化合物	MF	燃烧热 H_c /(10^3Btu·lb^{-1})	NFPA 分级			闪点/°F	沸点/°F
			健康危险 N_h	易燃性 N_f	化学活性 N_r		
乙醛	24	10.5	3	4	2	−36	69
醋酸	14	5.6	3	2	1	103	244
醋酐	14	7.1	3	2	1	126	133
丙酮	16	12.3	1	3	0	−4	133
丙酮合氰化氢	24	11.2	4	2	2	165	203
乙腈	16	12.6	3	3	0	42	179
乙酰氯	24	2.5	3	3	2	40	124
乙炔	29	20.7	0	4	3	气	−118
乙酰基乙醇氨	14	9.4	1	1	1	355	304～308
过氧化乙酰	40	6.4	1	2	4	—	[4]
乙酰水杨酸[8]	16	8.9	1	1	0	—	—
乙酰基柠檬酸三丁酯	4	10.9	0	1	0	400	343[1]
丙烯醛	19	11.8	4	3	3	−15	127
丙烯酰胺	24	9.5	3	2	2	—	257[1]
丙烯酸	24	7.6	3	2	2	124	286
丙烯腈	24	13.7	4	3	2	32	171
烯丙醇	16	13.7	4	3	1	72	207
烯丙胺	16	15.4	4	3	1	−4	128
烯丙基溴	16	5.9	3	3	1	28	160
烯丙基氯	16	9.7	3	3	1	−20	113
烯丙醚	24	16.0	3	3	2	20	203
氯化铝	24	[2]	3	0	2	—	[3]
氨	4	8.0	3	1	0	气	−28
硝酸铵	29	12.4(7)	0	0	3	—	410
醋酸戊酯	16	14.6	1	3	0	60	300
硝酸戊酯	10	11.5	2	2	0	118	306～316
苯胺	10	15.0	3	2	0	158	364

（续）

化合物	MF	燃烧热 H_c /(10^3Btu・lb^{-1})	NFPA 分级			闪点/°F	沸点/°F
			健康危险 N_h	易燃性 N_f	化学活性 N_r		
氯酸钡	14	[2]	2	0	1	—	—
硬脂酸钡	4	8.9	0	1	0	—	—
苯甲醛	10	13.7	2	2	0	148	354
苯	16	17.3	2	3	0	12	176
苯甲酸	14	11.0	2	3	1	250	482
醋酸苄酯	4	12.3	1	1	0	195	417
苄醇	4	13.8	2	1	0	200	403
苄基氯	14	12.6	2	2	1	162	387
过氧化苯甲酰	40	12.0	1	3	4	—	—
双酚 A	14	14.1	2	1	1	175	428
溴	1	0.0	3	0	0	—	138
溴苯	10	8.1	2	2	0	124	313
邻-溴甲苯	10	8.5	2	2	0	174	359
1,3-丁二烯	24	19.2	2	4	2	−105	24
丁烷	21	19.7	2	4	2	−76	31
1-丁醇	16	14.3	1	4	0	84	243
1-丁烯	21	19.5	1	3	0	气	21
醋酸丁酯	16	12.2	1	4	0	72	260
丙烯酸丁酯	24	14.2	2	3	2	103	300
(正)丁胺	16	16.3	3	2	0	10	171
溴代丁烷	16	7.6	2	3	0	65	215
氯丁烷	16	11.4	2	3	0	15	170
2,3-环氧丁烷	24	14.3	2	3	2	5	149
丁基醚	16	16.3	2	3	1	92	288
特丁基过氧化氢	40	11.9	1	4	4	<80 或更高	[9]
硝酸丁酯	29	11.1	1	3	3	97	277
过氧化乙酸特丁酯	40	10.6	2	3	4	<80	[4]
过氧化苯甲酸特丁酯	40	12.2	1	3	4	>190	[4]
过氧化特丁酯	29	14.5	1	3	3	64	176
碳化钙	24	9.1	3	3	2	—	—
硬脂酸钙	4	—	0	1	0	—	—
二硫化碳	21	6.1	3	4	0	−22	115
一氧化碳	21	4.3	3	4	0	气	−313
氯气	1	0.0	4	0	0	气	−29
二氧化氯	40	0.7	3	1	4	气	50

（续）

化合物	MF	燃烧热 H_c /(10^3Btu·lb^{-1})	NFPA 分级			闪点/°F	沸点/°F
			健康危险 N_h	易燃性 N_f	化学活性 N_r		
氯乙酰氨	14	2.5	3	0	1	—	223
氯苯	16	10.9	2	3	0	84	270
三氯甲烷	1	1.5	2	0	0	—	143
氯甲基乙基醚	14	5.7	2	1	1	—	—
1-氯-1-硝基乙烷	29	3.5	3	2	3	133	344
邻-氯酚	10	9.2	3	2	0	147	47
三氯硝基甲烷	29	5.8[7]	4	0	3	—	234
2-氯丙烷	21	10.1	2	4	0	−25	95
氯苯乙烯	24	12.5	2	1	2	165	372
氧杂苯邻酮	24	12.0	2	1	2	—	554
异丙基苯	16	18.0	2	3	1	96	306
异丙基过氧化氢	40	13.7	1	2	4	175	[4]
氨基氰	29	7.0	4	1	3	286	500
环丁烷	21	19.1	1	4	0	气	55
环己烷	16	18.7	1	3	0	−4	179
环己醇	10	15.0	1	2	0	154	322
环丙烷	21	21.3	1	4	0	气	−29
DER * 331	14	13.7	1	1	1	485	878
二氯苯	10	8.1	2	2	0	151	357
1,2-二氯乙烯	24	6.9	2	3	2	36−39	140
1,3-二氯丙烯	16	6.0	3	3	0	95	219
2,3-二氯丙烯	16	5.9	2	3	0	59	201
3,5-二氯代水杨酸	24	5.3	0	1	2	—	—
二氯苯乙烯	24	9.3	2	1	2	225	—
过氧化二枯烯	29	15.4	0	1	3	—	—
二聚环二烯	16	17.9	1	3	1	90	342
柴油	10	18.7	0	2	0	100～130	315
二乙醇胺	4	10.0	1	1	0	342	514
二乙胺	16	16.5	3	3	0	−18	132
间-二乙基苯	10	18.0	2	2	0	133	358
碳酸二乙酯	16	9.1	2	3	1	77	259
二甘醇	4	8.7	1	1	0	255	472
二乙醚	21	14.5	2	4	1	−49	94
二乙基过氧化物	40	12.2	—	4	4	[4]	[4]
二异丁烯	16	19.0	1	3	0	23	214

（续）

化合物	MF	燃烧热 H_c /(10^3Btu·lb^{-1})	NFPA 分级			闪点/°F	沸点/°F
			健康危险 N_h	易燃性 N_f	化学活性 N_r		
二异丙基苯	10	17.9	0	2	0	170	401
二甲胺	21	15.2	3	4	0	气	44
2,2-二甲基-1-丙醇	16	14.8	2	3	0	98	237
1,2-二硝基苯	40	7.2	3	1	4	302	606
2,4-二硝基苯酚	40	6.1	3	1	4	—	—
1,4-二恶烷	16	10.5	2	3	1	54	214
二氧戊环	24	9.1	2	3	2	35	165
二苯醚	4	14.9	1	1	0	239	496
二丙二醇	4	10.8	0	1	0	250	449
二特丁基过氧化物	40	14.5	3	2	4	65	231
二乙烯基乙炔	29	18.2	—	3	3	<−4	183
二乙烯基苯	24	17.4	2	2	2	157	392
二乙烯基醚	24	14.5	2	3	2	<−22	102
DOWANOL * DM	10	10.0	2	2	0	197[seta]	381
DOWANOL * EB	10	12.9	1	2	0	150	340
DOWANOL * PM	16	11.1	0	3	0	90[Seta]	248
DOWANOL * PnB	10	—	0	2	0	138	338
DOWICIL * 75	24	7.0	2	2	2	—	—
DOWICIL * 200	24	9.3	2	2	2	—	—
DOWFROST *	4	9.1	0	1	0	215[Toc]	370
DOWFROST * HD	1	—	0	0	0	None	—
DOWFROST * 250	1	—	0	0	0	300[Seta]	—
DOWTHERM * 4000	4	7.0	1	1	0	252[Seta]	—
DOWTHERM * A	4	15.5	2	1	0	232	495
DOWTHERM * G	4	15.5	1	1	0	266[Seta]	551
DOWTHERM * HT	4	—	1	1	0	322[Toc]	650
DOWTHERM * J	10	17.8	1	2	0	136[Seta]	358
DOWTHERM * LF	4	16.0	1	1	0	240	550～558
DOWTHERM * Q	4	17.3	1	1	0	249[Seta]	513
DOWTHERM * SR-1	4	7.0	1	1	0	232	325
SORSBAN *	14	19.8	1	2	1	81～110	—
3-氯-1,2-环氧丙烷	24	7.2	3	3	2	88	241
乙烷	21	20.4	1	4	0	气	−128
乙醇胺	10	9.5	2	2	0	185	339
醋酸乙酯	16	10.1	1	3	0	24	171

（续）

化合物	MF	燃烧热 H_c /(10^3 Btu・lb^{-1})	NFPA 分级			闪点/℉	沸点/℉
			健康危险 N_h	易燃性 N_f	化学活性 N_r		
丙烯酸乙酯	24	11.0	2	3	2	48	211
乙醇	16	11.5	0	3	0	55	173
乙胺	21	16.3	3	4	0	<0	62
乙苯	16	17.6	2	3	0	70	277
苯甲酸乙酯	4	12.2	1	1	0	190	414
溴乙烷	4	5.6	2	1	0	None	100
乙基丁其胺	16	17.0	3	3	0	64	232
乙基丁其碳酸酯	14	10.6	2	2	1	122	275
丁酸乙酯	16	12.2	0	3	0	75	248
氯乙烷	21	8.2	1	4	0	−58	54
氯甲酯乙酯	16	5.2	3	3	1	61	203
乙烯	24	20.8	1	4	2	气	−155
碳酸乙酯	14	5.3	2	1	1	290	351
乙二胺	10	12.4	3	2	0	110	239
1,2-二氯乙烷	16	4.6	2	3	0	56	181～183
乙二醇	4	7.3	1	1	0	232	387
乙二醇二甲醚	10	11.6	2	2	0	29	174
乙二醇单醋酸酯	4	8.0	0	1	0	215	347
氨丙啶	29	13.0	4	3	3	12	135
环氧乙烷	29	11.7	3	4	3	−4	51
乙醚	21	14.4	2	4	1	−49	94
甲酸乙酯	16	8.7	2	3	0	−4	130
2-乙基己醛	14	16.2	2	2	1	112	325
1,1-二氯乙烷	16	4.5	2	3	0	2	135～138
乙硫醇	21	12.7	2	4	0	<0	95
硝酸乙酯	40	6.4	2	3	4	50	190
乙氧基丙烷	16	15.2	1	3	0	<−4	147
对-乙基甲苯	10	17.7	3	2	0	887	324
氟	40	—	4	0	0	气	−307
氟(代)苯	16	13.4	3	3	0	5	185
甲醛(无水气体)	21	8.0	3	4	0	气	−6
甲醛,液体(37%～56%)	10	—	3	2	0	140～181	206～212
甲酸	10	3.0	3	2	0	122	213
1#燃料油	10	18.7	0	2	0	100～163	304～574
2#燃料油	10	18.7	0	2	0	163～204	—

（续）

化合物	MF	燃烧热 H_c /(10^3Btu·lb^{-1})	NFPA 分级			闪点/°F	沸点/°F
			健康危险 N_h	易燃性 N_f	化学活性 N_r		
4#燃料油	10	18.7	0	2	0	142～204	—
6#燃料油	10	18.7	0	2	0	150～270	—
呋喃	21	12.6	1	4	1	<32	88
汽油	16	18.8	1	3	0	−45	100～400
甘油	4	6.9	1	1	0	390	340
乙醇腈	14	7.6	1	1	1	—	—
(正)庚烷	16	19.2	1	3	0	−25	209
六氯丁二烯	14	2.0	2	1	1	—	—
六氯二苯醚	14	5.5	2	1	1	—	—
己醛	16	15.5	2	3	1	90	268
己烷	16	19.2	1	3	0	−7	156
无水肼	29	7.7	3	3	3	100	236
氢	21	51.6	0	4	0	气	−423
氰化氢	24	10.3	4	4	2	0	79
过氧化氢(40%～60%)	14	[2]	2	0	1	—	226～237
硫化氢	21	6.5	4	4	0	气	−76
羟胺	29	3.2	2	0	3	[4]	158
2-羟乙基丙烯酸酯	24	8.9	2	1	2	214	410
羟丙基丙烯酸酯	24	10.4	3	1	2	207	410
异丁烷	21	19.4	1	4	0	气	11
异丁醇	16	14.2	1	3	0	82	225
异丁胺	16	16.2	2	3	0	15	150
异丁基氯	16	11.4	2	3	0	<70	156
异戊烷	21	21.0	1	4	0	<−60	82
异戊间二烯	24	18.9	2	4	2	−65	93
异丙醇	16	13.1	1	3	0	53	181
异丙基乙炔	24	—	2	4	2	<19	92
醋酸异丙酯	16	11.2	1	3	0	34	194
异丙胺	21	15.5	3	4	0	−15	93
异丙基氯	21	10.0	2	4	0	−26	95
异丙醚	16	15.6	2	3	1	−28	156
喷气式发动机燃料 A&A-1	10	21.7	0	2	0	110～150	400～550
喷气式发动机燃料 B	16	21.7	1	3	0	−10～30	—
煤油	10	21.7	0	2	0	100～162	304～574

（续）

化合物	MF	燃烧热 H_c /(10^3 Btu · lb^{-1})	NFPA 分级			闪点/°F	沸点/°F
			健康危险 N_h	易燃性 N_f	化学活性 N_r		
十二烷基溴	4	12.9	1	1	0	291	356
十二烷基硫醇	4	16.8	2	1	0	262	289
十二烷基过氧化物	40	15.0	0	1	4	—	—
LORSBAN * 4E	14	3.0	1	2	1	85	165
润滑油	4	19.0	0	1	0	300～450	680
镁	14	10.6	0	1	1	—	2 025
马来酸酐	14	5.9	3	1	1	215	395
甲基丙烯酸	24	9.3	3	2	2	171	325
甲烷	21	21.5	1	4	0	气	−258
醋酸甲酯	16	8.5	1	3	0	14	140
甲基乙炔	24	20.0	2	4	2	气	−10
丙烯酸甲酯	24	18.7	3	3	2	27	177
甲醇	16	8.6	1	3	0	52	147
甲胺	21	13.2	3	4	0	气	21
甲基戊基甲酮	10	15.4	1	2	0	102	302
硼酸甲酯	16	—	2	3	1	<80	156
碳酸二甲酯	16	6.2	2	3	1	66	192
甲基纤维素(袋装)	4	6.5	0	1	0	—	—
甲基纤维素粉[8]	16	6.5	0	1	0	—	—
氯甲烷	21	5.5	1	4	0	−50	12
氯醋酸甲酯	14	5.1	2	2	1	135	266
甲基环己烷	16	19.0	2	3	0	25	214
甲基环戊二烯	14	17.4	1	2	1	120	163
二氯甲烷	4	2.3	2	1	0	—	104
甲撑二苯基二异氰盐	14	12.6	2	1	1	460	[9]
甲醚	21	12.4	2	4	1	气	−11
甲基乙基甲酮	16	13.5	1	3	0	16	176
甲酸甲酯	21	6.4	2	4	0	−2	89
甲肼	24	10.6	4	3	2	21	190
甲基乙丁基甲酮	16	16.6	2	3	1	64	242
甲硫醇	21	10.0	4	4	0	气	43
甲基丙烯酸甲酯	24	11.9	2	3	2	50	213
2-甲基丙烯醛	24	15.4	3	3	2	35	154
甲基乙烯基甲酮	24	13.4	4	3	2	20	179
石油	4	17.0	0	3	0	380	680

（续）

化合物	MF	燃烧热 H_c /(10^3Btu·lb^{-1})	NFPA 分级			闪点/°F	沸点/°F
			健康危险 N_h	易燃性 N_f	化学活性 N_r		
重质灯油	10	17.6	0	0	0	275	480～680
氯苯	16	11.3	2	0	0	84	270
一氨基乙醇	10	9.6	2	0	0	185	339
石脑油	16	18.0	1	0	0	28	212～320
萘	10	16.7	2	0	0	174	424
硝基苯	14	10.4	3	2	1	190	411
硝基联苯	4	12.7	2	1	0	290	626
硝基氯苯	4	7.8	3	1	0	216	457～475
硝基乙烷	29	7.7	1	3	3	82	237
硝化甘油	40	7.8	2	2	4	[4]	[4]
硝基甲烷	40	5.0	1	3	4	95	213
硝基丙烷	24	9.7	1	3	2	75～93	249～269
对-硝基甲苯	14	11.2	3	1	1	223	460
N-SERV *	14	15.0	2	2	1	102	300
(正)辛烷	16	20.5	0	3	0	56	258
辛硫醇	10	1.5	2	2	0	115	318～329
油酸	4	16.8	0	1	0	372	547
氧己环	16	13.7	2	3	1	－4	178
戊烷	21	19.4	1	4	0	<－40	97
过氧乙酸	40	4.8	3	2	4	105	221
高氯酸	29	[4]	3	0	3	—	66[9]
原油	16	21.3	1	3	0	20～90	—
苯酚	10	13.4	4	2	0	175	358
2-皮考啉	10	15.0	2	2	0	102	262
聚乙烯	10	18.7	—	—	—	NA	NA
发泡聚苯乙烯	16	17.1	—	—	—	NA	NA
聚苯乙烯片料	10	—	—	—	—	NA	NA
钾(金属)	24	—	3	3	2	—	1 410
氯酸钾	14	[2]	1	0	1	—	752
硝酸钾	29	[2]	1	0	3	—	752
高氯酸钾	14	—	1	0	1	—	—
过四氧化二钾	14	—	3	0	1	—	[9]
丙醛	16	12.5	2	3	1	－22	120
丙烷	21	19.9	1	4	0	气	－44
1,3-二铵基丙烷	16	13.6	2	3	0	75	276

（续）

化合物	MF	燃烧热 H_c /(10^3Btu·lb^{-1})	NFPA 分级			闪点/℉	沸点/℉
			健康危险 N_h	易燃性 N_f	化学活性 N_r		
炔丙醇	29	12.6	4	3	3	97	237～239
炔丙基溴	40	13.7[7]	4	3	4	50	192
丙腈	16	15.0	4	3	1	36	207
醋酸丙酯	16	11.2	1	3	0	55	215
丙醇	16	12.4	1	3	0	74	207
正丙胺	16	15.8	3	3	0	－35	120
丙苯	16	17.3	2	3	0	86	319
1-氯丙烷	16	10.0	2	3	0	<0	115
丙烯	21	19.7	1	3	1	－162	－52
二氯丙烯	16	6.3	2	3	0	60	205
丙二醇	4	9.3	0	1	0	210	370
氧化丙烯	24	13.2	3	4	2	－35	94
n-丙醚	16	15.7	1	3	0	70	194
n-硝酸丙酯	29	7.4	2	3	3	68	230
吡啶	16	5.9	2	3	0	68	240
钠	24	—	3	3	2	—	1 619
氯酸钠	24	—	1	0	2	—	[4]
重铬酸钠	14	—	1	0	1	—	[4]
氢化钠	24	—	3	3	2	—	[4]
次硫酸钠	24	—	2	1	2	—	[4]
高氯酸钠	14	—	2	0	1	—	[4]
过氧化钾	14	—	3	0	1	—	[4]
硬脂酸	4	15.9	1	1	0	385	726
苯乙烯	24	17.4	2	3	2	88	293
氯化硫	14	1.8	3	1	1[5]	245	280
二氧化硫	1	0.0	3	0	0	气	14
SYLTHERM * 800	4	12.3	1	1	0	>320[10]	398
SYLTHERM * XLT	10	14.4	1	2	0	108	345
TELONE * 11	16	3.2	2	3	0	83	220
TELONE * C-17	16	2.7	3	3	1	79	200
甲苯	16	17.4	2	3	0	40	232
甲苯-2,4-二异氰酸盐	24	10.6	3	1	2	270	484
三丁胺	20	17.8	3	2	0	145	417
1,2,4-三氯化苯	4	6.2	2	1	0	22	415
1,1,1-三氯乙烷	4	3.1	2	1	0	None	165

（续）

化合物	MF	燃烧热 H_c /(10^3Btu·lb^{-1})	NFPA 分级			闪点/°F	沸点/°F
			健康危险 N_h	易燃性 N_f	化学活性 N_r		
三氯乙烯	10	1.7	2	1	0	None	189
1,2,3-三氯丙烷	10	4.3	3	2	0	160	313
三乙醇胺	14	10.1	2	1	1	354	650
三乙基铝	29	16.9	3	4	3	—	365
三乙胺	16	17.8	3	3	0	16	193
三甘醇	4	9.3	1	1	0	350	546
三异丁基铝	29	18.9	3	4	3	32	414
三异丙基苯	4	18.1	0	1	0	207	495
三甲基铝	29	16.5	—	3	3	—	—
三丙胺	10	17.8	2	2	0	105	313
乙烯基醋酸酯	24	9.7	2	3	2	18	163
乙烯基乙炔	29	19.5	2	4	3	气	41
乙烯基烯丙醚	24	15.5	2	3	2	<68	153
乙基烯丁基醚	24	15.4	2	3	2	15	202
氯乙烯	24	8.0	2	4	2	−108	7
4-乙烯基环己烯	24	19.0	0	3	2	61	266
乙烯基·乙基醚	24	14.0	2	4	2	<−50	96
1,1-二氯乙烯	24	4.2	2	4	2	0	86
乙烯基·甲苯	24	17.5	2	2	2	125	334
对二甲苯	16	17.6	2	3	0	77	279
氯酸锌	14	[2]	1	0	1	—	—
硬脂酸锌[8]	4	10.1	0	1	0	530	—

注：燃烧热（H_c）是燃烧所产生的水处于气态时测得的值，当 H_c 以 kcal/mol 的形式给出时，可乘以 1 800 除以分子量转换成英热单位/磅(Btu/lb，1Btu/lb=2 326 J/kg)。[1] 真空蒸馏；[2] 具有强氧化性的氧化剂；[3] 升华；[4] 加热爆炸；[5] 在水中分解；[6] MF 是经过包装的物质的值；[7] H_c 相当于 6 倍分解热(HD)的值；[8] 作为粉尘进行评价；[9] 分解；[10] 在高于 600 ℃下长期使用，闪点可能降至 95°F。

Seta—Seta 闪点测定法(参考 NFPA 321)；

NA—不适合；

TOC—特征开杯法；

由特征闭杯法测得的其他闪点(TOC)；

* 道化学公司的注册商标。